■ 天津第二南开中学
（设计单位：天津市建筑设计院）

■ 天津南开第二中学天文馆

■ 杭州绿城育华小学教学楼

■ 杭州绿城育华小学教学楼
　一年级走廊

■ 广州市华师大附中教学楼

■ 广州市华师大附中奥数楼

■ 都江堰中学前广场及主立面

5.12 四川汶川大地震,距离震中仅60km 的都江堰市损毁严重,而都江堰中学距离聚源中学仅五公里,由于设计认真严格执行了"规范",在这次远大于设计裂度 7 度的地震中,主体结构基本完好,仅月牙型平面的行政办公楼两端底层楼梯受强烈地震影响而挫裂,经修复,于二〇〇八年九月一日开学,全校已投入使用。

(设计单位:成都木原建筑设计院)

■ 都江堰中学教学区

■ 都江堰中学食堂

■ 浙江绍兴市绍兴一中教学楼

■ 浙江绍兴市鲁迅中学教学楼

■ 台湾南投县信义乡潭南国小
（设计单位：台湾姜乐静,陈世国建筑
师事务所）

■ 台湾苗栗县大南国小

■ 台湾高雄县蔡文国小
（设计单位：台湾刘木贤建筑师事务所）

■ 台湾南投县埔里镇宏仁国中
（设计单位：台湾黄建兴建筑师事务所）

■ 台湾亿载国小年级学区内景
（设计单位：台湾刘木贤建筑师事
务所）

■ 台湾南澳乡蓬莱国小校园雕塑
（设计单位：台湾黄建兴建筑师事
务所）

■ 台湾育英国小庭院
（设计人：台湾大藏联合建筑师事
务所）

■ （日）筑波市立二宫小学外观

■ （日）横滨市立本町小学开放空间

■ （日）东京都目黑区立宫前小
学校开放空间

■ 广州市华师大附中体育馆外观

■ （日）东京都目黑区立宫前小学中庭

■ （日）埼玉县宫代町立笠原小学中庭

建筑设计指导丛书

中小学建筑设计

（第二版）

西安建筑科技大学

张宗尧　李志民　主编

中国建筑工业出版社

图书在版编目（CIP）数据

中小学建筑设计/张宗尧，李志民主编 . —2 版 . —北京：
中国建筑工业出版社，2008（2023.2 重印）
（建筑设计指导丛书）
ISBN 978-7-112-10419-2

Ⅰ. 中⋯ Ⅱ.①张⋯②李⋯ Ⅲ. 中小学—教育建筑—建
筑设计 Ⅳ. TU244.2

中国版本图书馆 CIP 数据核字（2008）第 157366 号

　　本书是在前一版的基础上结合作者近年来的新研究成果，更新、提升而写成的。本书第二版除对中小学建筑设计基本方法、过程及功能布置等进行详细论述外，对中小学校建筑设计发展的新动态、开放式教学等新理念和新思路作了介绍。这些内容对中小学校的新建、改扩建提供了有益的帮助。

　　全书主要内容有校址选择，总平面设计，各类教室设计，办公及辅助用房、交通空间、教学楼组合等设计，体育活动设施，学校建筑形象及其造型设计等。书中补进了许多新的实例，并介绍了普通中小学的课程设置及各类用房面积等。

　　本书可作为建筑学、城市规划及相关专业设计课教材、教学参考书及培训教材，对建筑设计、规划设计工作人员、有关工程技术人员、工程建设决策者、房地产开发和物业管理人员均有参考价值。

＊　　＊　　＊

责任编辑：王玉容
责任设计：郑秋菊
责任校对：安　东　陈晶晶

建筑设计指导丛书

中小学建筑设计
（第二版）
西安建筑科技大学
张宗尧　李志民　主编

＊

中国建筑工业出版社出版、发行（北京西郊百万庄）
各地新华书店、建筑书店经销
北京千辰公司制版
北京云浩印刷有限责任公司印刷

＊

开本：880×1230 毫米　1/16　印张：15¾　插页：4　字数：508 千字
2009 年 5 月第二版　　2023 年 2 月第二十一次印刷
定价：**48.00** 元
ISBN 978-7-112-10419-2
　　　（17343）

出版者的话

"建筑设计课"是一门实践性很强的课程，它是建筑学专业学生在校期间学习的核心课程。"建筑设计"是政策、技术和艺术等水平的综合体现，是学生毕业后必须具备的工作技能。但学生在校学习期间，不可能对所有的建筑进行设计，只能在学习建筑设计的基本理论和方法的基础上，针对一些具有代表性的类型进行训练，并遵循从小到大，从简到繁的认识规律，逐步扩大与加深建筑设计知识和能力的培养和锻炼。

学生非常重视建筑设计课的学习，但目前缺少配合建筑设计课同步进行的学习资料，为了满足广大学生的需求，丰富课堂教学，我们组织编写了一套《建筑设计指导丛书》。目前已出版的有：

《幼儿园建筑设计》　　　　《中小学建筑设计》

《餐饮建筑设计》　　　　　《别墅建筑设计》

《居住区规划设计》　　　　《休闲娱乐建筑设计》

《博物馆建筑设计》　　　　《现代图书馆建筑设计》

《现代医院建筑设计》　　　《现代剧场设计》

《现代商业建筑设计》　　　《场地设计》

《快速建筑设计方法》

这套丛书均由我国高等学校具有丰富教学经验和长期进行工程实践的作者编写，其中有些是教研组、教学小组等集体完成的，或集体教学成果的总结，凝结着集体的智慧和劳动。

这套丛书内容主要包括：基本的理论知识、设计要点、功能分析及设计步骤等；评析讲解经典范例；介绍国内外优秀的工程实例。其力求理论与实践结合，提高实用性和可操作性，反映和汲取国内外近年来的有关学科发展的新观念、新技术，尽量体现时代脉搏。

本丛书可作为在校学生建筑设计课教材、教学参考书及培训教材；对建筑师、工程技术人员及工程管理人员均有参考价值。

这套丛书将陆续与广大读者见面，借此，向曾经关心和帮助过这套丛书出版工作的所有老师和朋友致以衷心的感谢和敬意。特别要感谢建筑学专业指导委员会的热情支持，感谢有关学校院系领导的直接关怀与帮助。尤其要感谢各位撰编老师们所作的奉献和努力。

本套丛书会存在不少缺点和不足，甚至差错。真诚希望有关专家、学者及广大读者给予批评、指正，以便我们在重印或再版中不断修正和完善。

第二版前言

本教材是在 2000 年印刷出版的同名教材基础上，并结合西安建筑科技大学"中小学建筑设计研究小组"近年研究成果更新、提升而成。

同龄以"班"、逐年以"年级"编排，可进行大规模施教的近代"编班授课制"教学模式起源于 16 世纪的欧洲，17 世纪夸美纽斯在总结前人成果的基础上奠定了其理论基础，并于 19 世纪开始在世界范围内大规模推广。上世纪初，我国的教育先贤们怀着教育救国的理念，在国内引进并实践近代教育，为"教育平民化"开辟了全新的发展之路。新中国建立之后，"编班授课制"教育模式在全国范围内展开，直至目前仍是我国主流教育模式。

总体来讲，我国目前中小学建筑特征明显，大部分为与"编班授课制"相适应的"长走廊串联固定普通教室"的教学空间布局模式，但存在各地区中小学建筑发展不均衡的现象。在国家"普九"教育的推动下，我国大中城市中小学建筑已基本满足目前中小建筑规范要求，一些经济发达地区的中小学建设标准甚至远高于国家标准；但在小城镇及农村地区，还有许多学校建筑未达标，此次"5·12"大地震所带来的巨大灾难就是此类问题的极端反映。

20 世纪 60 年代以后，"编班授课制"教学模式所暴露出来的问题越来越明显，社会指责其无视儿童特点的教育机械性，学生在象工厂一样的空间里被按统一模式进行"加工"，严重阻碍了人才的个性发展。于是各种教育改革开始进行，教育发达国家出现了开放式教育和开放式学校；我国目前推行素质教育改革，在一些地区开始出现小班化教学模式的试验。这对中小学建筑设计提出了新的要求并提供了更加广阔的创作空间。

目前全国设有建筑学专业的院校为 204 所，许多学校选用中小学建筑设计作为建筑学专业低年级学生的设计入门课程。其原因有二，首先，学生都有中小学学习经历，对中小学校所承载的行为活动比较熟悉，有利于学生很快地进入设计状态；第二，中小学建筑功能空间相对于其它类型建筑较简单，易于学生理解建筑空间的各设计要素。

中小学校是大量性民用建筑，本书的再版，除对中小学建筑设计基本方法、过程及功能布置等进行详细论述外，对中小学校建筑设计发展的新动态作了介绍，这些将对我国素质教育改革背景下的城市中小学改扩建设计及农村中小学合并后的新建、改建工作提供有益的参考；新增的有关开放式学校内容，将为广大建筑专业学生进行课程设计提供新的设计理念和思路。

此次修编由李志民教授负责，各章分工修编为：第一章为李志民，第二章为王军，第三章至十章为周崐，照片处理为李霞。另外参加修编的还有李曙婷、李轶夫、李玉泉、王旭、李帆、高博、武毅、温宇、王晓静、翁萌、唐文婷、王芳、王蓉、王瑞、尹欣等同志。感谢天津市建筑设计研究院副院长刘祖玲建筑师提供实例15，中国建筑西北设计研究院院副总建筑师屈培青提供实例16，成都木原建筑设计院院长牟子元建筑师提供都江堰中学资料，中华全球建筑学人交流协会提供台湾学校资料。全书由李志民统稿及整理。

　　由于作者水平有限，难免有诸多不足或错误之处，尚祈读者不吝赐教，以便再版时增补或改正。如能对读者在学习、工作上有所裨益，我们将感到十分欣慰。

李志民

2008 年 1 月

第一版前言

中小学校建筑设计，作为高等学校建筑学专业低年级建筑设计课题与其他建筑类型相比，因有其诸多优越性，被多数学校列为首选的课程设计题目之一。

中小学校是大量性民用建筑，它遍布全国城市、农村，新建和改扩建的设计任务极其繁重，由于诸多因素，学校建筑的研究与建设，设计质量等和其他类型建筑相比，发展较为迟缓。

学校建筑是为儿童、青少年创造良好的学习和生活环境，为他们的健康成长，德、智、体等方面的全面发展创造优美、舒适和安全的环境。为此，应从学校布点、校址选择开始，到校园规划与布置、教学用房的组合、各种用房的设计、外部空间设计、绿化与美化以及学校的运营均应贯彻这一基本原则。人的一生有1/4～1/6（按全国平均年龄计）在各级各类学校学习与生活，在中小学校学习也需十余年，因此必须重视创造优质的塑造人的学校环境，认真地做好学校建筑设计。

学生在进行和完成中小学的课程设计学习活动中，不仅通过设计提高设计能力、为下一阶段学习打好基础，尚应对学校的现状、发展趋势有一清楚的认识，以便在课程设计中钻研、探索，为发展我国的教育事业添砖加瓦，在新世纪的开始，为创造良好的育人环境而精心设计。

本书由西安建筑科技大学建筑学院公共建筑设计与理论研究所编写。各章编写分工：第一章、第九章为李志民，第二章、第八章、实例、附录为张宗尧，第三章、第四章、第五章为周文霞，第六章、第七章及照片处理为赵宇，另外参加编绘的还有万瑶、曾繁斌、范军勇、李帆、郭宁、贾经英、许硕、范菁、张锋、张镭等同志。全书由张宗尧统稿及整理。

由于作者水平所限，时间仓促，难免有诸多不足或错误之处，尚祈读者不吝赐教，以便再版时增补或改正。如能对读者在学习上有所裨益，我们将感到十分欣慰。

张宗尧

李志民

2000 年 2 月

目　　录

第一章 概 述

第一节 我国中小学基本情况

一、学制

我国现行学制为小学六年、中学六年（初中三年、高中三年）；义务教育阶段是小学及初级中学共九年。多数地区义务教育阶段实行"六、三"学制（即小学六年、初中三年），有部分地区实行"五、四"学制（即小学五年、初中四年）；还有九年制学校；特殊教育学校（盲学校、聋哑学校、弱智学校）也为九年一贯制学校（小学及初中）。

二、学校规模与班级人数

为提高教学质量，改善学校教学条件，学校应达到一定规模，根据《农村普通中小学校建设标准》试行（1997 年）、《城市普通中小学校建设标准》送审稿（1998 年 6 月）及《特殊教育学校建筑标准》试行（1994 年）中规定，各类学校的规模及人数见表 1-1。

普通中小学校规模与人数（单位：人）   表 1-1

学 校 类 别		学 校 规 模									
		4 班	6 班	9 班	12 班	18 班	24 班	27 班	30 班	36 班	45 班
农 村	初级小学	120									
	完全小学		270	405	540	810					
	初级中学				600	900	1200				
城 市	完全小学				540	810	1080	1215	1350		
	九年制学校					900		1350		1800	2250
	初级中学					900	1200	1350	1500		
	完全中学					900	1200	1350	1500	1800	
	高级中学					900	1200	1350	1500	1800	
特殊学校	盲 校			126	252						
	聋 校			126	252						
	弱智学校			126	252						

注：1. 每班人数：农村初级小学每班 30 人；农村完小及初中的每班人数分近期及远期两种。近期每班：小学 45 人，中学 50 人；远期每班：小学 40 人，中学 45 人。
城市学校不分远近期，每班人数：小学 45 人，中学 50 人；九年制学校，小学每班 45 人，中学每班 50 人。
2. 特殊教育学校每班人数：盲校、聋校 12～14 人；弱智学校 12 人。
3. 表中均按近期人数计算。

三、学校概况统计

（一）我国小学校的学龄儿童入学率及五年保留率的统计（表 1-2）

2000 年学龄儿童入学率及小学五年保留率（单位：万人）   表 1-2

学龄儿童入学率			小学五年保留率		
全国学龄儿童总数	已入学学龄儿童数	入学率（%）	1996 年一年级在校学生数	2000 年五年级在校学生数	五年保留率（%）
12445.3	12333.9	99.1	2673.3	2527.46	94.5

（二）我国小学毕业生及初中毕业生的升学率（表1-3）

2000年小学毕业生和初中毕业生升学率（单位：万人）　　表1-3

小学毕业生升学率			初中毕业生升学率		
小学毕业生数	初级中等学校招生数	升学率（%）	初中毕业生数	高级中等学校招生数	升学率（%）
2419.18	2295.58	94.89	1607.09	472.67	51.2

（三）按城镇与农村分别统计学校数及学生数（表1-4）

2000年小学分城镇农村的学校数和学生数（单位：万人）　表1-4

	学校数（所）	学　生　数		
		毕业生数	招生数	在校学生数
总计	553622	2419.18	1946.47	13013.25
城市	32154	347.81	289.12	1816.65
县镇	81184	503.75	403.6	2692.89
农村	440284	1567.61	1253.75	8503.71

2000年小学按不同系统分别统计教职工数（单位：人）　表1-5

	合计	专任教师数	行政人员数	公勤人员数	校办工厂、农场职工数
总计	6454862	5860316	415991	170124	8431
教育部门办	5774093	5262497	380248	124242	7106
其他部门办	319044	269835	25907	22681	621
集体办	292340	277207	4649	9815	669
民办	69385	50777	5187	13386	35

（四）按不同系统办学分别统计教职工人数（表1-5）

（五）普通中学按办学系统统计教工人数（表1-6）

2000年普通中学按办学系统统计教职工数（单位：万人）　　表1-6

	合　计	专任教师数			行政人员数	公勤人员数	校办工厂农场职工
		计	初中	高中			
总计	4910968	4005458	3248608	756850	467787	406308	31415
教育部门办	4462585	3683270	3008322	674948	414343	341721	23251
其他部门办	307670	230655	173370	57285	39177	35145	2693
集体办	41352	25140	24882	258	1046	10234	4932
民办	99361	66393	42034	24359	13221	19508	539

（六）普通中学按城镇及农村分别统计学校数及学生人数（表1-7）

2000年普通中学分城镇及农村的学校数和学生数（单位：万人）　　表1-7

	学校数（所）	学　生　数				学校数（所）	学　生　数		
		毕业生数	招生数	在校学生数			毕业生数	招生数	在校学生数
总计	77268	1908.6	2735.99	7368.91	县镇	6166	145.85	231.84	581.07
城市	14473	381.01	546.83	1497.02	农村	2629	39.20	64.36	157.81
县镇	20853	584.59	858.92	2285.61	初中	62704	1607.09	2263.32	6167.65
农村	41942	943	1330.24	3586.28	城市	8713	264.55	370.35	1034.64
高中	14564	301.51	472.67	1201.26	县镇	14678	438.75	627.09	1704.54
城市	5760	116.46	176.47	462.38	农村	39313	903.79	1265.88	3428.47

（七）城镇与农村的职业中学学校数及学生数（表1-8）

2000 年职业中学分城镇与农村的学校数和学生数（单位：万人）　　　　表 1-8

	学校数（所）	学生数				学校数（所）	学生数		
		毕业生数	招生数	在校学生数			毕业生数	招生数	在校学生数
总计	8849	1762836	1826648	5032062	县镇	2650	538059	604812	1536196
城市	3430	765447	693311	2082509	农村	1251	203123	217937	554499
县镇	3028	585079	668377	1695272	初中	1194	263600	322744	886429
农村	2391	412310	464960	1254281	城市	30	7393	12156	27571
高中	7189	1499236	1503904	4145633	县镇	166	47020	63565	159076
城市	3288	758054	681155	2054938	农村	998	209187	247023	699782

（八）城镇与农村的职业中学按办学系统统计教职工人数（表 1-9）

2000 年职业中学按办学系统统计教职工数（单位：万人）　　　　表 1-9

	合　计	专任教师数			行政人员数	公勤人员数	校办工厂农场职工
		计	初中	高中			
总计	446863	320016	38252	281764	63443	52998	10406
教育部门办	379515	279845	37389	242456	50821	42447	6402
其他部门办	46228	28129	234	27895	8441	6884	2774
集体办	2775	824	268	556	255	735	961
民办	18345	11218	361	10857	3926	2932	269

数据来源：教育部发展规划司编写的《中国教育事业发展统计简况》(2000)。

第二节　学校建筑设计在建筑学专业教学计划中的地位与作用

在建筑学专业教学计划中，学校建筑设计多被选定为建筑设计系列课中的第二个或第三个课程设计题目。在此之前学生已完成建筑设计初步课程中的几个作业，已进行过别墅或托幼等建筑设计，本设计在建筑设计系列课中起承上启下的作用，是为以后建筑设计课奠定基础的一个课题。

学校建筑设计一般以 18 班规模的小学或 18 班规模的初中为设计题目。在此设计中要求学生通过本设计：初步掌握建筑设计步骤与方法；掌握参观考察、整理调研报告的基本能力；初步理解及掌握中小型建筑的一般组合规律；初步掌握走廊式或单元式校舍空间组合及校园环境设计的能力；熟悉建筑的功能，进行总平面设计、单体建筑设计，初步掌握功能分区、内外关系、流线关系的安排；逐步提高室内外空间的组织与处理能力；提高草图及正式图的表达能力；通过设计过程了解和认识一种类型建筑的现状及国际上同类型建筑概况。

将中小学建筑作为第 2～3 个课程设计题目，主要是它具有以下优势：

（1）学生熟悉中小学校的使用功能，他们对学校有深刻的理解和长年的体验，是其他任何类型公共建筑所不及的；

（2）在大量性公共建筑中，学校建筑具有房间多，面积大，但房间类型少，组织简单等特点，建筑组合可简可繁，可适于不同能力学生的选择；

（3）在设计内容上，学校有总体布局，校园环境设计，单体建筑设计，内容较为全面完整；

（4）中小学校人流量大，活动集中，规律性强，建筑物层数一般为 3～4 层，此种类型建筑有利于对垂直交通及水平交通的组织，有利于理解及运用建筑设计防火规范的诸多规定；

（5）学校建筑的组合形式，基本为走廊式的组合形式，通过本设计可掌握走廊式组合的组合规律；

（6）学校建筑在组合形式上，外观处理上，自由度较大，学生通过此设计可充分发挥构思能力，有助于设计能力的提高。

总之，二年级学生通过从 100～300m² 的别墅设计跨到 5000～6000m² 的学校建筑设计，从别墅的小庭院跨入到 10000m² 的校园，从几个房间的重叠扩大到若干体部的组合，其间跨度虽大，但学生并未感到过分困难，这主要在于学校建筑所具备的优势条件。这个设计是打好公共建筑的设计基础，对后续设计既起到承上启下的作用，也为后续设计奠定较为坚实的基础。

第三节　中小学校建筑设计的程序与要点

一、一般建设项目的基本建设程序

首先，让我们来认识一下一项建设项目的基本建设程序。通常，实现一项基本建设应经过如下过程（图 1-1）：

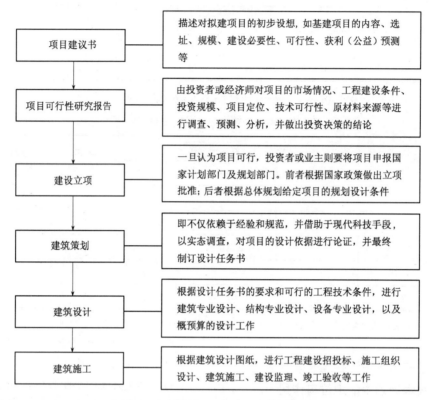

图 1-1　建设项目基本建设程序示意图

在完成以上建设程序之后，建设项目便可投入正常使用和运营。

二、建筑设计工作的步骤和程序

建筑设计工作是工程建设的关键环节。从广义上讲，建筑设计包括从可行性分析、立项到施工设计、装修设计等内容。在建设项目确定以前，为项目决策提供科学依据；在建设项目确定之后，为工程建设提供设计文件。做好建筑设计工作，无论对工程项目建设过程中节约投资及建成投入使用后取得好的经济效益，都起着决定性的作用。通常，建筑设计工作的程序如下：

建设单位将批准后的计划任务书或主管部门批准的许可建设项目文件、用地平面图、地质资料及市政部门允许接电、供水、供气的文件、建筑物具体使用的细节要求等提供给设计部门，并签订设计委托合同。承担该设计工程的设计人员，应按照有关要求、规定、定额指标、技术要求文献等校核任务书中的各类用房的使用功能、投资数额，综合考虑该建筑与经济效益、技术要求与建筑风格等。

设计人员根据计划任务书或建设项目的要求等，收集必要的资料和原始设计数据，设计所需的原始资料，设计数据包括：

（1）气象资料，即所在地区的温度、湿度、日照、降水量（雨、雪）、主导风向、风速、风荷载、冻土深度及地震烈度；

（2）地形、地貌、工程地质和水文地质、古墓、古河道等资料；

（3）基地的给水、排水、供电、煤气、交通运输等情况；

（4）有关使用方面的各种资料。

当设计者未掌握上述资料时，应做调查研究。如发现规模、面积标准和投资不符时，应提出缩小规模或增加投资的建议。

设计单位做出初步设计后，送请建设单位、有关主管部门、规划管理部门及消防部门审议。批复后，由设计负责人组织各专业人员按平行交叉作业方式设计，绘制施工图。图纸经专业人员校对、审核、签字后，由设计负责人组织会审，解决各专业人员按平行交叉作业方式设计绘制施工图。图纸经专业人员校对、审核、签字后，由设计总负责人组织会审，解决各专业之间的错、碰、漏、缺。经

室（院）批签后出图，并附概算书。出图时，应将在设计过程中和有关部门交往的文件、记录以及建筑用地图（红线图）、地质资料、方案图、各专业工程计算书和校审记录等入档案袋，和图纸一并交档。

综上所述，我们可以将建筑设计的过程，概括为四个阶段，如图1-2所示：

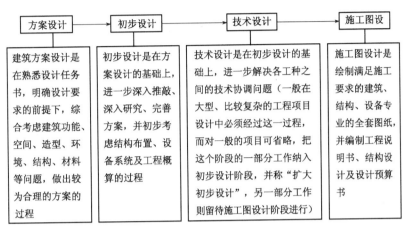

方案设计	初步设计	技术设计	施工图设
建筑方案设计是在熟悉设计任务书，明确设计要求的前提下，综合考虑建筑功能、空间、造型、环境、结构、材料等问题，做出较为合理的方案的过程	初步设计是在方案设计的基础上，进一步深入推敲、深入研究、完善方案，并初步考虑结构布置、设备系统及工程概算的过程	技术设计是在初步设计的基础上，进一步解决各工种之间的技术协调问题（一般在大型、比较复杂的工程项目设计中必须经过这一过程，而对一般的项目可省略，把这个阶段的一部分工作纳入初步设计阶段，并称"扩大初步设计"，另一部分工作则留待施工图设计阶段进行）	施工图设计是绘制满足施工要求的建筑、结构、设备专业的全套图纸，并编制工程说明书、结构设计及设计预算书

图1-2 建筑设计阶段示意图

每一阶段的工作总是在前一阶段工作的基础上进行，并将前一阶段制订的原则深化完善。

三、中小学校建筑设计的方法与步骤

（一）设计前的准备工作

1. 核实设计任务的必要文件

（1）主管部门的批文。一般任何建设任务均需由建设单位提出报告，经上级主管部门的正式批准及城建管理部门同意后，设计单位方可正式接受委托设计工作。一般小学经区教育局，中学须经省、市教育厅局批准。

（2）城建部门同意设计批文。为加强城镇建设统一规划与管理，一切建设项目均需得到城建部门的批准。批文应明确指定设计的用地范围，表明该用地及周围道路等规划要求，提出城镇建设对建筑设计要求及其他有关问题。

（3）建设单位向设计单位办理委托设计手续。建设单位依据上级主管部门、城建部门批文向设计单位正式办理委托设计手续。由建设单位填写委托设计文件及有关批文复印件等交设计部门，并签订委托设计合同。

（4）建筑设计任务书。根据建筑单位的使用要求，具体确定房间内容、面积及其他要求。建设单位提出的设计内容、要求、面积、标准等均应与主管部门批文相符。

2. 学习有关规定

学习有关方针政策、规范、建设标准等，明确设计指导思想，把握设计原则。

（1）学习有关方针政策及设计任务书

学习有关基本建设的方针政策、有关规定和由建设单位提供的设计任务书以及设计基础资料。设计书是由上级批准的下达文件。基础资料包括：已确定的校园用地、城建部门划定的红线图、地质勘察报告、地形图、当地气象资料、城市给水及排水资料以及由建设单位编制的设计委托书等。

（2）搜集资料、学习资料及分析资料

查阅有关学校的建筑设计规范、建设标准、有关建筑设计资料集、学校建筑设计参考书的文章、有关学校建筑设计手册、国内外学校建筑实例图集……

在学习有关资料的基础上，认真分析其总平面布置的基本原则及具体布置情况，体会其优缺点，并应归纳出满足学校使用要求的若干原则。以此为设计的指导思想，同时也以此来衡量设计方案的合理性和可行性。

3. 调查研究

一般在设计前及设计过程中应反复进行调研，正确掌握现场实际。

现场踏勘，熟悉建筑基地的地形、地势及周围环境等，征求建设单位设想，做好记录，必要时应进行局部测量；

拟定赴现场调查提纲，并赴现场进行勘察。

（1）勘察校园周边环境及校园范围

学校周边的单位及设施、学生居住区域情况、噪声及其他污染的方位及距离、城市公用设施等。

（2）校园内部情况

校园内部地形地貌、地势高差情况；校园内原有建筑或其他设施；自然条件（树林、山石、水塘）等情况；四邻建筑或设施情况；地下人防或废气管线、高压电线通过区域等；水、电、煤气（或天然气）管道接线方向和距离。

在实地勘察时，结合建设单位提供的资料核查，对某些具体情况予以深入了解或访问，并应做好记录；对可资利用的设施或应保留的树木、古迹等应核实具体尺寸与距离。当地形或地势变化较大，有可以利用或予以保留的内容时，应从不同角度拍摄照片，以便有形象资料供做设计时回忆或参考。

拟定同类型建筑调查提纲，并进行同类型建筑考察（以学校为例）。

1）学校规模、教师及学生人数，生源所住地分布情况（学生住宿情况及人数）；学校用地面积及主要设施；学校总平面分区情况；人口部位与教学楼、运动场地关系；教学区内各栋建筑间的距离，校内建筑与四邻建筑的距离，学校的绿化美化及相关设施，道路的设置与尺寸；学校对原有自然条件的利用与改造情况；校舍的建筑组合形式与庭院空间的安排等。

2）教学楼内各种用房的规格与尺寸，设施与家具形式及尺寸，结构体系、走廊宽度、楼梯数量与尺寸，音乐教室、合班教室的部位与校舍组合的关系，室内尺寸与空间感受，外观形式处理及材料、色彩关系等。

3）教学楼的组合形式，各体部总的关系，内部空间及室外庭院布置，各栋楼间的联系关系，联廊的尺寸与做法。

对教学楼的考察，一般也多在最初考察阶段一并进行，实际在进行总平面设计阶段涉及到教学楼的问题不多，可为以后教学楼单位设计做好准备。

（二）设计步骤

有了前期的调查研究和收集资料等过程，进入设计工作就有了最基本的保障。建筑设计是一个综合的、复杂的过程，设计方法也往往因人而异。像学校这样具有鲜明个性特征的建筑，对第一次接触学校设计的在校学生来说，先从总平面布置图入手，然后结合总平面布置进行校舍（建筑单体）设计，进而结合校舍单体设计情况反过来对总体进行必要的调整，这是常用的设计方法。

设计是一个综合过程。在对任务书、学校使用功能、学校周边及校内诸多情况及总平面设计基本原则充分熟悉的基础上，结合地形图进行学校总平面规划工作：

（1）规划校园内大的分区和初步确定学校主要出入口（图1-3）。

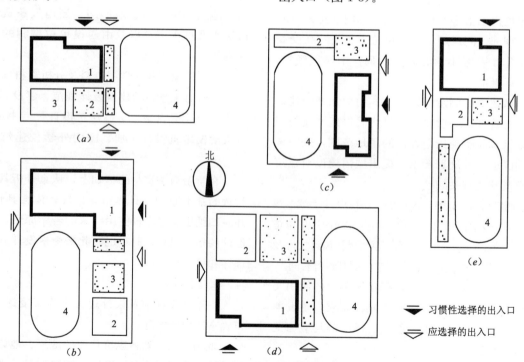

图1-3 出入口与教学区，生活区、体育活动与绿化区的关系
1—教学区；2—生活区；3—绿化与球场区；4—田径场

（2）确定运动场地所需范围及面积，明确其规格尺寸。

（3）结合分区研究教学区内校舍空间组合形式及其可能性，这一工作应具体、准确和深入。如在空间组合上必须扩大其范围，则应重新调整学校大的分区或局部调整运动场地的规格，如此反复地研究校舍的空间组合及平面各组成部分之间的关系，最后确定以使用功能合理、流线通畅、环境优美、疏密得当、留有发展余地的校园总平面规划设想。

（4）根据设计委托书，设计任务书以及有关规范、建设标准等对校舍单体建筑作深入细微的推敲，完成各体部（或各栋）的平、立、剖面图，征得建设单位的同意后正式完成设计图。如有异议，需双方共同探讨，根据规范、建设标准等有关规定和建设单位的经济力量设计出既符合使用要求、环境优美，又能分期实现的设计方案。

四、中小学校规划设计要点

（一）学校网点布局

（1）城市普通中小学校网点布局，应根据城市建设总体规划的要求，结合人口密度与人口分布，尤其是学龄人口数量及其增减的发展趋势，以及城市交通、环境等因素综合考虑，合理布点。新建住宅内，要根据规划的居住人口及实际人口出生率，建设规模适宜的中小学校。城市普通中小学校网点布局应符合下列原则：

1）学生能就近走读入学；

2）学校应具备较好的规模效益和社会效益。

（2）学校服务半径要根据学校规模、交通及学生住宿条件方便学生就学等原则确定。中小学生不应跨越铁路干线、高速公路及车流量大、无立交设施的城市主干道上学。

（二）校址选择

（1）学校的校址应满足学校网点布局的要求，应有与拟建学校规模相适应的用地面积，宜于建校的、较为规整的地形。

（2）校址的选择应便于学生就近上学，处于交通便利、就学路线便捷、位置较为适中的地段。

（3）校址应有较好的自然条件，地势平坦开阔，空气清新，阳光充足，排水通畅，应避开地震断裂带、山丘地区的滑坡段、悬崖边、崖底河湾及泥石流地区、水坎泄洪区等不安全地带。

（4）校址应有良好的周边环境，环境适宜，公用设施完善。应避开高层建筑的阴影区，远离污染源，架空高压输电线、高压电缆及通航河道等不得穿越校区。学校位置应有利于防灾及安全疏散。

（5）学校不应与集贸市场、公共娱乐场所、医院传染病房、太平间、公安看守所等不利于学生学习和身心健康，以及危及学生安全的场所毗邻。

（三）校园规划设计

（1）校园规划设计应满足学生全面发展的要求，创造良好的教学环境和生活环境。

（2）校园的总体规划设计应因地制宜，合理利用地形、地貌，并根据需要适当预留发展余地。教职工住宅应纳入城市建设规划统筹安排，不应建在校园内。

（3）校园总平面设计宜按教学、体育运动、生活、勤工俭学等不同功能进行分区，合理布局。各区之间要联系方便，互不干扰。教学楼应布置在校园的静区，并保证良好的建筑朝向。校园内各建筑之间、校内建筑与校外相邻建筑之间的间距应符合城市规划、卫生防护、日照、防火等有关规定。

（4）校园、校舍应整体性强。建筑组合应紧凑、集中，建筑形式和建筑风格要力求体现教育建筑的文化内涵和时代特色。具有优秀历史文化重大价值的校园及校舍应依法保护，并合理保持其特色。校园绿化、美化应结合建筑景观统一设计和建设，以形成优美的校园环境和人文景观。

（5）应充分利用保留原有的自然环境（如合理利用地势高差，保留原有树木山石等），因地制宜，合理有效地使用土地。

（6）体育场、勤工俭学及生活服务等场地及辅助用房的布置既要方便，也应尽量避免自身产生的噪声干扰教学区。体育活动场地与教学楼应有合理的间隔，并应联系便利。设有环形跑道的田径场地、球类场地，其长轴宜为南北方向。

（7）校园内的主要交通道路应根据学校人流、车流、消防要求布置。路线要通畅便捷，道路的高差处宜设坡道。路上的地下管线井盖应与路面标高一致。

（8）室外上下水、煤气、热力、电力、通信等地下管线应根据校园总体规划的要求合理布置，并按防火规范要求在适当位置设置室外消防栓供水接口。变配电系统应独立设置，规划设计用电负荷应当留有余量。室外多种管线的敷设应用地下管沟暗设。

（9）学校主要出入口的位置应便于学生就学，有利于人流迅速疏散，不宜紧靠城市主干道。校门外侧应留有缓冲地带和设置警示标志。

（10）旗杆、旗台应设置在校园中心广场或主要运动场区等显要位置。

（11）校园应有围墙，沿主要街道的围墙宜有良好通透性。

（四）校舍建筑组合

校舍的建筑组合是将学校各种用房组合成一栋（或一组）经济合理的、符合学校使用功能具有学校特色的教学楼。

中小学校建筑的基本组合形式，可分为集中为一栋的建筑组合及分散为多栋的建筑组合。作为城镇中小学校，一般应以集中为一栋的教学楼形式为主，农村中小学校也以尽量集中为好。如因结构等原因需分栋建造时，也应尽量紧凑布置，以节省学校建筑用地。

校舍的建筑组合应遵循以下原则：

1. 学校校舍建筑空间组合应符合各组成部分的功能要求

（1）行政办公部分既要与内部联系方便，也要便于对外联系。

（2）普通教学部分应有安静环境和良好的日照、采光、通风等物理环境及卫生、安全环境。

（3）各种公用、专用教学用房应便于与各普通教室联系。低年级应布置在低层。

2. 各组成部分宜形成独立空间或体部

（1）各体部均应保持独立性。因此，不宜设置通往其他部分的穿行通道

（2）各体部的组合形式，受组成房间的数量、体量、交通联系空间形式、地形条件及层数的制约，故在确定各体部组合形式时，应在充分比较、研究的基础上合理确定。

（3）校舍建筑各体部的组合，应保证交通路线清晰、通畅，而便于各体部及房间之间的联系，以保证正常情况下的人流通行及在紧急情况下的疏散。

3. 合理利用地形地势，进行建筑物的空间组合，以创造高效的、有特色的、良好的学习环境。

当校舍设于高差不大的地段时，应尽量将高差变化设于前后二栋教学楼中部的联廊内。

当校舍建于高差较大的地段时，应研究剖面关系，综合解决高差变化与建筑空间的组合，使之联结自然，以创造高差变化、活泼有致的外观效果。

第四节　中小学建筑发展过程

中小学建筑发展经历了从无到有，不断进步的过程。

一、工业革命前教育历程的变革——三次革命

1. 封闭的原始教育活动

原始社会，人类教育行为的目的是为了生命的维持和延续，仅限于家族群居的范围内进行。在这个生产、生活浑然一体的原始形态下，没有稳定的教育者和受教育者，也没有规范的教育内容和固定教育场所。

2. 以文字、口语作为媒介的第一次教育革命

所谓的"成均之学"正是指这个时期的教学空间形式。"成均"本义是指经过人工加工的、平坦、宽阔的场地，很可能是指氏族部落居住区内的广场。这一时期虽尚未形成学校，却有教育性质的活动和场所，儿童在这里学习生产技能和知识。

3. 第二次教育革命（从公元前2600到公元前500年左右），将教育责任从家族转移到社会

古埃及在宫廷、寺庙等地方设置学校；约公元前509年，古希腊出现在公共场所以演讲的方式传授知识的"智者"。这一时期教育空间附属于贵族、僧侣的生活工作空间，或者是公共空间的一部分，没有专门的学校建筑。

4. 以印刷术和科教书的使用及学校建立为标志的第三次革命

纸张的发明和印刷术的创新，使平民受教育成为可能，为学校建立作了充足准备。12、13世纪出现行会学校及城市学校。15世纪，城市学校普遍设立。这一时期的教育建筑没有独立的建筑类型，依附于宫殿、住宅、教堂等建筑类型中。

二、现代小学教育空间发展历程

（一）19世纪末至20世纪30、40年代

1. 教育理论的变迁

教育的主流形式为"编班授课制"——以课堂为单位，将学生按照不同年龄和知识程度编成班级，在固定的时间内进行的封闭教学。编班制课堂组织形式从16世纪起在西欧一些国家开始尝试，17世纪捷克教育家夸美纽斯在总结前人经验的基础上奠定理论基础，到19世纪开始大规模推广，20世纪40、50年代成型并普遍适用。编班授课制在充分发挥教师作用和提高教学效率方面，做出了历史上任何教学组织形式都不曾做出的贡献。也正是因为如此，至今它仍被许多国家广泛地采用。而20世纪初兴起的以对"生活适应"的杜威进步主义为代表的教育改革，批判了编班授课制，提出"从做中学"的教学原则。

2. 相对应的教育空间环境发展

1900年以前，儿童学习的校舍大都是这样布置的：一二层的8间教室簇拥在"扩展大厅"的周围（图1-4），如此布局，使教室室内噪声很大，采光和通风都很差。学校占地面积很小，

建立在仅能容下这座建筑的土地上，带有所谓的操场。

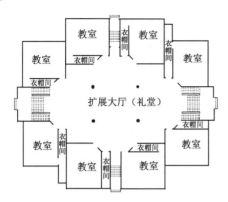

图 1-4　Giddings 学校一层平面图

1920～1940 年，"四合式"的建筑是最富有代表性的学校建筑，学校平面布置以"四合式"（图 1-5）为主，分为"单四合"和"双四合"两种组合方式。这种布局形式便与引入自然通风、采光，还具有占地面积较小，便于照管儿童的优点。

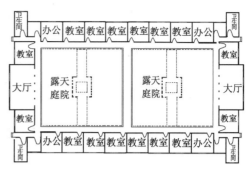

图 1-5　四合式学校平面示意图

受到教学方式的影响，这一时期教学空间的主要形式为编班授课制教室（图 1-6）——将相同规格大小的矩形教室空间的分类积累，再由走廊联系形成教学空间。"陈列馆式"的学校建筑形态是在编班授课制教室基础上逐步发展起来的（图 1-7）。其优点是使学校在布局上能够分成若干个独立部分，可以分期建设，合理使用。由于在办学中强调"从做中学"的教学原则，在学校总体设计中加入加工厂、劳技室的布置，再加上没有建高层校舍，使该时期的学校占地面积较大。

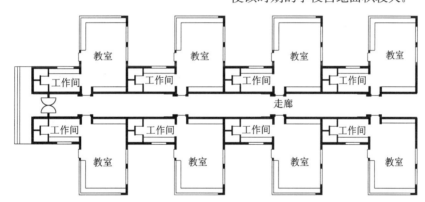

图 1-6　Crow Island 学校普通教室区平面图

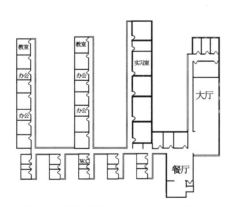

图 1-7　"陈列馆式"小学校平面示意图

（二）20 世纪 50、60 年代至 20 世纪 80 年代

1. 教育理论变迁

20 世纪 50 年代后期，美国教育界对杜威功利主义教育提出强烈批评。指出，当时课程内容没有反映 20 世纪新的科学成果，开始了以"精英教育"为指导思想的教育改革。这次改革实现教育内容的现代化，并重视和探索实验室教学，对世界教育产生了深远影响。

2. 相对应的教育空间环境发展

20 世纪 50 年代，是战后各国经济复苏期。由于当时经济条件的限制，学校平面的标准化设计，结构的质量也不好，隔声、采光、通风较差，但这种情况是暂时的。

20 世纪 60 年代，这十年是受一些基金会的"研究和扩建"活动影响的阶段。如由福特基金会资助的教育设施实验室开发了"开放式学校"——学校设计成宽敞的、开放的可变空间，具有很大适应性，可以根据教学团队的变化随时调整（图1-8）。但任何新生事物的发展总不是一番风顺的，由于教育理论发展的滞后和一些开放式学校建设时忽略隔声的设计，后来的十几年中，这种开放式设计的学校退回到老式的规划。开放式空间用可以关上的门分割成教室。但是这种"开放式"的教育思想已经被许多人所接受，在随后的时间里，开放式学校的设计不断得到改进。

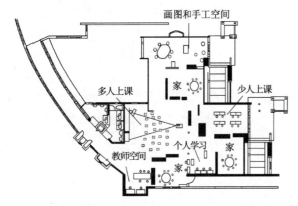

图1-8　开放式教学空间示意图

（三）20世纪80年代末至今

1. 教育理论变迁

信息时代来临，学生的知识源不再局限于教师和书本，而是更加种类繁多，面向社会。再结合终生教育思潮兴起，强调"科学为人人"、"大众教育"，这时编班授课制的缺点暴露出来——学生在枯燥的工厂式空间中，不分认知水准，统一接收知识灌输，缺乏自主学习的机会，于是开放式教育成为教育发达国家的主流形式。

2. 对应的教育空间环境发展

20世纪80年代后的学校建筑设计更加多元化。以美国为例，教育空间更加开放，出现了各种灵活的学校形式，如校中校，多地点学校、博物馆学校、社区学校等。从提高教学质量、利用社会资源、为社会服务等方面进行广泛的探索。学校不再仅仅局限于学校内部的开放，而扩大到向社会开放（图1-9）。

三、我国中小学建筑发展过程

（1）在清末民初新式学堂建立前，中国的蒙学教育建筑称为"学塾"，这类学校除了少数由官僚、地主、商人等富贵人家所开设的以外，大多都十分简陋，没有专门的教舍。清代著名诗人袁枚有诗吟道："漆黑茅庐屋半间，猪窝牛圈浴锅连。牧童八九纵横坐，天地玄黄喊一年"。此段时期的教学空间大都为"一屋式"。

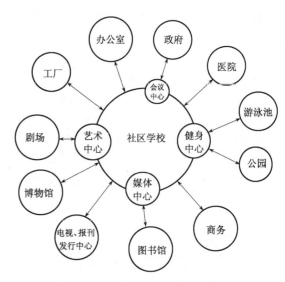

图1-9　社区与学校相结合示意图

（2）光绪二十九年（1903年），清政府颁布的《奏定学堂章程》里公布的小学课程是我国第一套正式的小学课程。1902年《钦定学堂章程》中称小学为学堂，1912年的学制中改称为学校。

中国的新式小学通常以1878年设立的上海正蒙书院小班、1896年设立的沪南三等学堂和1897年所设南洋公学外院（后改称南洋公学附属小学）为嚆矢。

从清末建立小学学制开始，我国近现代小学校教学楼建筑发展历程，按时间划分，大致可分为四个阶段：

第一阶段：从"官办"到新中国成立：

"官办"是指近代教育体制形成后的学校。此时，中国处于中西文化交汇的漩涡中，小学校借用其他建筑物的现象，如传统书院建筑及寺庙、教堂等。但是以教学行为展开为目的的教学楼开始出现。

第二阶段：20世纪50～70年代

（1）新中国建立初期，城市中小学校舍基本是利用1949年以前所建的旧校舍（包括利用会馆、教会建筑及庙宇改作的校舍）维持办学，当时只能维持办学的最低需求，此期间几乎未建立新校舍，只对旧校舍进行必要的维修和改建以保证使用安全。

（2）20世纪50年代中期到20世纪60年代初期，我国实行第一、第二个五年计划，经济十分困难，百业待兴，教育基建投入少，校舍建设受到片面强调降低建筑标准和工程造价的影响。此时期所建校舍多为简易建筑，忽视了坚固、适用、美观的建设方针，使校舍整体质量受到严重影响。

（3）20世纪60年代中期，国家对国民经济进行调整，教育基建投入有所回升，建筑中的片面节约思想逐步得到纠正，新建、扩建了部分校舍，校舍质量普遍有所提高。20世纪60年代后期未建新校舍，20世纪70年代中期新建校舍也很少，只能保证教育事业发展及教学活动的基本要求。

第三阶段：20世纪70年代末期至20世纪80年代

（1）20世纪70年代末期电教手段开始引入我国，唐山地震后新建的学校在规划布置及造型上，打破了过去呆板的格局，以建筑体部组成庭院空间，丰富了校园的布局及建筑造型，使学校的外观赋予较轻松活泼的新姿。

从20世纪80年代初期开始，全国工作重点转向现代化经济建设，国家将教育列为发展经济战略重点之一，教育投入逐年递增，办学条件普遍得到改善，中小学建筑标准普遍提高，沿海城市出现一批教学用房齐备，各类用房配套，建筑功能完善，造型多样，形式新颖，具有浓郁时代气息的橱窗式中小学建筑，深受师生喜爱和教育界的好评。

（2）1982～1986年，相继制定和颁发了《中等师范学校及城市一般中小学校面积定额》、《中小学校建筑设计规范》，在1984年举办全国中小学建筑设计方案竞赛，拓宽了学校建筑思路，使中小学校建筑的规划设计水平普遍提高。由于我国学校规划设计和建设有章可循，校舍设计日趋合理，我国中小学校建筑因此得到进一步的发展。

第四阶段：20世纪90年代至今

20世纪90年代以来，随着世界科技的发展和我国经济建设的全面推进，教育改革日益深化，作为培养现代人才，提高民族素质的基础教育很快从应试教育转轨于素质教育，强调青少年在德、智、体诸多方面的全面发展。随着信息时代的来临，现代化教育手段进入多媒体时代，并开始广泛地应用于各种学科的教学活动中，这些变革对中小学建筑的内容及形式产生深刻影响。

近年来，随着国际间专家学者互访、图书资料交流增多，学术研究取长补短，使在教学方法、教学条件等方面，得以借鉴国外成功的经验，对我国的学校建设都起到了积极的作用。

第二章　普通中小学校址选择与总平面设计

学校是培育儿童、青少年健康成长，进行教学活动的场所。选择较为理想的校址，是搞好学校建设，办好学校的重要环节。

学校总平面设计是结合学校功能特点，将学校各组成部分（包括校舍、室外各种活动场地、道路广场等）合理地组织在校园用地范围内的一项工作。这项设计工作，是学校建设的重要环节之一，应结合学校设计任务书的要求及已选定校址的用地条件（包括校园内的条件及校外的周边环境等）和当地规划部门从城市建设及街区建设的要求进行全面地、综合地分析与研究后，再着手学校总平面的规划设计。在设计中应使学校的用地面积充分合理地利用。结合总的用地情况，仔细推敲校舍的空间组合及各种场地、道路、绿化的合理规划，构成一个有机而完整的室内外学习和活动空间，创造使用方便、整齐卫生、安静优美的育人环境。

第一节　普通中小学校址选择的一般要求

（1）学校的校址应满足学校布点的需要，应有与学校规模相适应的用地面积及适于建校的较为规整的地形。

（2）学校校址应选择在交通方便、地势平坦开阔、空气清新、阳光充足、排水通畅、环境适宜、公用设施较为完善、远离污染源的地段。

（3）学校的校址应便于学生就近上学，应处于就学区适中位置，就学路线便捷，有合理的就学距离。

（4）学校校址应有较为良好的自然环境（如地质、地貌等）和周边环境（如安全环境、安静环境、卫生环境、社会环境等）。

（5）选择校址应注意节约用地，尽量少占农田或不占农田。

第二节　学校用地及校园内部环境

（一）学校用地应有与学校规模相适应的用地面积

（1）我国有关部门在各个时期制定的普通中小学校用地面积指标，见表 2-1

中小学校用地面积指标（单位：m²/生）　　表 2-1

学校类别	教育部《中小学校面积定额》1955年	建筑工程部《建筑设计规范》1955年	城建部《初等及中等学校建筑设计规范》《修正草案》1957年	国家建委《城市规划定额暂行规定》1980年	教育部《中等师范学校及城市一般中小学校舍规划面积定额》1982年	国家计委《中小学校建筑设计规范》（条文说明）1987年
中学	17～28	30～40	20～35	12～15	13～16	10.1～21.1
小学	9～12	30～40	15～30	7～10	10～11	9.4～17.9

注：《中小学校建筑设计规范》的参考值为：小学 12～24 班；中学 18～30 班范围。

（2）现行普通中小学校用地面积生均指标，见表 2-2、表 2-3。

农村普通中小学校校园用地面积
生均规划指标（单位：m²）　表 2-2

学校类别	学校规模						
	4班	6班	12班	18班	24班	30班	36班
初级小学	22	—	—	—	—	—	—
完全小学	—	28	22	18	—	—	—
初级中学	—	—	26	24	23	—	—

注：根据《农村普通中小学校建设标准》制作。

城市普通中小学校校园用地面积
生均指标（单位：m²）　表 2-3

学校类别	学校规模						
	12班	18班	24班	27班	30班	36班	45班
完全小学	26	20	18	—	17	—	—
九年制学校	—	21	—	19	—	18	20
初级中学	27	22	21	—	19	—	—
完全中学	—	22	21	—	19	22	—
高级中学	—	22	21	—	19	22	—

注：根据《城市普通中小学校建设标准》（送审稿）制作。

在学校建设中，位于城市中心区的改、扩建学校，由于规模的增大，学校各种用房增多，导致学校用地面积增大，学校用地往往又难以扩展，新建学校更难以取得规定的用地。而在郊区和新建住宅小区等地，则应坚持学校的用地面积指标，以保证良好的校园环境和学生全面发展的需要。

（二）学校用地应有适宜建校的地形与地貌

（1）12班以上规模的学校，在选址时应考虑到能布置出长轴为南北向运动场的位置及运动场所需的尺寸。

（2）学校用地周边宜规整，以便于充分利用校园的用地。

（3）学校应有较好的地质条件（如有较高的耐压强度，有适于植物生长的土壤等）。

（三）应有安全的环境

（1）学校校址应避开以下各种不安全区域：地震断裂带、山丘滑坡段、悬崖边及崖底、河湾及泥石流区等。当学校必须建设在临海、靠河、依山或在地质复杂地带时，当发生洪水、山洪、海啸、雪崩、滑坡、崖崩、泥石流、塌陷等自然灾害时，应保证学校用地的绝对安全。

（2）在水库下游选择校址时，应考虑在特殊情况下，水库被迫泄洪，学校校址仍应处于安全的地段。

（3）校内不应有架空的高压输电线路穿越。

（四）有适于学生健康成长的物理环境

（1）有良好的日照、清新的空气和自然通风；

（2）有良好的视野及景观；

（3）有安静的学习环境。

第三节　校园的外部环境

一、安全环境

（1）不应将学校选择在有大量车辆频繁出入的建筑周边。

（2）中小学校校址不应选择在高层或多层建筑包围区域内，也不应选在袋状地区之内，以保证在紧急状态时（如地震、火灾……），学生能顺畅地安全疏散，或抢救车辆顺利地进入抢救。

（3）学校校址应与易燃、易爆等危险品或有害物的研制、生产、贮运场所等保持一定的安全距离。

二、适于教育的环境

学校不宜与市场、公共娱乐场所、公安看守所等不利于学生学习和身心健康的场所相毗邻。

三、良好的卫生环境

（1）学校宜选择在公园、绿地、水面（周边应有安全设施）附近或相邻位置，以获得良好的景观及良好的小气候环境。

（2）学校应尽量避开工厂的空气污染源，校址也不应邻近医院的传染病房区、太平间、精神病医院、餐馆的厨房、公厕等。

（3）当学校必须选定在工业企业之侧或工厂的下风侧，须根据国家有关规定检测大气中有害物质的浓度，再行确定校址。表2-4为居住区大气中有害物质最高允许浓度的规定，表2-5为大气中污染物的浓度标准。

居住区大气中有害物质最高允许浓度（单位：mg/m²）　　　　　表2-4

编号	物质名称	最高允许浓度		编号	物质名称	最高允许浓度	
		一次	日平均			一次	日平均
1	一氧化碳	3.00	1.00	12	甲醛	0.15	
2	乙醛	0.01		13	汞		0.0003
3	二甲苯	0.30		14	吡啶	0.08	
4	二氧化硫	0.50	0.15	15	苯	2.40	0.80
5	二硫化碳	0.04		16	苯乙烯	0.01	
6	五氧化二磷	0.15	0.05	17	苯胺	0.01	0.03
7	丙烯腈		0.05	18	环氧氯丙烷	0.20	
8	丙烯醛	0.10		19	氟化物（换算成F）	0.02	0.007
9	丙酮	0.80		20	氨	0.20	
10	甲基对硫磷（甲基E605）	0.01		21	氧化氮（换算成NO₂）	0.15	
11	甲醇	3.00	1.00	22	砷化物（换算成As）		0.003

编号	物 质 名 称	最高允许浓度		编号	物 质 名 称	最高允许浓度	
		一次	日平均			一次	日平均
23	敌百虫	0.10		29	氯	0.10	0.03
24	酚	0.02		30	氯丁二烯	0.10	
25	硫化氢	0.01		31	氯化氢	0.05	0.015
26	硫酸	0.30	0.10	32	铬（六价）	0.0015	
27	硝基苯	0.01		33	锰及其他化合物（换算成 MnO_2）		
28	铅及其无机化合物（换算成 Pb）		0.0007	34	飘尘	0.50	0.15

注：1. 一次最高允许浓度，指任何一次测定结果的最大允许值；
    2. 日平均最高允许浓度，指任何一日的平均浓度的最大允许值；
    3. 本表所列各项有害物质的检验方法，应按现行的《大气监测检验方法》执行；
    4. 灰尘自然沉降量，可在当地清洁区实测数值的基础上增加 $3\sim5t/(km^2 \cdot 月)$；
    5. 本表引自《工业企业设计卫生标准》(TJ 36—79)。

按三类区空气污染物三级标准浓度极限值　表 2-5

污染物名称	浓度极限（mg/Nm^3）			
	取值时间	一级标准	二级标准	三级标准
总悬浮微粒	日平均	0.15	0.30	0.50
	任何一次	0.30	1.00	1.50
飘尘	日平均	0.05	0.15	0.25
	任何一次	0.15	0.50	0.70
二氧化硫	年日平均	0.02	0.06	0.10
	日平均	0.05	0.15	0.25
	任何一次	0.15	0.50	0.70
氮氧化物	日平均	0.05	0.10	0.15
	任何一次	0.10	0.15	0.30
一氧化碳	日平均	4.00	4.00	6.00
	任何一次	10.00	10.00	20.00
光化学氧化剂	1小时平均	0.12	0.16	0.20

注：一类区：为国家规定的自然保护风景、古建筑和疗养地等。
    二类区：为居民区、商业、交通、居民混合区、文化区、名胜古迹和广大农村。
    三类区：为大气污较重的城镇和工业区、城市交通枢纽、干线等。（根据国家大气环境质量标准）1982—08—01 实施

四、良好的就学环境

（一）学校布点

学校布点应根据城市或农村人口规划指标和总体规划要求，结合城市或县镇人口密度、学生来源、交通、地形地貌、环境等因素综合考虑，实行"规模"办学，合理布点。对新建的住宅区应根据规划的居住人口和实际人口出生率的千人指标，配套建设适宜规模的中小学校。

在中小学校的布点上应统筹安排、布点均匀，各类学校配置合理。

（二）学校服务半径

学生上下学应以步行不感到疲劳的路程为准，并应结合学校规模和交通情况确定是否设置学生宿舍，以方便学生就近入学为原则，确定合理的学校服务半径，见表 2-6

唐山地震后，唐山各新规划小区中的中小学校服务半径及学校位于小区中之位置，见表 2-7。

几个国家对中小学校上学距离的规定（单位：m）　　　　表 2-6

学校种类		日 本			美 国		英 国	瑞 士	荷 兰	中 国		
		适宜值		最大值	推荐值	最大值	推荐值	推荐值	推荐值	最大值	推荐值	推荐值
		市区	村镇									
小学校	低年	400	750	1000	800	1200	400	540～800	540	1000	不大于500	不宜大于500
	高年	500	1000	2000			800					
初级中学		1000	2000	3000	1600	2400	1600	800～1000	800	2000	不大于1000	不宜大于1000
高级中学					2400	3200						

学校种类	日本			美国		英国	瑞士	荷兰	中国		
	适宜值		最大值	推荐值	最大值	推荐值	推荐值	推荐值	最大值	推荐值	推荐值
	市区	村镇									
资料来源	日本《学校建筑 计画と设计》（1979年）					《中小学校建筑设计规范》编制说明（1985年）			《初等及中等学校建筑设计规范》(1957年)	《建筑设计资料集》(1994年)	《中小学校建筑设计规范》(1987年)

唐山市居住小区中学校服务半径及学校位置　　　　表 2-7

学校类别	统计学校数（校）	服务半径（m）		在居住小区中位置		
		平均	最远	角隅（二边靠住宅）	沿边（三边邻住宅）	中心（四边邻住宅）
小学校	31	604.2	590	16	13	2
中学校	14	569.6	700	14	—	—

注：根据《唐山市居住小区规划图集》1981年。

根据统计：唐山新规划中小学校在小区中不同位置其数量比例情况见图 2-1。其中 a 型位于小区中心，服务半径小，但对居民干扰大；c 型对居民干扰范围小，但增大了学校的服务半径，故确定位置时应综合分析其利弊，合理确定学校的具体位置。

方 案 序 号	学校在小区中位置类型	学 校 数 量（校）		
		小 学	中 学	中 小 学
a	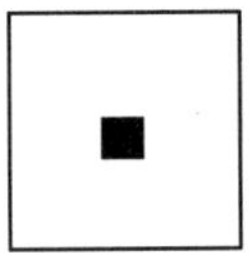 （示意图）	8（占 30.8%）	—	—
b	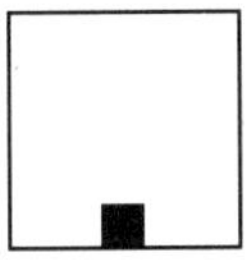 （示意图）	14（占 53.8%）	5（占 26.3%）	—
c	 （示意图）	4（占 15.4%）	14（占 73.7%）	—
d	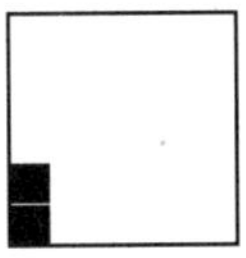 （示意图）	—	—	8（占 57.1%）
e	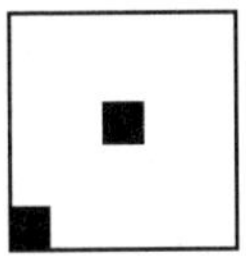 （示意图）	—	—	6（占 42.9%）
统计的学校数		26	19	14

图 2-1　学校在小区中的位置

（三）安全就学

中小学生上学路线，应避免跨越车流量大的城市（镇）主要交通干道、无立交设施的铁路干线及高速公路；

城市郊区、县镇及农村学校的选址，应避免学生需跨越沟壑、无桥梁及摆渡的河流、陡坡等易发生安全事故的地段上学。

五、安静环境

办学的重要条件之一是学校用地必须具备有安静的周边环境。影响学校安静的因素：城市交通噪声源（如城市街道行驶的机动车辆、火车、飞机在运行时产生的噪声），社会生活噪声源（人群活动时引起的噪声，如集贸市场、汽车修理站等及商业、娱乐活动、体育活动等产生的噪声），其他如工厂生产及基建施工时产生的噪声等。

在选址时应注意噪声源与学校校园的距离，在学校总平面布置时注意主要教学用房与噪声源的距离，以保证教学用房区内有安静的外部环境。一般：周边噪声到达学校围墙处应低于70dB（A），到达教学用房窗外1m处的噪声应低于55dB（A）。

（一）交通噪声

交通噪声主要是机动车辆、飞机和铁道的噪声。这些噪声的噪声源是流动的，影响面广。

1. 机动车辆噪声

机动车辆噪声是指机动车在市区内交通干线上运行时所产生的噪声。随着城市的扩大，机动车辆数目增长很快，交通干线发展迅速，交通噪声日益成为城市噪声的主要污染源。

表2-8及表2-9为城市及郊区的交通实测资料统计表。

市内主要车辆噪声级 L_{10} 不同距离的衰减 dB（A）　　　　表2-8

车 辆 种 类		测 点 距 离				
		路　边	20m	40m	60m	80m
二行线	公共汽车	79.95	75.07	69.64	66.75	55.00
	摩托车	74.08	66.80	66.33	36.27	56.12
	吉普车	75.07	65.40	65.87	62.12	54.17
	小面包车	72.40	63.90	63.92	61.84	53.30
四行线	摩托车	80.47	72.58	71.05	56.95	55.60
	公共汽车	75.97	71.16	64.80	57.57	56.53
	吉普车	73.30	66.60	62.33	58.67	54.00
	小面包车	72.67	65.34	61.60	56.08	53.33
六行线	公共汽车	83.07	73.86	70.12	65.98	55.77
	小面包车	75.72	68.04	63.42	60.37	54.40
	吉普车	73.20	69.40	62.00	60.04	53.03

注：本表及表2-9均引自北京医科大学儿少所魏岩枫、王绍汉的《校园与城镇不同类型交通干道的距离探讨》论文。

郊区主要车辆噪声级 L_{10} 不同距离的衰减 dB（A）　　　　表2-9

车 辆 种 类		测 点 距 离						
		路　边	20m	40m	60m	80m	100m	120m
二行线	卡车	83.12	72.00	70.35	67.41	63.19	57.00	55.00
	吉普车	75.17	69.40	65.98	64.79	60.32	57.09	54.81
	小轿车	73.86	68.34	62.42	58.86	56.40	55.04	52.14
	小面包车	73.10	67.04	61.92	58.39	54.12	53.38	49.00
四行线	大卡车	93.90	83.41	79.00	77.25	70.50	60.15	54.08
	公共汽车	90.20	80.02	73.67	66.24	62.00	57.47	54.00
	130卡车	88.80	78.67	75.00	68.40	60.32	55.12	54.01
	吉普车	86.40	75.50	70.12	68.00	59.08	55.00	53.86
六行线	大卡车	77.32	70.04	65.98	62.12	57.10	56.31	55.08
	130卡车	75.15	67.80	63.15	59.88	56.42	54.56	54.00
	吉普车	69.13	66.76	61.30	59.91	52.96	49.00	49.77
	小面包车	66.76	65.70	62.60	63.14	53.81	52.10	48.32

根据表 2-8、表 2-9 实测及《交通、社会生活噪声源与校园卫生间距》(送审稿) 建议，一般学校均设有围墙；并按现场实测数据及 L_{10} 的衰减规律，可得出：

(1) 市区交通道路干线快车道同侧边沿与校园卫生间距不应小于 80m；

(2) 郊区公路交通干线快车道同侧边沿与校园卫生间距，不应小于 120m。

2. 飞机和机场噪声

飞机和机场噪声是飞机起飞、飞行、着陆以及地面试机时产生的噪声。飞机运输事业迅速发展，飞机的高速度化和载重量的增加，使得飞机的噪声愈来愈大，飞机噪声污染日益严重。故学校选址时必须远离机场及飞机航线区域。

在《交通、社会生活噪声源与校园卫生间距》中规定：机场跑道两侧 2km 内，跑道两端航迹下方，飞机噪声超过 L_{WEPN}❶标准值 70dB 的区域（可根据当地机场噪声影响预测划定），不得设教学及教学辅助用房。

图 2-2 为 B747 型飞机在起飞时对跑道周围的等效噪声级 dB（A）曲线。

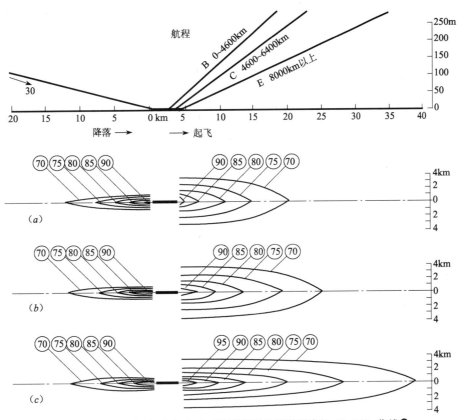

图 2-2 B747 型飞机在起飞时对跑道周围的等效噪声级 dB（A）曲线❷

（a）B 型起飞航道 dB（A）范围；（b）C 型起飞航道 dB（A）范围；（c）E 型起飞航道 dB（A）范围

3. 铁道交通噪声

铁道交通噪声包括：信号噪声、机车噪声和轮轨噪声。

(1) 信号噪声 蒸汽机车汽笛声的 A 声级高达 132dB（距机车侧面 10m 处），风笛可降低至 30～40dB；

(2) 机车噪声 电力机车室内噪声级 82～87dB，内燃机车司机室内的噪声 99～108dB；

(3) 轮轨噪声 其强弱与行车速度、车厢长度、每列车的车厢数量及轨道的技术状态有关，当列车运行速度为 60km/h，在距离轨道 5m 处轮轨噪声级为 102dB（A），机车噪声为 106dB（A），当车行速度加倍，则轮轨噪声及机车噪声约各增加 6～10dB。

学校选址应远离铁路线。根据《交通、社会生活噪声源与校园卫生间距》中规定：铁道沿线近学校一侧的外侧轨道中心与校园卫生间距不应小于 300m，校园与列车编组站卫生间距不应小

❶ L_{WEPN}—一昼夜的等效连续感觉噪声级；L_{WEPN}70dB 相当于 A 声级 60dB。

❷ 本图引自中国建筑科学院物理所编《建筑声学设计手册》；1987 年建工版。

于 380m。

图 2-3 为火车行驶在铁轨上所产生的噪声概略

值，可利用此图测试线路与校址的距离，以及学校主要教学用房的距离。

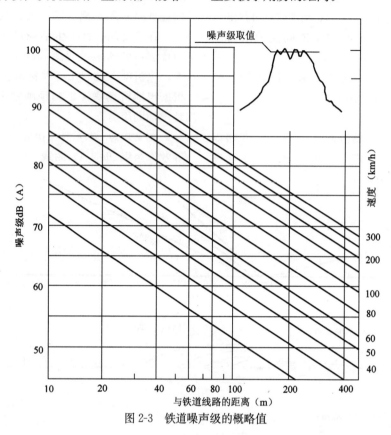

图 2-3　铁道噪声级的概略值

（二）社会生活噪声

社会生活噪声主要为群众集会、宣传车、人声喧闹、商业宣传等活动产生的噪声。这些活动有时使用扩音设备，因而造成的噪声污染更为严重。故而在选址时，应避免与商业、娱乐、露天市场等设施相邻。

根据《交通、社会生活噪声源与校园卫生间距》（送审稿）建议：

露天贸易市场边缘与校园卫生间距不应小于 500m；

商业街口与校园卫生间距不应小于 150m；

露天体育场边缘与校园卫生间距不应小于 120m；

汽车、摩托车修理站边缘与校园卫生间距不应小于 120m；

车站、码头边缘与校园卫生间距不应小于 300m；

其他不同噪声级的社会生活噪声源与校园卫生间距，可由其噪声达到教学及教学辅助用房墙外 1m 处的实测或预测噪声级不得超过 55dB 来确定。

第四节　普通中小学校园总平面设计要点

（1）应遵守国家基建政策和有关建筑设计规范、建设标准等要求，并认真贯彻本省、市教委对学校建设的具体规定。

（2）新建、改建和扩建的学校，必须先进行总平面规划，经上级有关部门批准后再行建设。

（3）学校总平面设计，应满足学生德、智、体等全面发展的要求，创造良好的育人环境。

（4）学校总平面设计，应结合学校用地的地形、地势，按教学区、体育运动区、生活区、实验园地、绿化区、勤工俭学区等进行规划布局，力求做到：功能合理，分区清楚，联系方便，互不干扰：

1）教学、图书、实验楼应布置在校园中安静的部位，并有良好的朝向；

2）办公部分应安排在对外联系便捷、对内管理方便的部位；

3）生活服务及勤工俭学用房，为保障其对外联系方便及不干扰校内的正常活动，应设有独立出入口，能自成一区，与教学用房有一定距离；

4）体育活动用房，应接近室外体育活动场地，形成体育活动区；

（5）校园内各栋建筑或一栋建筑前后几个体部之间，校内建筑与校外相邻建筑之间的距离，应符合防火间距及卫生间距等有关规定；

（6）在建筑用地范围内，各栋建筑或一栋建筑各个体部的组合，应尽量紧凑、集中，以节省建筑占地面积或范围，为扩大或保证学校体育活动场地而创造条件；总平面布局应使学校公共、体育设施（如礼堂、运动馆、操场等）易于向社区开放。

（7）校园内教学楼的位置、体型、层数、出入口位置等，既要满足功能要求，也要考虑城市规划要求，并应和周围建筑、景观、环境相协调；

（8）校园内道路系统应简明、直接，在正常情况下人流通行顺畅，在紧急情况下应保证人流疏散安全；

（9）结合建筑物的布局，做好校园内的绿化美化规划，丰富校园景观，创造良好的校园环境；

（10）应充分利用和保留学校用地原有的自然条件（为合理地利用地势高差、保留原有树木、山石、池塘……），进行适量和必要的改造，因地制宜地、合理而有效地使用土地；规划时应充分利用土地，并应预留待发展用地。

第五节　学校用地组成与用地面积

根据学校使用功能，中小学校园用地由建筑用地、体育活动场地、绿化用地、勤工俭学用地组成。

建筑用地是指学校中各种建筑物、构筑物的占地面积（基底面积），建筑物周边的通道及根据建筑防火、卫生间距要求的房前屋后的空地等面积。

体育活动场地指全校师生进行体育活动的各种场地（包括运动场地、各种球类训练场地、器械活动场地、游泳池等）及小学的游戏场地等。

绿化用地是为改善校园环境，在校园内设置的集中绿化用地，包括校园中的成片绿地、学校开展气象、园艺、生物兴趣小组活动及实习用的自然科学实验园地等。

勤工俭学用地是为学校开展劳动和劳动技术教育、勤工俭学活动的场地（包括勤工俭学的生产加工用房及室外工作或堆放场地）。

一、学校各种用地标准

普通中小学各种用地标准，伴随科技发展及教育改革不断深入，重视教育程度日益提高，学校增加了若干专用教室、公用教学用房。各种教学用房的面积也相应有所改善，因而用地标准也有相应的提高。

（1）根据《中等师范学及城市一般中小学校规划面积定额》（试行）的规定，见表2-10。

中小学校园用地面积　　　　　　　　　　　表2-10

学校种类	规模（班）	建筑用地		运动场地		绿化用地		总　计		每生占地面积（m²/生）
		面积（m²）	比例（%）	面积（m²）	比例（%）	面积（m²）	比例（%）	（用地面积）（m²）	百分比（%）	
完全中学	18	5045	35	8455	59	900	6	14400	100	16
	24	6538	39	9062	54	1200	7	16800	100	14
	30	7801	40	10199	52	1500	8	19500	100	13
初级中学	18	5421	38	8079	56	900	6	14400	100	16
	24	6813	41	8788	52	1200	7	16800	100	14
小学校	18	4116	46	4384	49	405	5	8910	100	11
	24	5032	47	5225	47	540	5	10800	100	10

注：各项用地栏内的比例，为该规模学校某种用地与总用地面积之比。

（2）根据《中小学校建筑设计规范》（GBJ 99—86）条文说明对校园各类用地面积的规定，见表2-11。

各类学校用地面积参考表　　　　　　　　　表2-11

学校类别规模			学生人数（人）	用地总计（m²）	建筑用地（m²）	运动场地（m²）	绿化用地（m²）	每生平均用地（m²）
小学	市中心	12班	540	6107	3109	2728	270	11.3
		18班	810	8364	4323	3636	405	10.3
		24班	1080	10159	5397	4222	540	9.4

学校类别规模			学生人数（人）	用地总计（m²）	建筑用地（m²）	运动场地（m²）	绿化用地（m²）	每生平均用地（m²）
小学	一般	12班	540	9667	3109	6288	270	17.9
		18班	810	11824	4323	7096	405	14.6
		24班	1080	13619	5397	7682	540	12.6
中学	市中心	18班	900	10341	5515	3926	900	11.5
		24班	1200	12970	7258	4512	1200	10.8
		30班	1500	15188	8582	5106	1500	10.1
	一般	.18班	900	15518	5515	9103	900	17.24
		24班	1200	18147	7258	9689	1200	15.12
		30班	1500	22483 31664	8582	12401 21582	1500	14.99 21.00

（3）根据上海市《中小学校建设标准》DBJ 08—12—90 对上海市农村、县镇、城市中心区等学校用地面积定额见表2-12。

上海市中小学用地面积定额表

表 2-12

学校类别	地区	规模		学校用地（m²）					生均用地面积（m²/生）
		班级	学生数	建筑用地	体育用地	绿化用地	总计	折合亩数	
农村小学	农村地区	6	240	1667	2006	120	3793	5.7	15.80
		12	480	2661	3820	240	6721	10.09	14.00
城镇小学	中心城旧区	18	810	4455	1415	—	5870	8.81	7.25
		24	1080	5301	1920	—	7721	10.84	6.69
	中心城新区及郊县城镇	18	810	5130	5744	405	11279	16.94	13.92
		24	1080	6104	5894	540	12538	18.83	11.61
初级中学	中心城旧区	12	600	4159	1200	—	5359	8.05	8.93
		18	900	6185	1800	—	7985	11.99	8.87
		24	1200	7665	2400	—	10065	15.11	8.39
	中心城新区及郊县城镇	12	600	4789	7231	300	12320	18.50	20.53
		18	900	7122	7231	450	14803	22.23	16.45
		24	1200	8827	7281	600	16708	25.09	13.92
高级中学	中心城旧区	18	900	6514	1800	—	8314	12.48	9.24
		24	1200	8163	2400	—	10563	15.86	8.80
	中心城新区及郊县城镇	18	900	7501	7281	450	15182	22.80	16.87
		24	1200	9399	7281	600	17280	25.95	14.40
完全中学	中心城旧区	24	1200	7934	2400	—	10334	15.52	8.61
		30	1500	9813	3000	—	12813	19.24	8.54
	中心城新区及郊县城镇	24	1200	9136	7281	600	17077	25.55	14.18
		30	1500	11300	7281	750	19331	29.03	12.89

（4）根据《农村普通中小学校建设标准》（试行）建标〔1996〕162 号规定的学校各类用地面积规定，见表2-13。

学校类别		建筑用地		体育活动场地		绿化科技园地		合计		平均每生用地面积（m²/生）
		面积（m²）	百分比（%）	面积（m²）	百分比（%）	面积（m²）	百分比（%）	面积（m²）	百分比（%）	
初小	4 班	1910	72.0	740	28.0			2650		22
完小	6 班	2709	36.4	4328	58.2	405	5.4	7442	100	28
	12 班	4613	38.9	6438	54.3	810	6.8	11861	100	22
	18 班	6324	44.0	6824	47.5	1215	8.5	14363	100	18
初中	12 班	7690	48.3	6724	43.1	1200	7.7	15614	100	26
	18 班	10931	50.3	9019	41.5	1800	8.3	21750	100	24
	24 班	14110	50.9	11188	40.4	2400	8.7	27698	100	23

注：本表参照《农村普通中小学校建设标准》制作。

根据《城市普通中小学校建设标准》（送审稿）提出的校园各类用地的测算，见表 2-14～表 2-16。

城市普通中小学校园用地总面积测算表（一）（单位：m²）   表 2-14

用 地 名 称		完 全 小 学 校				九 年 制 学 校			
		12 班	18 班	24 班	30 班	18 班	27 班	36 班	45 班
校舍建筑面积		4942	6075	7650	8692	6997	9372	12172	13808
校园用地	建筑用地	6178	7593	9563	10865	8337	11164	14473	16574
	体育用地	6488	6824	7482	7455	7096	9405	12137	20840
	绿化用地	540	810	1080	1350	840	1260	1680	2100
	勤工俭学用地	540	810	1080	1350	840	1260	1680	2100
合计用地		13746	16046	19205	23021	17113	23134	29990	41614
折合亩数		20.6	24.1	28.8	34.5	25.7	34.7	45.0	62.4
生均用地		26.0	20.0	18.0	17.0	21.0	19.0	18.0	20.4

注：计算建筑用地依据的建筑容积率：小学为 0.8，九年制学校为 0.84。

城市普通中小学校园用地总面积测算表（二）（单位：m²）   表 2-15

用 地 名 称		初 级 中 学 校				完 全 中 学 校			
		12 班	18 班	24 班	30 班	18 班	24 班	30 班	36 班
校舍建筑面积		6103	8085	10367	11855	8183	10503	11970	13725
校园用地	建筑用地	6781	8983	11519	13172	9092	11670	13300	15114
	体育用地	8025	8311	11043	11701	8633	11043	11701	19982
	绿化用地	600	900	1200	1500	900	1200	1500	1800
	勤工俭学用地	600	900	1200	1500	900	1200	1500	1800
合计用地		16006	19094	24962	27873	19525	25113	28001	38832
折合亩数		24.0	28.6	37.4	41.8	29.3	37.7	42.0	58.2
生均用地		27.0	22.0	21.0	19.0	22.0	21.0	19.0	22.0

注：计算建筑用地依据的建筑容积率，中学为 0.9。

城市普通中小学校园用地总面积测算表（三）（单位：m²） 表2-16

用 地 名 称		高级中学校			
		18班	24班	30班	36班
校舍建筑面积		8277	10613	12108	13878
校园用地	建筑用地	9197	11792	13453	15420
	体育用地	8633	11043	11701	19982
	绿化用地	900	1200	1500	1800
	勤工俭学用地	900	1200	1500	1800
合计用地		19630	25235	28154	39002
折合亩数		29.4	37.8	42.2	58.5
生均用地		22.0	21.0	19.0	22.0

注：计算建筑用地依据的建筑容积率，中学为0.9。

二、学校建筑用地

我国人口多，但土地资源贫乏，因此在选址、建校时均应考虑合理开发土地，节约用地，充分利用校园内的地形地貌，合理地、创造性地进行校园规划和设计；要尽可能将各类用房设计成楼房，合理利用空间；紧缩学校内各种建筑物的布局，将功能相近的用房组织在一栋楼内，使教学楼组合得紧凑、集中、规整；合理提高建筑层数和容积率，以充分提高土地的利用率。

学校建筑组合得紧凑、集中和规整，可使建筑物周边形成较为完整和可资利用的空地，便于安排各种休息、活动的环境及组织丰富的室外空间。

建筑用地面积的计算。建筑用地面积一般约占学校总用地面积的40%～50%（学校总用地面积是根据建设标准中规定的标准用地面积），当学校的用地面积小于或多于建设标准规定的面积时，则建筑用地面积占总用地面积的比例将大于或小于上述比例。

建筑用地面积的计算，是按学校规模、总建筑面积、建筑、规范及建设标准规定的容积率（见表2-17）计算而得。

中小学建筑容积率　　表2-17

标 准 名 称	学 校 类 别				
	初小	完小	初中	高中	中师
1.《中小学校建筑设计规范》	—	0.8	0.9	0.9	0.7
2.《农村普通中小学校建设标准》	0.3	0.7	0.8	—	—
3.《城市普通中小学校建设标准》	—	—	0.9	0.9	—

注：1.《中小学校建筑设计规范》(GBJ 99—86) 规定的容积率为：不宜大于表中数字；

2.《农村普通中小学校建设标准》(试行) 建标［1996］162号文件规定的容积率为：不宜小于表中数字；

3.《城市普通中小学校建设标准》(送审稿) 规定的容积率为：宜为表中数字。

对于用地紧张的城市（如上海），可分别对城市中心旧区及其新区制定不同的容积率，以适应不同地区用地的需要，见表2-12。

农村及城市普通中小学的校舍总面积及生均面积，见表2-18、表2-19及表2-20。

农村普通中小学校舍总面积及生均面积指标（单位：m²）　表2-18

学校类别	学校规模	近期指标		规划指标	
		建筑面积	生均面积	建筑面积	生均面积
初级小学	4班	443	3.69	573	4.78
完全小学	6班	1306	4.84	1896	7.02
	12班	2343	4.34	3229	5.98
	18班	3253	4.02	4427	5.47
初级中学	12班	3603	6.01	6152	10.25
	18班	5204	5.78	8745	9.72
	24班	6757	5.63	11288	9.41

注：1. 初小校舍建筑为平房；

2. 完小及初中的党政办公室（含校长、党支部、档案、教务及文印、总务、财会等）、多功能教室、电教器材室、教工食堂、学生食堂、开水房及浴室、传达室为平房，其余用房均为楼房。学校规模与表列规模不一致时，可套用表中相近规模的生均建筑面积指标。

城市普通中小学校舍总建筑面积和生均建筑面积指标（一）（单位：m²）　表2-19

项 目 名 称		规 划 指 标						
		12班	18班	24班	27班	30班	36班	45班
完全小学校	建筑面积	4942	6075	7650	—	8692	—	—
	生均面积	9.2	7.5	7.1	—	6.4	—	—
九年制学校	建筑面积	—	6997	—	9372	—	12172	13808
	生均面积	—	8.3	—	7.4	—	7.2	6.6
初级中学校	建筑面积	6103	8085	10367	—	11855	—	—
	生均面积	10.2	9.0	8.6	—	7.9	—	—

项 目 名 称		规 划 指 标						
		12班	18班	24班	27班	30班	36班	45班
完全中学校	建筑面积 生均面积	— —	8183 9.0	10503 8.8	— —	11970 8.0	13725 7.6	— —
高级中学校	建筑面积 生均面积	— —	8277 9.2	10613 8.8	— —	12108 8.1	13878 7.7	— —

注：1. 上表建筑面积中墙厚按 240mm 计算，寒冷及严寒地区学校的校舍建筑面积指标，可根据实际墙厚增加。

2. 表中不含自行车存放面积 1m²/辆。自行车的存放面积应根据实际情况及经主管部门审批后另行增加，并宜在有关楼内设半地下室解决。

城市普通中小学校舍总建筑面积和生均建筑面积指标（二）（单位：m²） 表 2-20

项 目 名 称		基 本 指 标						
		12班	18班	24班	27班	30班	36班	45班
完全小学校	建筑面积 生均面积	3393 6.3	4392 5.4	5422 5.0	— —	6420 4.8	— —	— —
九年制学校	建筑面积 生均面积	— —	4998 6.0	— —	6753 5.4	— —	8505 5.1	10193 4.9
初级中学校	建筑面积 生均面积	4313 7.2	5701 6.3	7055 5.9	— —	8473 5.6	— —	— —
完全中学校	建筑面积 生均面积	— —	5816 6.5	7208 6.0	— —	8605 5.7	10008 5.6	— —
高级中学校	建筑面积 生均面积	— —	5933 6.6	7342 6.1	— —	8767 5.8	9945 5.5	— —

注：同表 2-19。

三、学校体育活动场地

学校体育活动场地，是包括上体育课、课间操及课外活动时间学生进行体育活动的成片场地。

体育活动场地一般应包括环形跑道运动场、直跑道、课间操所需场地，各种球类场地（可兼作做操用场地），运动器械场地；小学尚宜设置游戏场地等。

1. 设置体育活动场地的一般要求

（1）应根据学校规模设置与学校规模相适应的环形跑道运动场和适量的球类场地等。

（2）应根据学校规模满足同时上体育课班数所需的活动场地。

（3）应满足全校师生同时做课间操所需的场地。

（4）应能满足当天无体育课的全部学生在课外活动时间，至少保证有 1 小时进行多种体育活动所需的场地。

（5）每班每周至少应有一次打大球的机会，即每 5 个班要设有一大球（足、篮、排球）场地。

（6）学校应按教学大纲规定的训练、"达标"项目所需的体育活动场地。

当在大城市中心区或因其他原因学校用地难以取得用地标准时，可以不设环形跑道运动场，但必须能满足全校师生同时做操和开展其他必要的体育活动项目所需的场地。在校舍单体设计时，可利用校舍屋顶或底层（设计成支柱层）辟作体育活动场地，扩大体育活动场所及面积。

游泳活动是全身发育的良好锻炼项目，有条件的学校应设置游泳池。

2. 体育活动场地的活动内容

根据中小学生体育锻炼标准、体育课教学大纲及国家体委规定：中小学生除做体操外，有长跑（中学男生 1500m，女生 800m，小学生 400m）；短跑（中学生 100m，小学生 60m）跳（跳高、跳远）；掷（垒球、铅球、手榴弹），爬（爬绳、爬杆），技巧（垫上运动等），器械（单双杠、跳箱、山羊）等，还要开展各种球类活动。

3. 各种体育活动场地的面积

（1）根据《中小学校建筑设计规范》（GBJ 99—86），条文说明中提出各类学校体育活动场地的面积，见表 2-21。

学校类别及规模			跑道 规格	跑道 用地（m²）	足球场（m²）	篮球场（m²）	排球场（m²）	其他（m²）	总计（m²）	每生用地（m²/生）
小学	市中心	12班	60m直	640	—	2×608	2×286	300	2728	5.05
		18班	60m直	640	—	3×608	2×286	600	3636	4.49
		24班	60m直	640	—	3×608	3×286	900	4222	3.91
	一般	12班	200m环	5394	—	1×608	1×286		6288	11.64
		18班	200m环	5394	—	2×608	1×286	200	7096	8.76
		24班	200m环	5394	—	3×608	2×286	500	7682	7.11
中学	市中心	18班	100m直	930	—	3×608	2×286	600	3926	4.36
		24班	100m直	930	—	3×608	3×286	900	4512	3.76
		30班	100m直	930	—	4×608	4×286	600	5106	3.40
	一般	18班	250m环	7031	小型（35×60）	2×608	1×286	300	8833	9.81
		24班	250m环	7031	小型（35×60）	2×608	2×286	600	9419	7.85
		30班	300m环	9105	大型（45×90）	3×608	2×286	900	12401	8.26
			400m环	13000	大型（69×104）	3×608	3×286	900	21582	14.38

注：括号内场地已包括在环形田径场内，不另计。

（2）《农村普通中小学校建设标准》（试行）建标〔1996〕162 号文件中体育活动场地面指标，见表 2-22。

学校类别及规模		建筑用地（m²）	体育活动场地（m²）合计（m²）	60m直跑道	游戏场地	环形跑道（含100m直跑道）	篮球场地	排球场地	器械场地	绿化科技用地（1m²/生）（m²）	合计（m²）	平均每生用地面积（m²/生）
初 小	4班	1910	740	740	640	100	—	—	—	—	2650	22
完小	6班	2709	4328	—	150	3570（167）	608	—	—	405	7442	28
	12班	4613	6438	—	150	5394（200）	608	286	—	810	11861	22
	18班	6324	6824	—	150	5394（200）	608	572	100	1215	14363	18
初中	12班	7690	6724	—	—	5394（200）	608	572	150	1200	15614	26
	18班	10931	9019	—	—	7031（250）	1216	572	200	1800	21750	24
	24班	14110	11188	—	—	9150（300）	1216	572	250	2400	27698	23

注：（ ）中数字为环形跑道长度。

（3）《城市普通中小学校建设标准》（送审稿）体育场地面积的计算，见表 2-23～表 2-25。

名 称		面积	完 全 小 学 校 12班	18班	24班	30班	九 年 制 学 校 18班	27班	36班	45班
运动场	400m环跑道	17100	—	—	—	—	—	—	—	17100
	300m环跑道	9105	—	—	—	—	—	—	9105	—
	250m环跑道	7031	—	—	—	7031	—	7031	—	—
	200m环跑道	5394	5394	5394	5394	5394	5394	—	—	—
	篮球场	608	608	608	1216	1216	1216	1216	1824	2432
	排球场	286	286	572	572	858	286	858	858	858
	器械场地	100	100	100	150	150	100	150	200	250
	游戏场地	100	100	150	150	200	100	150	150	200
	合计用地		6488	6824	7482	9455	7096	9405	12137	20840

名　　称		面　积	初　级　中　学　校				完　全　中　学　校			
			12班	18班	24班	30班	18班	24班	30班	36班
运动场	400m 环跑道	17100	—	—	—	—	—	—	—	17100
	300m 环跑道	9105	—	—	9105	9105	—	9105	9105	—
	250m 环跑道	7031	7031	7031	—	—	7031	—	—	—
	200m 环跑道	5394	—	—	—	—	—	—	—	—
篮球场		608	608	608	1216	1824	1216	1216	1824	1824
排球场		286	286	572	572	572	286	572	572	858
器械场地		100	100	100	150	200	100	150	200	200
游戏场地		—	—	—	—	—	—	—	—	—
合计用地			8025	8311	11043	11701	8633	11043	11701	19982

城市普通中小学体育活动场地面积测算表（三）（单位：m²）　　表 2-25

名　　称		面　积	高　级　中　学　校			
			18班	24班	30班	36班
运动场	400m 环跑道	17100	—	—	—	17100
	300m 环跑道	9105	—	9105	9105	—
	250m 环跑道	7031	7031	—	—	—
篮球场		608	1216	1216	1824	1824
排球场		286	286	572	572	858
器械场地			100	150	200	200
合计用地			8633	11043	11701	19982

四、学校绿化用地

关于中小学绿化用地的面积指标，农村和城市普通中小学建设标准中规定，如表 2-26。

中小学绿化面积的规定　　表 2-26

学校别	规模及人数		《82 学校定额》（m²/人）	《87 学校规范》（m²/人）	农村学校建设标准		城市学校建设标准	
	规模（班）	人数（人）			全校（m²）	（m²/人）	全校（m²）	（m²/人）
小学	6	270	0.5	≥0.5	450	1.5	—	—
	12	540	0.5	≥0.5	810	1.5	540	1.0
	18	810	0.5	≥0.5	1215	1.5	810	1.0
	24	1080	0.5	≥0.5	—	—	1080	1.0
中学	12	600	1.0	≥1.0	1200	2.0	600	1.0
	18	900	1.0	≥1.0	1800	2.0	900	1.0
	24	1200	1.0	≥1.0	2400	2.0	1200	1.0
	30	1500	1.0	≥1.0	—	—	1500	1.0
	36	1800	1.0	≥1.0	—	—	1800	1.0

注：1. 绿化面积包括学校的生物种植园地及绿地面积。

　　2. 摘自《农村中小学校建设标准》建标〔1996〕162 号文件及《城市普通中小学校建设标准》（送审稿）。

第六节　学校教学用房的建筑朝向与间距

一、学校教学用房的良好朝向

确定学校主要教学用房的朝向，应考虑当地的地理位置、气候条件、校址的周边环境等制约因素慎重确定。

北方地区，主要考虑冬季建筑物外墙与室内应获得较多的日照时间，墙面应接受到太阳的辐射热，室内应获得紫外线的照射等。

南方地区，在夏季能获得良好的通风，但要考虑防止太阳的直接照射和东西晒。在冬季也应获得较多的日照。

中部地区，既要在冬季获得良好的日照，夏季也要求有良好的通风，同时也应避免夏日的东晒。

从全国的日照条件看，良好朝向为南北向。

表2-27为我国部分地区最佳及适宜的朝向。

我国部分地区最佳及适宜朝向表　　　　　　表 2-27

序号	地区名	最 佳 朝 向	适 宜 朝 向	不 宜 朝 向
1	哈尔滨地区	南偏东 15°～20°	南至南偏东 15°，南至南偏西 15°	西、西北、北
2	长春地区	南偏东 30°，南偏西 10°	南偏东 45°，南偏西 45°	北、东北、西北
3	乌鲁木齐地区	南偏东 40°，南偏西 30°	东南、东、西	北、西北
4	沈阳地区	南、南偏东 20°	南偏东至东，南偏西至西	东北东至西北西
5	呼和浩特地区	南至南偏东，南至南偏西	东南、西南	北、西北
6	北京地区	南偏东 30°以内，南偏西 30°以内	南偏东 45°范围内，南偏西 45°范围内	北偏西 30°～60°
7	旅大地区	南、南偏西 15°	南偏东 45°至南偏西至西	北、西北、东北
8	银川地区	南至南偏东 23°	南偏东 34°，南偏西 20°	西、北
9	石家庄地区	南偏东 15°	南至南偏东 30°	西
10	太原地区	南偏东 15°	南偏东至东	西北
11	济南地区	南、南偏东 10°～15°	南偏东 30°	西偏北 5°～10°
12	西宁地区	南至南偏西 30°	南偏东 30°至南偏西 30°	北、西北
13	青岛地区	南、南偏东 5°～15°	南偏东 15°至南偏西 15°	西、北
14	郑州地区	南偏东 15°	南偏东 25°	西北
15	西安地区	南偏东 10°	南、南偏西	西、西北
16	南京地区	南偏东 15°	南偏东 25°，南偏西 10°	西、北
17	合肥地区	南偏东 5°～15°	南偏东 15°，南偏西 5°	西
18	上海地区	南至南偏东 15°	南偏东 30°，南偏西 15°	北、西北
19	成都地区	南偏东 45°至南偏西 15°	南偏东 45°至东偏北 30°	西、北
20	武汉地区	南偏西 15°	南偏东 15°	西、西北
21	杭州地区	南偏东 10°～15°，北偏东 6°	南、南偏东 30°	北、西
22	拉萨地区	南偏东 10°，南偏西 5°	南偏东 15°，南偏西 10°	西、北
23	重庆地区	南、南偏东 10°	南偏东 15°，南偏西 5°，北	东、西
24	长沙地区	南偏东 9°左右	南	西、西北
25	福州地区	南、南偏东 5°～10°	南偏东 20°以内	西
26	昆明地区	南偏东 25°～56°	东至南至西	北偏东 35°，北偏西 35°
27	厦门地区	南偏东 5°～10°	南偏东 22°30′，南偏西 10°	南偏西 25°，西偏北 30°
28	广州地区	南偏东 15°，南偏西 5°	南偏东 22°30′，南偏西 5°至西	
29	南宁地区	南、南偏东 15°	南、南偏东 15°～25°，南偏西 5°	东、西

注：本表引自《建筑日照设计》吉林省建筑设计院。

二、学校建筑间距

在进行学校总平面设计时，必须考虑前后两栋、左右两栋及一栋建筑前后两个体部之间的距离。距离过小，不满足防火、卫生等间距的要求。距离过大，必须影响学校用地的合理利用，也增大管线、道路长度。

影响学校建筑间距有：防火间距、日照间距、防噪间距、通风间距等。

（一）防火间距

是从安全防火角度规定的建筑物间距。此间距应满足《建筑设计防火规范》（GBJ 16—87）的规定，民用建筑之间的防火间距，不应小于表2-28。

民用建筑的防火间距（m）　　　　　**表2-28**

防火间距 耐火等级　耐火等级	一、二级	三级	四级
一、二级	6	7	9
三级	7	8	10
四级	9	10	12

注：1. 两座建筑相邻较高的一面的外墙为防火墙时，其防火间距不限。
　　2. 相邻的两座建筑物，较低一座的耐火等级不低于二级；屋顶不设天窗；屋顶承重构件的耐火极限不低于1h；且相邻的较低一面外墙为防火墙时，其防火间距可适当减少，但不应小于3.5m。
　　3. 相邻的两座建筑物，较低一座的耐火等级不低于二级；当相邻较高一面外墙的开口部位设有防火门窗或防火卷帘和水幕时，其防火间距可适当减少，但不应小于3.5m。
　　4. 两座建筑相邻两面的外墙为非燃烧体，如无外露的燃烧体屋檐，当每面外墙上的门窗洞口面积之和不超过该外墙面积的5%，且门窗口不正对开设时，其防火间距可按本表减少25%。
　　5. 耐火等级低于四级的原有建筑物，其防火间距可按四级确定。

当学校教学楼相邻为高层建筑时，应满足《高层民用建筑设计防火规范》（GBJ 45—82）规定的防火间距。该规范的第3.2.1条明确指出：高层民

用建筑之间及高层民用建筑与其他民用建筑之间的防火间距均不应小于表2-29的规定（参见图2-4）。

建筑物的防火间距（m）　　　　　**表2-29**

防火间距 高层民用建筑	高层建筑		其他民用建筑		
建筑类别	主体建筑	底层相连的附属建筑	耐火等级		
			一、二级	三级	四级
主体建筑	13	13	13	15	18
附属建筑	13	6	6	7	9

注：1. 防火间距应按相邻建筑外墙的最近距离计算，如外墙有突出可燃构件时，则应从其突出的部分外缘算起。
　　2. 其他民用建筑耐火等级的划分，应按现行的建筑设计防火规范的有关规定执行。
　　3. 两座建筑物相邻的较高一面外墙为防火墙时，其防火间距不限。
　　4. 相邻的两座建筑物，较低一座的耐火等级不低于二级，屋顶不设天窗、屋顶承重构件的耐火极限不低于1.00h；且相邻的较低一面外墙为防火墙时，其防火间距可适当减少，但不宜小于4m。
　　5. 相邻两座建筑物，较低一座的耐火等级不低于二级；当相邻较高一面外墙的开口部位设有防火门窗或防火卷帘和水幕时，其防火间距可适当减少，但不宜小于4m。

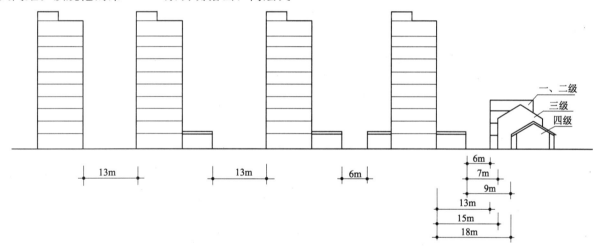

图2-4　高层建筑物防火间距示意图

（二）建筑日照间距

为改善室内卫生条件及良好工作环境，应使建筑物设置在不受遮挡并能直接接受阳光的照射位置，即需前后两栋建筑物之间有一适当的距离，以满足日照需要的建筑物间距。

1. 日照标准

是以满窗日照时间而定。《中小学校建筑设计规范》（GBJ 99—86）规定为满窗日照2小时，即通常按全年最短的一天，即12月22日（冬至日）的太阳高度角及方位角的数据计算出满窗日照2小时

前后两栋建筑物的距离。日照2小时的根据是阳光对室内各种病菌的杀伤时间而定的，见表2-30。

2. 日照间距的计算

日照间距的计算公式是：

$$D_0 = H_0 \cdot ctgh \cdot cos\gamma \qquad (2\text{-}1)$$

式中　D_0——日照间距；

　　　H_0——前栋建筑物的计算高度；

　　　h——太阳高度角；

　　　γ——后栋建筑物墙面法线与太阳方位所夹的角。

阳光照射情况	气温(℃)	季节	病菌种类					
			肺炎菌	金葡萄球菌	链球菌	流感病毒	百日咳	结核菌
直射阳光	20～30	夏	10分	1小时	10分	5分	20分	约2小时
	10～20	春	1小时	2小时	10分	20分	30分	约5小时
	0～10	冬	1小时	3小时	10分	20分	3小时	约10小时
室内散射光	20～30	夏	1小时	2日	15分	10分	14日	
	10～20	春	3日	5日	15分	20分	14日	
	0～10	冬	7日	5日	15分	30分	21日	

注：引自日本《学校保健》。

日照间距计算示意图，见图 2-3（c）。

全国各地中小学教学楼最佳的建筑朝向基本为南向，故本文的计算均以正南为准。当中午的太阳方位线与建筑物墙面法线重合时，$\gamma=0$（图 2-5a），则

$$D_0 = H_0 \cdot \operatorname{ctg} h \qquad (2-2)$$

当建筑物在其他时间，太阳方位角与墙面法线形成一定角度，即 $\gamma=A$ 时（图 2-5），则

$$D_0 = H_0 \cdot \operatorname{ctg} h \cdot \cos A \qquad (2-3)$$

为简化计算，设日照间距系数为 l_0，则

$$l_0 = \operatorname{ctg} h \cdot \cos A \qquad (2-4)$$

根据不同纬度的城市太阳高度角、不同时间的太阳方位角，按式（2-4）进行运算，整理出日照间距系数 l_0 的值，如表 2-31 及图 2-6 所示。

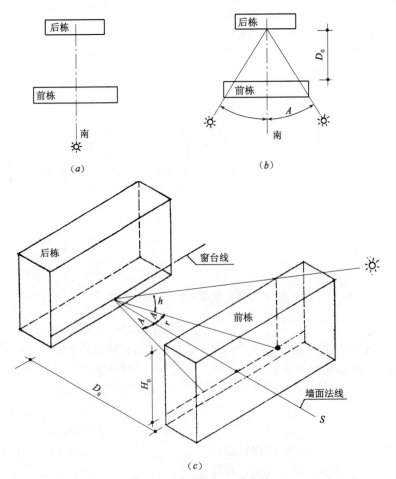

（a）

（b）

（c）

图 2-5 日照间距计算简图
（a）、（b）建筑物朝向与太阳方位关系；（c）计算示意图

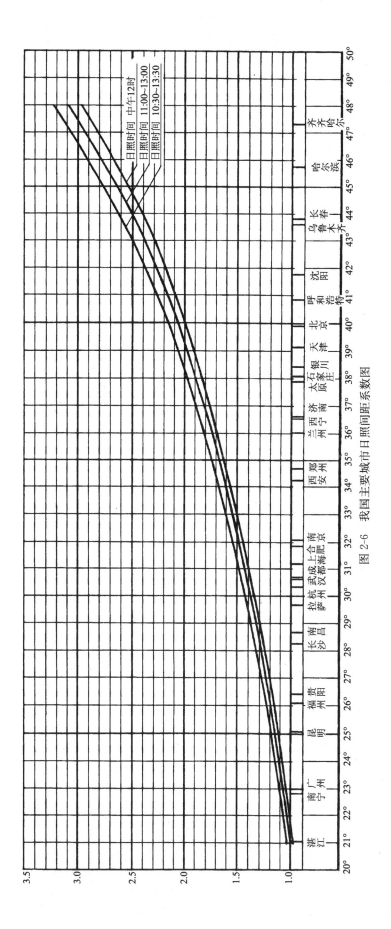

图 2-6 我国主要城市日照间距系数图

序号	地 名	地理纬度	冬至日满窗日照时数						
			南 向				南偏东（西）		
			0°				10°	20°	30°
			3 小时	2 小时	1 小时	正午 12 时	1 小时	1 小时	1 小时
1	哈尔滨	45°45′	2.89	2.74	2.66	2.63	2.68	2.61	2.47
2	长春	43°52′	2.61	2.49	2.42	2.39	2.43	2.38	2.25
3	乌鲁木齐	43°47′	2.60	2.48	2.40	2.38	2.42	2.37	2.24
4	沈阳	41°46′	2.35	2.24	2.18	2.14	2.20	2.15	2.04
5	呼和浩特	40°49′	2.27	2.14	2.09	2.07	2.11	2.06	1.95
6	北京	39°57′	2.15	2.06	2.01	2.00	2.03	1.98	1.88
7	天津	39°07′	2.06	1.99	1.94	1.93	1.96	1.92	1.87
8	银川	38°25′	2.01	1.93	1.88	1.87	1.90	1.86	1，76
9	石家庄	38°04′	1.98	1.90	1.85	1.84	1.87	1.83	1，73
10	太原	37°55′	1.97	1.89	1.84	1.83	1.86	1.82	1.72
11	济南	36°41′	1.87	1.79	1.76	1.74	1，77	1.73	1.64
12	西宁	36°35′	1.86	1.79	1.75	1.73	1.76	1.72	1.63
13	兰州	36°01′	1.82	1.74	1.71	1.70	1.72	1.69	1.60
14	郑州	34°44′	1.72	1.65	1.62	1.61	1.64	1.60	1.52
15	西安	34°15′	1.70	1.62	1.59	1.58	1.61	1.57	1.49
16	南京	32°04′	1.55	1.50	1.47	1.46	1.48	1.45	1.38
17	合肥	31°53′	1.54	1.49	1.46	1.45	1.47	1.44	1.37
18	上海	31°12′	1.49	1.45	1.42	1.41	1.43	1.41	1.33
19	成都	30°40′	1.47	1.42	1.39	1.38	1.41	1.38	1.31
20	武汉	30°38′	1.45	1.42	1.39	1.38	1.40	1.38	1.31
21	杭州	30°20′	1.45	1.40	1.37	1.37	1.39	1.36	1.29
22	拉萨	29°43′	1.41	1.37	1.34	1.34	1.36	1.33	1.26
23	南昌	28°40′	1.37	1.32	1.29	1.29	1.31	1.28	1.22
24	长沙	28°15′	1.35	1.30	1.27	1.27	1.29	1.26	1.20
25	贵阳	26°24′	1.27	1.22	1.20	1.19	1.21	1.19	1.13
26	福州	26°15′	1.24	1.20	1.18	1.17	1.19	1.17	1.11
27	昆明	25°12′	1.20	1.16	1.14	1.13	1.15	1.13	1.08
28	广州	23°00′	1.12	1.08	1.06	1.05	1.07	1.05	1.00
29	南宁	22°48′	1.10	1.07	1.05	1.04	1.07	1.05	1.00
30	海口	20°00′	1.03	0.97	0.95	0.95	0.97	0.95	0.91

进行日照间距计算时，将 l_0 代入式（2-5）中

日照间距　　　$D_0 = H_0 \cdot l_0$　　　（2-5）

3. 建筑日照间距计算步骤

（1）绘出计算简图，明确前栋建筑女儿墙高度及挑檐长度，后栋建筑窗台高度，两栋建筑地面高度，求出计算高度 h_0。

（2）从表 2-31 或图 2-5 中按所在地区纬度查出日照间距系数。

（3）按式（2-5）进行运算，即可得出日照间距。

4. 计算例

（1）北京地区某学校前栋教学楼为 4 层，其层高为 3600mm，屋顶上有 1300mm 高的女儿墙，前后栋室内外高差为 450mm，底层窗台高为 900mm，前后两栋教学楼在同一标高的地面上，求两栋教学楼之间的间距。其计算简图见图 2-7。

求前栋建筑的计算高度 H_0。

$H_0 = 14400\text{mm} + 1300\text{mm} - 900\text{mm} = 14800\text{mm}$

查表 2-31（序号 6 北京栏内）2 小时日照时数的日照间距系数为 2.06，故其日照间距为：

$D_0 = 2.06 \times 14800\text{mm} = 30.49\text{m}$

（2）北京地区某校两栋教学楼的有关尺寸，除前栋教学楼的女儿墙改做高 600m，宽 1000mm 的屋檐外，其余尺寸均与前例相同，求两栋教学楼的间距。设计简图见图 2-8。

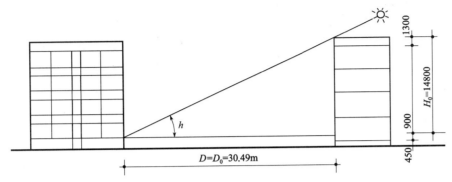

图 2-7 日照间距计算简图（屋顶设女儿墙）

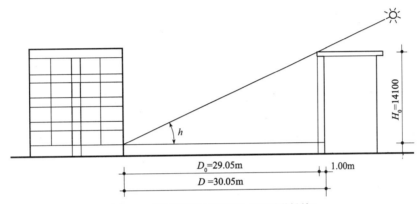

图 2-8 日照间距计算简图（屋顶设挑檐）

$H_0 = 14400\text{mm} + 600\text{mm} - 900\text{mm} = 14100\text{mm}$

$D_0 = 2.06 \times 14100\text{mm} = 29.05\text{m}$

两栋教学楼实际距离 D，则

$D = 29.05\text{m} + 1.00\text{m} = 30.05\text{m}$

（三）防噪间距

为创造安静的教学环境，教学用房不受噪声的干扰，两栋教学用房或一栋教学用房与其他用房、体育场地等，须保持一定的距离，以满足教学用房允许噪声标准的要求。

1. 防噪间距的有关规定

（1）根据《中小学校建筑设计规范》（GBJ 99—86）规定：两排教室的长边相对时，其间距不应小于25m，教室长边与运动场地的间距不应小于25m。

（2）根据《中小学校建筑间距卫生标准》（报批稿）建议：

教学楼与教学楼、图书楼、实验楼、办公楼等建筑长边平行布置时，其建筑防噪间距不应小于25m；

办公楼、图书楼、实验楼、专用教室（不包括音乐教室）等建筑之间长边平行布置时，其建筑防噪间距不应小于15m；

如教室顶棚以吸声材料装修时，教学楼与教学楼、图书楼、实验楼、办公楼等之间的防噪间距不应小于18m。

2. 制定的依据

（1）《民用建筑隔声设计规范》（GBJ 118—88）规定的室内允许噪声级，见表2-32；《中小学校建筑间距卫生标准》（报批稿）中的"学校教室及教学辅助用房允许噪声级"规定的普通教室及各专用教室的噪声允许标准为50dB（A），见表2-33。

室内允许噪声级　　　　表2-32

房 间 类 别	允许噪声级 dB（A）		
	一级	二级	三级
有特殊要求安静的房间	≤40		
一般教室		≤50	
无特殊安静要求的房间			≤55

注：1. 有特殊安静要求的房间指语言教室、录音室、阅览室等。一般教室指普通教室、史地教室、合班教室、自然教室、音乐教室、琴房、视听教室、美术教室等。无特殊安静要求的房间指健身房、舞蹈教室、以操作为主的实验室、教师办公室及休息室等。

2. 对于邻近有特别容易分散学生听课注意力的干扰噪声（如演唱）时，表中的允许噪声级应降低5dB。

学校教育及教学辅助用房室内允许噪声级　表2-33

房　间　名　称	允许噪声级 dB（A）
录音室　演播室　广播室　语言教室	≤35
视听教室　微机教室　音乐教室	≤40
普通教室　自然教室　书法教室 史地教室　美术教室　合班教室　实验室 图书馆　琴房　教师办公室　教师休息室	≤50
舞蹈教室　风雨操场　技术教室 科技活动室　社团活动室　行政办公室	≤55

注：引自学校卫生标准《学校教室及教学辅助用房允许噪
声级》(送审稿)(1994年)。

（2）学校各室发出的最大声音有较大差异，其中普通教室最高可达78dB（A），而其他用房最大可达70～75dB（A）。

（3）在普通教室的顶棚上以吸声材料进行装修时，可降低2～3dB（A），即从室内传出的声音可降低到75dB（A）（指在最大声音时）。

（4）计算时，按一般声音在任何一点的声音强度是由声源至该点距离的平方成反比关系进行衰减的规律计算，为计算简化，可查图2-9，确定其距离。

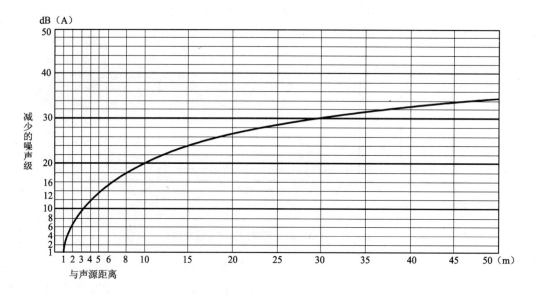

图2-9　声音在开阔空间传播时的自然衰减

3. 测算

（1）由普通教室中发出最大的声音78dB（A），按声音在大气中传播时的自然衰减规律，查图2-9。如拟衰减28dB（A）则：78dB（A）−50dB（A）=28dB（A），查图2-9，需有25m的距离。

（2）由图书馆或专用教学楼、办公楼等发出的最大声音为70～75dB（A），取中间值73dB（A）计算，达到允许噪声标准50dB（A），需有15m的距离，即：73dB（A）～50dB（A）=23dB（A），查图2-9可知。

（3）经过吸声处理后的普通教室传出的75dB（A）声音时，需经过18m的距离，方可衰减到50dB（A）。

4. 总平面设计时需考虑的问题

（1）尽量避免两排设有普通教室的教学楼相对布置，如必须相对布置时，可在普通教室内做吸声处理，以缩小防噪间距。

（2）宜采用设有普通教室的教学楼与专用教室的教学楼或办公楼、图书馆相对布置方式。

（四）通风间距

为创造良好的室内物理环境，尤其我国中部及南部地区，应重视夏季的自然通风。

在《中小学校建筑设计规范》(GBJ 99—86)中明确指出：学校教学用房应有良好的自然通风。故应根据空气流动规律合理地确定建筑物之间之通风间距，以保证教学用房的夏季自然通风。

当风和建筑物正面直交时（风向投射角为0°）此时第一排建筑物迎风面形成正压区，建筑物迎风面各房间的通风效果好，但建筑物背面漩涡区域大，可为第一排建筑物高度的4～5倍乃至10余倍不等，如图2-10。为使第二排建筑正面有良好的通风条件，需使第二排建筑迎风面呈正压区，因此前后两排的建筑间距需增大，这在用地上是不经济的。

据有关实验资料表明：当风向投射角和建筑物的迎风面形成一定角度时，其通风效果虽有所降低，但建筑物背面的漩涡区范围却大为减少，见表2-34。从表2-34中看出：当风向投射角从0°加大到60°角时，风速降低了50%，即室内通风效果有所降低，但建筑物背风侧的漩涡区却从4H降低至1.5H（间距却缩小60%以上）。

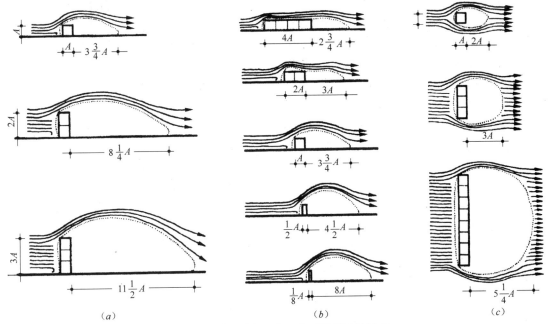

图 2-10　建筑物长、宽、高对涡流区的影响

（a）建筑物高度对涡流区的影响；（b）建筑物宽度对涡流区的影响；（c）建筑物长度对涡流区的影响

风向投射角与对流场的影响　表 2-34

风向投射角 α	室内风速降低值（％）	建筑物背面漩涡区深度
0°	0	$3\frac{3}{4}H$
30°	13	$3H$
45°	30	$1\frac{1}{2}H$
60°	50	$1\frac{1}{2}H$

注：H 为前幢建筑物的高度。

选择适宜的通风间距，风向投射角与建筑物形成的角度，对后栋建筑的通风影响很大。因此设计时可考虑风向投射角（按夏季主导风向）和建筑物正面形成 45°角，此时建筑物背面漩涡区范围（通风间距）为 1.3～1.5H，是较为合理而经济的通风间距。

对于不同体形的建筑物，处于不同角度的风向时，建筑物背面漩涡区的范围见图 2-11。

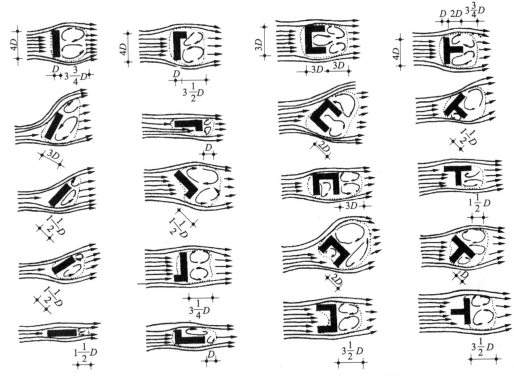

图 2-11　不同平面体形处于不同风向时，其背面漩涡区的范围

（五）考虑地震灾害的建筑间距

根据唐山地震的受灾情况，建议在八度地震区内，住宅区中的住宅、公共建筑应做到"小震不坏，大震不倒"。对建筑间距要求是，当因地震建筑物倒塌后，人们离开建筑物仍应有疏散通道以供安全疏散。建筑物间距一般约为檐高的 1.6 倍（即考虑到当两侧建筑物均倒塌的最不利情况下，中间仍有 5~6m 宽的疏散通道）。建筑物倒塌范围是根据建筑物高度而定。因此建筑间距应为：

$$D = d_1 + d_2 + 6m \qquad (2-6)$$

式中　D——建筑物地震间距；

d_1、d_2——前后两栋建筑物的倒塌范围。

建筑物的倒塌范围，见表 2-35。

建筑物倒塌范围　　　　表 2-35

建筑物层数	倒塌范围	建筑物层数	倒塌范围
1~2 层	H	10~16 层	$1/2H$
3~6 层	$2/3H$	烟囱	10m

注：引自北京市建筑设计院资料。

因此，当学校校舍采用行列式布置时，其间又需人流通过或疏散，应考虑上述间距。

（六）架空电缆线与学校教学用房的距离

中小学校建筑设计规范及学校建设标准都明确指出，在学校范围内不得穿越架空高压输电线，如必须选用有架空高压输电线通过的地段，在进行总平布局时，应沿架空高压输电线路安全距离内，全部规划为种植树木或草坪的绿化带，不得在架空高压电力线下部规划教学区或学生活动区。架空电力线与建筑间的最小间距见表 2-36。

（七）学校教学用房建筑间距的确定

按以上六类建筑间距的因素中，其高值则为日照间距及防噪间距，故在确定建筑间距时选定此两者中的高值。防噪间距基本为一定数：两栋教室楼相对布置为 25m，经过吸声处理的教室楼相对布置时为 18m，日照间距则随纬度的变化及前栋建筑物高度的变化而变化。概括而言，确定建筑间距南方主要依防噪间距为主，北方以日照间距为主。

架空电力线路与建筑物的最小间距（m）　　　　表 2-36

项　　目	线路电压（kV）						备　　注
	<1	1~10	35	110	154	220	
在最大弧垂时的垂直距离	2.5	3	4	5	6	6	导线的最大弧垂与最大偏斜均离电线杆的两端小，中间大
在最大偏斜时的水平距离	1.0~1.5	1.5	3	4	5	6	

表 2-37 是以防噪间距为标准计算出不同地区、不同层数和不同层高的教学楼的纬度界限值（表中所示纬度界限值以南地区的学校均以防噪间距确定其建筑间距，纬度界限以北地区的学校均以日照间距为建筑间距）。利用此纬度界限值可判定影响学校建筑间距的制约方面。

中小学校防噪间距 25m、18m 的极限纬度值　　　　表 2-37

建筑物层数	建筑物层高（m）	建筑物计算高度（m）	防噪间距 25m		防噪间距 18m	
			相应的日照间距系数	相应的纬度	相应的日照间距系数	相应的纬度
二层	3.3	6.9	3.62		2.61	44°46′
	3.6	7.5	3.38		2.40	43°07′
三层	3.3	10.2	2.45	43°22′	1.76	36°15′
	3.6	11.2	2.23	41°40′	1.61	34°04′
四层	3.3	13.6	1.84	37°18′	1.32	28°40′
	3.6	14.8	1.69	35°18′	1.21	26°15′
五层	3.3	16.9	1.48	31°45′	1.07	22°48′
	3.6	18.4	1.36	29°30′	0.98	21°00′

注：1. 计算高度按：窗台高度 0.9m，女儿墙高度三层以下按 1.2m、四层以上按 1.3m 计算，地势按平地考虑；
　　2. 根据纬度值以南地区学校，按防噪标准，极限纬度值以北地区的学校按日照要求确定建筑间距。

计算例：

例 1　西安建一所中学，前栋教室楼为三层，北侧为四层，求其间距（层高为 3.6m，窗台高度为 0.9m，前后两栋均在同一标高地段上）。

解：西安所在地区纬度为 34°15′；查表 2-31 得日照间距系数为 1.62；查表 2-37，三层教室楼设计高度为 11.2m，其纬度界限值为 41°40′，根据表 2-31，学校所在西安的纬度位于纬度界限值 41°40′以南，应以防噪要求确定建筑间距，即该校两栋教室楼的建筑间距为 25m。

验算：防噪间距为 25m；

日照间距按下式计算：

$$D_0 = H_0 \cdot l_0 = 1.62 \times 11.20\text{m} = 18.10\text{m}$$

根据计算，防噪间距＞日照间距，故确定建筑间距为 25m。

例 2　例 1 的西安某中学，因用地紧张，故拟缩小其建筑间距，求两栋教室楼的距离。

解：考虑采用在普通教室内做吸声装修，查表 2-37，按防噪间距 18m 栏内的纬度界限值为 34°04′，西安的地理纬度为 34°15′，即西安在界限值以北，其建筑间距应以日照间距为准。

依上例计算，日照间距为 18.10m。

故本例普通教室做吸声装修，其建筑间距为 18.10m。

第七节　校内交通流线与出入口设计

一、校内的交通流线

学校学生的活动规律是：上下学时间基本统一；上下课时间完全一致；全校性集会活动在时间及场所既一致又集中；学校多数活动以班为单位居多……体现在人流上：人流活动频繁，每日数次大股人流集散，且时间集中；静与动具有间歇性等。因此在学校总平面设计时，必须重视学校的人流组织与交通路线。原则是学校交通路线应直接、安全、通畅、方便。

（一）人流

主要为学生活动人流，其次是教师及外来者。

上学的大量人流虽集中但延续时间稍长，高峰期时间较短。放学，尤其是中午，延续时间短，基本上均处于高峰期，特别是在全校性集会后放学的环节，基本上是从集会场所拥向校门，时间短，流量大。上学的人流，进校后通过门厅（或其他人口）各自去本班教室；课间的活动是由普通教室去专用教室或公共教室等，基本上是小范围的流动。

教师入校后应能方便而直接地到达办公室，人数虽少亦应直接，不与学生人流交叉、相混。

外来访问或联系工作者，人数更少，但其入校后的流线，应能方便而直接到达办公区域，不应通过教室区。

（二）车流

学校需设置可供运输的车行路，主要用作食堂、总务的供应及勤工俭学的校办工厂运输材料、成品等使用。为了不影响教学区的安宁和卫生环境，应设独立的次要出入口。在校园内应对车的活动限制在某范围内。一般在学生活动范围内，应禁止各种车辆入内，避免人、车交叉，以保障安全。当学校规模较小，只能设置一个出入口时，更应注意校园内的行车路线的组织，既应满足学校供应的要求，也应保障安全和创造良好的学习环境。

不论何种规模的学校，应在校园内围绕校舍安排环状的消防车道。

自行车的活动范围：学生乘用自行车较为普遍，尤其高中，其数量甚至达到全校人数的 2/3 以上，如此巨大数量的自行车须解决停放场所。作为中学或小学，自行车停放场所应设于校门两侧或临近校门建筑的半地下室。总之，应将自行车的活动范围限制在离校门较近的地带，以保障步行者的通畅与安全。

小轿车停放场地：在学校入口广场一侧或附近，应设置一定数量的停车场地，近期可暂作绿化之用。当经济条件有所改善，访问者或工作人员上下班乘车来时，应有一定停放场所。其车的活动范围，仍应限制在校园前庭广场或其附近，不宜扩大其活动范围。

二、学校内部道路

学校内部的主要道路，必须与城市道路相接；学校内部道路既要与次要出入口相接，又要紧密联通到各栋建筑的出入口、学校各种活动场地及植物园地等。

学校内部的各种道路宽度见表 2-38。

学校内部道路宽度　　　表 2-38

道　路　用　途	宽度（m）
双车道	≥6.0
消防车道	≥3.5
机动车及自行车共用路	≥4.0
人行道	≥1.5

注：根据《民用建筑设计通则》（JGJ 37—87）。

当学校某尽端道路超过 35m 时，应留出回车场地。供消防车用的回车场地不应小于 12m×12m。

当学校校舍的组合形式为封闭式庭院，其短边长度超过 24m 时，宜设有进内院的通道。

学校内部道路及前庭广场宜采用硬质（整体或砌块）路面；整个学校内部的广场、各种道路应连接成完整不间断的硬质路面，以保证雨天的通行及各种用房的室内卫生环境。

三、学校出入口的设计

学校出入口是校内外联系的主要通道，学校出入口的选定对学校总平面布置有极大的制约性，对上下学的方便、安全也有较大影响，故在总平面设计考虑学校出入口时应注意：

（1）学校出入口应面向其所服务的住宅区或大量来校的部位。

（2）学校出入口应设于靠近交通方便，上下学

安全，车流量较小的街道内。如必须将主要出入口设于干道，应避开与大量车流出入的单位为邻。

通过对国内外 106 所小学的入口形式分析得出，出入口一般分为内凹型、直线型、过街楼型、道路引入型等 4 种类型。（表 2-39）

小学校入口形式分析　　　　　　　　　　　　　　　　表 2-39

类 型	图 示	特 点	形 象
内凹型	校园主入口　城市道路	校前区留有一定的缓冲空间，既是学生们上下学人流汇集的场所，也是家长接送孩子、接收学校信息的场所。适宜于学校生源分布较广、上下学接送孩子的家长较多的学校	新竹县某国小
直线型	校园主入口　小区道路	一般设在小区内部，入口区紧临社区内部道路。学校入口界面由于过于平直，这就要求学校内部留有一定的腹地，满足学生上下学停留的需要	台南县佳义国小
过街楼型	校园主入口　小区道路	校门位于建筑物的下部。应采取一些手段来强调入口空间。要注意避免入口所在建筑的进深过大而在入口区形成压抑的感觉	海门市东洲小学
引入型	校园主入口　城市道路	用一条人行道把城市道路与学校连接起来，形成引入型校园入口。应在学校的入口区沿路布置一些富有情趣的空间和景物，形成富有特色校前区	南京浦口区行知小学

（3）确定学校出入口亦应考虑学校内部的总平面布局，其位置应有利于安排教学用房、体育活动场地。即有利于学校的功能分区及道路组织。

（4）学校入校后应能直接到达教学楼，不应有横跨体育活动场地及绿化区的可能性；学生进入校门后也应能直接、顺畅，不经过教学区到达体育活动场地。

（5）学校出入口是大量学生出入和集散场所，且时间集中，因此要有足够宽度的校门（供学生上下学使用），也应设一较窄的通道供学生上课期间有少数人通行之用。

（6）学校主要出入口应充分考虑上下学时大量人流的通过，和出入校门前后的暂缓停留以及安全等因素，校门内外应设置视野开阔的、较为宽敞的缓冲空间。出入口附近应设置一定的停车场、及一些遮风避雨的设施，可供家长等候时使用。

第八节　学校总平面的功能分区和基本布置方式

（一）功能分区

学校总平面的基本组成部分：由各种教学用房（或教学楼、实验楼、办公楼等）组成的教学区；由各种体育场、球类场地、体育馆、游泳池等组成的体育活动区；由学生宿舍、食堂、厨房等组成的生活区、绿化区；勤工俭学用的实习车间、室外堆放或操作场地等组成的勤工俭学区等。

各区的布局，应按学校教学活动规律及便于管理为原则，对各区的功能特点、物理环境的要求，各组成部分相互关系等进行合理安排。还应注意处理：要求安静和产生噪声的关系、方便使用与利于管理的关系，相互联系和分隔的关系，正常使用与紧急疏散的关系等。

结合学校的实际功能关系，归纳出学校的功能分区简图，见图2-12。

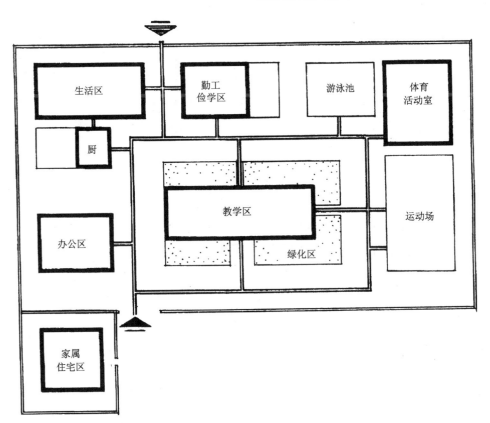

图2-12　学校总平面功能分区图

（二）学校总平面布置的基本方式

根据学校的功能特点，我国中小学总平面设计的制约因素有：学校用地的地形地貌、出入口位置、运动场规模、周边关系等。图2-13为不同地形等制约因素与学校各功能区的关系。

图2-13（a），为东西方向长，南北短的地形。田径场难以布置成长轴为南北向，而且入口可能开向校园的长边或短边，布置上难度较大。如按图示出入口设于北侧，在校园内部将教学区和体育运动区分别设于东西两侧，有利于分区，并便于疏散，主要道

路简短，有利于学校用地面积充分使用，对教学区的布置将是紧凑型布局，运动场噪声对教学区干扰小。

图2-13（b），学校用地为南北长，东西短的地形。学校运动场可以布置成长轴为南北向，教学区与体育运动区成斜角布置，教学区长边与运动场相对布置，运动场噪声对教学区有干扰，当学校用地较宽裕时，二者间的距离至少应达到25m。

图2-13（c），基本为一方形用地地形，为保证有一长轴为南北向的运动场，所余的教学用地则形成南北长东西短的一块用地，给教学楼的组合设计将带来较大困难，如需建筑物面阔有一定长度，则将成为东西向房间，在使用上不合理。在此种情况下，教学楼可采用单元式组合，或采用短栋楼以廊组合成建筑组群，以满足各种教学用房的南北向。

图2-13（d），在地形上较图（a）进深为大，因而较大地改善了运动场的使用功能，同时在教学

区内的各栋建筑的组合也有较大灵活性，总平面的分区也易于处理。如果学校用地其短边能达到130m以上时，可布置出符合要求的运动场，而且各区的联系与分隔较易解决，校园内噪声干扰也易于克服。因此作为中小学校校园用地，此类地形属于较为理想的地形。

图2-13（e），南北向地形，从大的分区只能是教学与体育运动区南北各据一端的组合方式，其他部分或在两者之间（可作为噪声的隔离带），或将生活、勤工俭学区设于运动场外端，便于对外联系（设次要出入口）。其二者谁在北部可视地区情况，一般而言，北方地区，教学区宜设北部，使运动区经常处于阳光照晒，不致形成大面积阴影区；反之，教学区会形成大面积阴影，覆盖运动场，尤其冬季积雪，不利于运动场使用。南方地区则不受此限制，可综合多种情况确定。

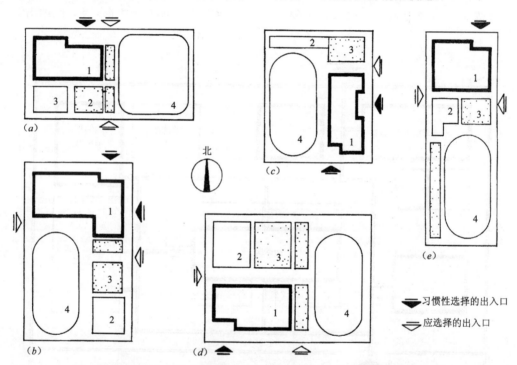

图2-13　出入口、教学区、生活区、体育场地、绿化区的关系
1—教学区；2—生活区；3—绿化与球场区；4—田径场

学校出入口一般习惯上正对教学楼或其他建筑，这样对进出体育运动场地不利，尤其学生在运动场集会时的疏散，或体育运动区对社会开放，均带来使用与管理的不便。因此，出入口以选择在两者之间较为适宜。

第九节　学校总平面实例及分析

（一）西宁西郊中学
该校为一南北方向长，东西方向窄的矩形地

段（图2-14）。且东北角为低洼地（约低2m）。在总平面布置时，将运动场及教学楼设于中部；首先将运动场设于西北部，使中轴线倾斜一定角度（基本仍为南北向），教学楼也随之调正一定角度，使校门与教学楼间并不感到拥挤，同时也解决了由种植园地、运动场地可较顺畅地到达校门和进行疏散。由于以上布置和场地的有效利用，在校园内做出了400m跑道的标准运动场。教学楼的组合采用较为紧凑的形式；在校门左侧设食堂及

自行车棚，使车辆不进入教学区内，保证了校内的安宁与安全。教工住宅设于学校南端较窄的地段内，将道路设于左侧，外通城市道路，内接

学校主要出入口，将此地段作为学校教工住宅区，使住宅与学校教学区分隔，住宅区设独立出入口。

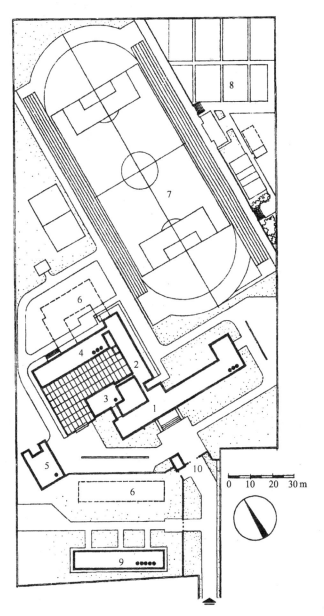

图 2-14 西宁西郊中学总平面
1—教学楼；2—办公；3—图书馆；4—实验室；5—食堂；
6—预留地；7—运动场；8—种植园地；9—教工住宅；
10—学校主要出入口

总之，本校的总平面图分区合理，布置紧凑，各区部位得当，从而创造了较好的学校环境。设计之初便留有余地，为发展创造了条件。

（二）1984 年全国城市中小学建筑方案设计竞赛一等奖方案

见图 2-15，该方案在总体布置上，为学校创造

了良好的学习、活动环境，使之具有交往性、趣味性和多变性。在空间组合上，采用单元式空间组合，使各体部高低起伏、曲折多变。在单体设计上，每三个年级构成一个独立的教室单元（每个普通教室单元为三层，每个年级各占一层）。此外，尚设置第二课堂单元、办公单元、多功能教室等。

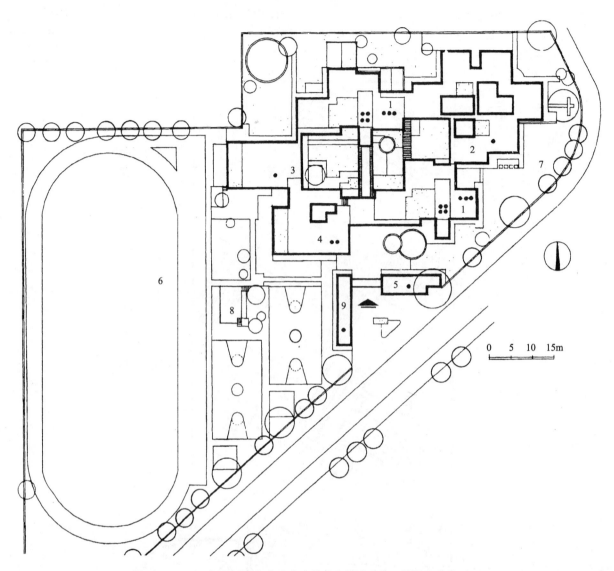

图 2-15　1984年全国城市中小学建筑方案设计竞赛一等奖方案总平面
1—教室单元；2—第二课堂区；3—多功能教室；4—办公室；5—传达室等；6—运动场；7—植物园地；8—主席台；9—体育器材室

　　学校出入口设于东南向道路一侧，入口前后各形成一小广场作为缓冲人流之用，学生经过前庭进入中庭，中庭四周围成5个建筑单元体，构成一组建筑群，各以廊或体部联结，通过空透部分与外部空间紧密的联成一片，创造了良好的休息和交往环境。

　　学校出入口可直达教学区，也可直达体育运动区，在分区上和人流疏散上均较合理。

　　各单元的组合关系：以教学单元为中心，一侧设办公及多功能教室单元，一侧设第二课堂区单元，使两翼紧靠中心，在功能上便于使用与管理，在空间组合上形成一完整的小建筑组群。

　　为探讨组合的多样性，伴随用地形状的适应性，方案设计者做了多种组合的可能性，见图

11-1-5，教学单元的设计，按一个年级为一个单元，即每层为三间教室、一套卫生间、教师休息室及活动敞厅组成一个单元，每个建筑单元体为三层，共九间教室，见图11-1-1。三间教室及活动敞厅又可根据需要及发展的可能性，组成不同功能空间，见实例图11-1-4。

　　（三）桂林清风实验学校

　　学校规模为小学20班，初中16班，学校总用地面积为31902m²，建筑面积为16948m²。

　　学校的总平面基本分为三个大区，东区为教学区，中区为体育运动区，西区为生活区。分区清楚、明确，各栋建筑朝向好，各体育活动场地方向符合使用要求，见图2-16。

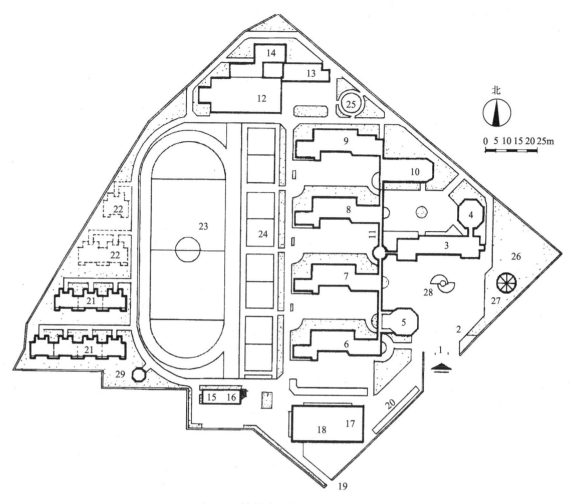

图 2-16　桂林清风实验学校总平面图

1—主校门；2—传达室；3—综合办公楼；4—会议接待室；5—小学多功能教室；6—小学普通教室；7—小学专用教室；
8—中学普通教室；9—中学专用教室；10—中学阶梯教室；11—联系廊；12—多功能体育教室；13—家政、音乐教室；
14—家政、单身宿舍；15—配电房；16—汽车库；17—食堂；18—劳动技术用房；19—侧门；20—自行车棚；
21—职工住宅；22—备用住宅；23—250m 跑道田径场；24—篮球场；25—气象园地；
26—自然科学实验园地；27—温室；28—雕塑；29—厕所

经入口进入学校前庭广场，面对综合办公楼，左侧则为以廊联结的四栋教学楼（各楼均为单元式组合形式），各栋之间的空地安排游戏、活动庭院；体育活动区与教学区相邻，其内设置田径场、篮排球场地和体育活动室；校园西侧则安排教工住宅及预留拟建住宅地。

从人流组织上分析，各栋教学楼的学生通过联廊到达前庭广场，疏散到校外；各栋教学楼的学生也可通过室外小庭院到达运动场地进行活动；课外活动时间，学生较方便地从运动场通过前庭广场直接到达校外，即人流组织顺畅、合理。

校园内除校园东端可安排预留发展用地外、其他地区较难发展。

（四）横滨市本町小学（日）

横滨市本町小学位于市区中心地带，该地带用地较为紧张，其用地面积为 11519m²，建筑面积为 7358m²，见图 2-17。

本町小学是由内井昭藏建筑设计事务所设计。设计规模为 12 班，有 20 间普通教室。由于用地紧张，校舍呈一块状平面，中部的多功能学习空间为顶部采光，校舍北侧为运动场。

（五）成田市成田初级中学（日）

成田初级中学为日本设计事务所设计，学校规模为 12 班，学校用地面积为 44032m²，基地面积为 4089m²，建筑面积为 6324m²，覆盖率为 0.09，容积率为 0.14。

校舍为二层，呈围合状，布局紧凑，留出大面积作为体育活动场所，见图 2-18

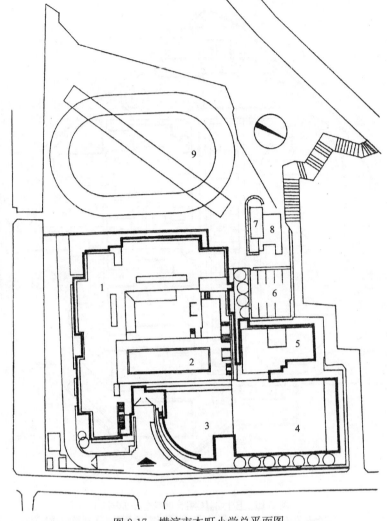

图 2-17 横滨市本町小学总平面图

1—教学楼；2—屋顶露天游泳地；3—音乐教室；4—室内体育场；

5—厨房；6—停车场；7—温室及小动物饲养场；8—体育器材库；9—体育场

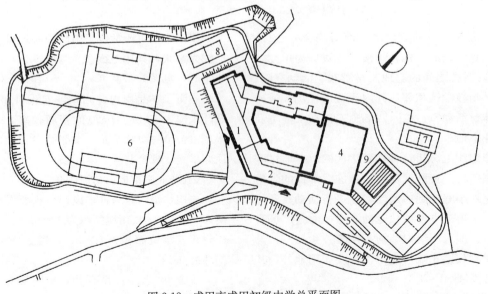

图 2-18 成田市成田初级中学总平面图

1—教室楼；2—管理楼；3—专用教室楼；4—体育馆；5—自行车棚；

6—体育场；7—排球场；8—网球场；9—游泳池

（六）上海新虹桥小学

新虹桥小学是虹桥住宅区的配套工程。在用地面积较少的情况下，校舍采用集中为一栋的组合方式，设于用地北侧，体育场地则设于用地较窄的南端，见图2-19。

校舍中部为庭院，四周以教学及办公等用房围合，构成分区清晰，联系方便，组合紧凑的校舍建筑。

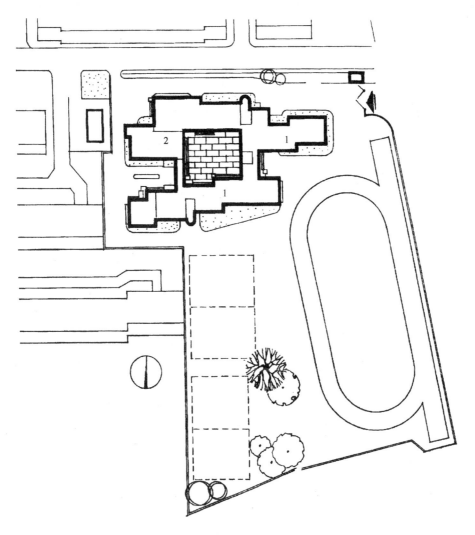

图2-19 上海新虹桥小学总平面
1—教学楼；2—食堂

（七）宁波市慈城慈湖中学

慈湖中学位于慈湖北岸向阳坡的山麓南侧。学校总体布局受地段、地势和地形的制约，形成分散式布局形式，校园中部为环绕中心广场布置的教学楼和综合楼组成的教学区，西部及西北较平坦的地段为体育活动区，东部及东北方位较平缓的区域安排生活区，形成了分区清楚的校园。设计人对室外空间的美化、绿化设计，使整个校园充满生机和活泼气氛，为师生创造了良好的学习与生活环境，见图2-20。

（八）广东东莞厚街中学

东莞厚街中学的总平面设计，基本分三个区：教学区、体育活动区和生活区。教学楼组成一个组群，相互以廊连接，基本形成对称布局，中部为教学楼，左右分别为实验楼及办公部分，其围成一宽敞的前庭广场，直接面对主要出入口。校舍后部一侧为体育活动区（400m标准环形跑道运动场），另侧为生活区，并在生活区与教学区之间设球类活动场地，这样的布局为学生创造了极为良好的学习、生活环境，见图2-21。

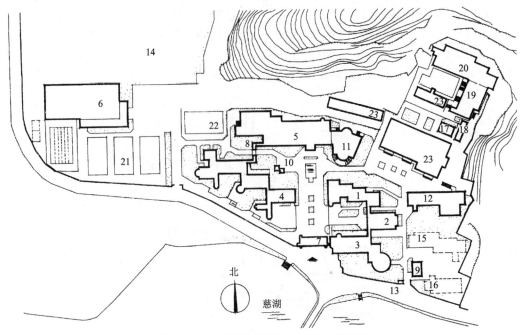

图 2-20 浙江宁波市慈城慈湖中学总平面

1—高中教学楼；2—合班教室；3—行政楼；4—初中教学楼；5—抹云楼；6—体育馆；7—校门；8—联廊；
9—配电房；10—亭；11—报告厅；12—男生宿舍；13—污水泵房；14—400m跑道运动场；15—预留12班高中教学楼；
16—预留学生活动中心；17—锅炉房；18—浴室；19—餐厅；20—女生宿舍；21—篮球场；22—自行车棚；23—保留建筑

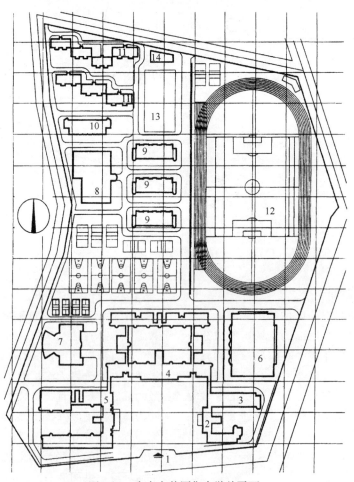

图 2-21 广东东莞厚街中学总平面

1—主要入口；2—办公楼；3—图书馆；4—教学楼；5—实验楼；6—体育馆；7—艺术楼；8—食堂厨房；
9—学生宿舍；10—教师宿舍；11—住宅；12—400m环形跑道田径场；13—游泳池；14—更衣间

学校教学楼基本是属于分散式布局的形式。

（九）广州华南师大附属中学

华师附中是一所设备齐全、质量上乘的老校，近年进行了大幅度改、扩建，并新建了若干栋教育设施。

学校总平面组合基本为分散式布局形式，总的功能分区：中西部南侧为教学区，北侧为体育活动区，东部为生活区。教学区与生活区有宽阔的绿化及道路相隔，校园规整有序，形成一良好的校园环境，见图2-22。

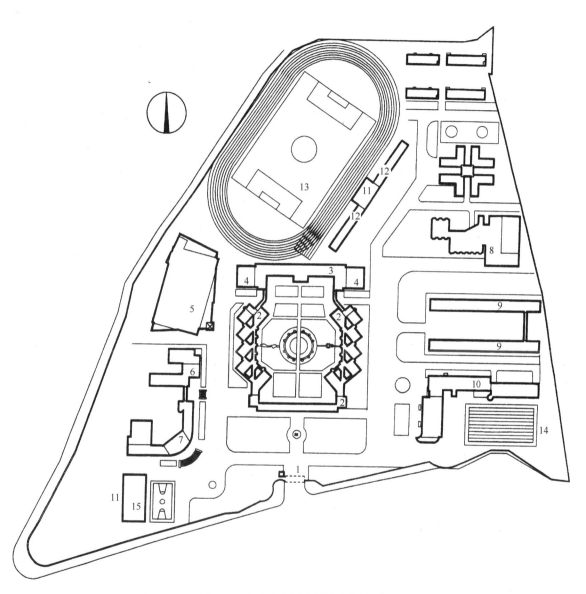

图 2-22　广州华南师大附属中学总平面

1—主要入口；2—教学楼；3—实验楼；4—阶梯教室；5—体育馆；6—图书楼；7—办公楼；8—学生食堂；
9—学生宿舍；10—培训楼；11—主席台；12—室内跑道；13—400m环形跑道田径场；14—25m×50m露天游泳池；15—自行车棚

学校出入口位于校园南端中部，在面对校门的前后两栋教学楼与实验楼之间，又增建了东西两栋教学楼，围成一个大的中庭。因新建教学楼底层为开敞的支柱层，形成了视野开阔、层次丰富的校园空间。

虽系老校，多年形成的格局，难以得到合理的分区，经校方及设计单位合作，使得校园的布局及

外部空间的设计较为完美。

教学楼围成的中心庭院，经精心组织，构成学校的重要景观，极大地丰富了校园空间，为师生创造良好休息、交往环境。体育设施有：铺塑胶面层的400m标准环形跑道及绿茵足球场，大型体育馆及各种体育活动室，露天游泳池等。为学生创造了极为良好的增强体质、全面发展的活动环境。

第三章　普通教室设计

中小学教学用房中的普通教室，是学校建筑中数量多、功能要求高的主要使用房间。学生在学校学习的过程中，约有 80% 的时间是在各种教室中度过的，其中在普通教室中的活动约占 70%～80%。因此，教室设计的优劣，直接影响到教与学的效果和学生身心的健康。教室的大小、体形、朝向、室内设施、室内环境以及房间的组合形式等，都需在建筑设计过程中，结合当地的具体条件，综合地、合理地予以解决。

第一节　普通教室设计的一般要求

（1）教室应有足够的面积，合理的形状及尺寸，能满足学生近期与远期学习的需要。

（2）教室需有良好的朝向，充足而均匀的光线，要避免直射阳光的照射，还应设置满足照度要求、用眼卫生的照明灯具。

（3）教室座位布置应便于学生书写和听讲，教师讲课和辅导，通行及安全疏散。

（4）教室需有良好的声学环境，要隔绝外部噪声的干扰及保证室内有良好的音质条件。

（5）根据学校所在的地区，教室内应有良好的采暖、换气、隔热和通风条件。

（6）教室内应设有保证教学活动所需的设施及设备（如黑板、电教器材、广播、计时设施……），并应设有存放卫生用具、衣物、雨具等设施。

（7）教室内家具设施、装修设备等均需考虑青少年的特点，并有利于安全及维护清洁卫生。

（8）教室设计应利于教学改革及引进电教设施（如音响、播映图像设备等）的需要。

第二节　普通教室的平面设计

一、决定教室平面的主要因素

（一）学生身高尺寸和课桌椅尺寸

为了确保青少年的身体健康及正常发育，不同身高的学生应配备不同规格的课桌椅。课桌椅的型号和规格是根据不同年龄学生的身高及人体各部分的相应尺寸制定的。表 3-1 是不同年龄青少年身高的统计数字。

中小学学生身高及各部尺度（单位：cm）　　　　表 3-1

年龄	H	
	男	女
7	117.9	116.3
8	122.1	121.4
9	126.8	126.3
10	131.2	130.6
11	136.0	137.3
12	142.3	145.9
13	150.1	149.8
14	156.7	152.1
15	160.2	153.6
16	165.7	155.3
17	167.2	155.4
18	167.5	155.7

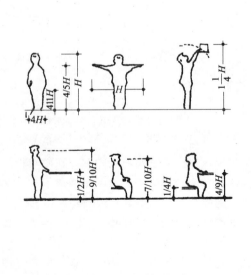

注：本表摘自《中国学生体质与健康研究》，人民教育出版社，1987 年。

目前，我国已颁布了适合不同身高的青少年使用的课桌椅标准——《学校课桌椅卫生标准》(GB 7792—87)，规定了小学、初中、高中普通教室使用木制及钢木课桌椅标准号，课桌椅的型号及尺寸见表3-2、表3-3和图3-1。

目前一些学校的课桌椅尺寸不符合卫生标准，如课桌高而短、桌椅高度不配套……这样，严重影响了学生的正常发育，甚至造成脊椎弯曲和视力减退等后果。在城市中，除应继续使用符合卫生标准的双人及单人木制桌椅外，较多学校使用单人可升降桌椅，以适应不同身高学生的需要。图3-2是普通教室用课桌椅类型。

课桌功能尺寸（单位：mm）   表3-2

型号及颜色标记	桌高 h_1	桌下空区高 h_2	桌面宽度 b_1		桌面深度 t_1	身高范围
			单人用	双人用		
1号白	760	620以上	550～600	1000～1200	380～420	1650以上
2号绿	730	590以上	550～600	1000～1200	380～420	1580～1720
3号白	700	560以上	550～600	1000～1200	380～420	1500～1640
4号绿	670	550以上	550～600	1000～1200	380～420	1430～1570
5号白	640	520以上	550～600	1000～1200	380～420	1350～1490
6号黄	610	490以上	550～600	1000～1200	380～420	1280～1420
7号白	580	460以上	550～600	1000～1200	380～420	1200～1340
8号紫	550	430以上	550～600	1000～1200	380～420	1130～1270
9号白	520	400以上	550～600	1000～1200	380～420	1100以下

注：1. 桌高 h_1：坐人侧桌面上缘至地面的高度。
　　2. 桌下空区高 h_2：屉箱底面到地面的高度。
　　3. 桌面宽度 b_1：桌面左右方向的尺寸。
　　4. 桌面深度 t_1：桌面前后水平方向的尺寸。
　　　 桌面宽度 b_1：如用作教室进深设计的根据时，单人用课桌：小学不应小于550mm，中学不应小于600mm；双人用课桌加倍。
　　5. 本表、表3-3及图3-1均引自《学校课桌椅卫生标准》(GB 7792—87)。

课椅功能尺寸（单位：mm）   表3-3

型号及颜色标记	椅面高 h_3	椅面有效深度 t_2	椅面宽度 b_2	靠背上级距椅面高 h_4	靠背上下缘间距 h_5	靠背宽度 b_3	身高范围
1号白	430	380	340以上	320	100以上	300以上	1650以上
2号绿	420	380	340以上	310	100以上	300以上	1580～1720
3号白	400	380	340以上	300	100以上	300以上	1500～1640
4号绿	380	340	320以上	290	100以上	280以上	1430～1570
5号白	360	340	320以上	280	100以上	280以上	1350～1490
6号黄	340	340	320以上	270	100以上	280以上	1280～1420
7号白	320	290	270以上	260	100以上	250以上	1200～1340
8号紫	300	290	270以上	250	100以上	250以上	1130～1270
9号白	290	290	270以上	240	100以上	250以上	1190以下

注：1. 桌面高 h_3：椅面中心线上，椅面前部最高点至地面的高度。
　　2. 椅面有效深度 t_2：椅面前缘中点至靠背下缘中点之间的水平距离。
　　3. 椅面宽度 b_2：椅面前缘左右方向的尺寸。
　　4. 靠背上缘距椅面高 h_4：靠背上缘中点至椅面最低点的高度。
　　5. 靠背上下缘间的距离 h_5：靠背上下缘中点的垂直距离。
　　6. 靠背宽度 b_3：靠背左右方向的尺寸。

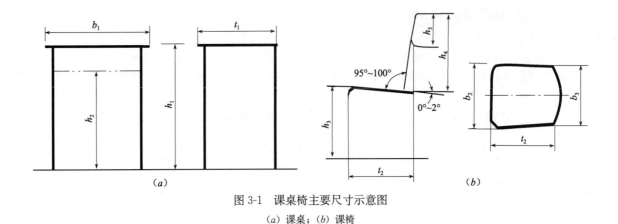

图 3-1 课桌椅主要尺寸示意图

(a) 课桌；(b) 课椅

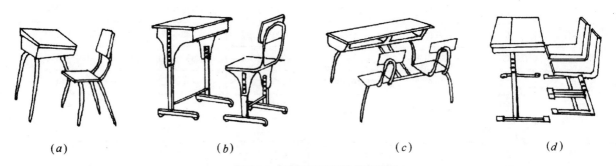

图 3-2 普通教室用课桌椅类型

(a) 单人钢木制桌椅；(b) 单人钢管可升降桌椅；(c) 双人钢木制桌椅；(d) 双人钢管可升降桌椅

（二）教室内座位布置及相关尺寸

教室的座位布置必须满足学生视听及书写的要求，并应便于通行及就座。较为理想的座位布置形式，应使每个学生从教室前、后门进入教室后，通过纵向走道直接到达自己的座位上（即不需跨越他人座位就座），这种布置形式纵向走道所占面积较多，从而加大教室进深尺寸。跨越座位就座的布置形式，学生入座虽感不便，但可节省纵向走道数量，从而减少了教室的进深尺寸。

教室课桌椅布置应满足以下要求：

1. 座位的良好视觉范围

教室课桌椅应布置在良好的视觉范围内，以保证学生的良好视觉条件。第一排座位与黑板应有适当的距离，使前排正座学生观看黑板时不仰视。因此，当学生观看黑板时，其允许的垂直视角不应小于 45°；为使边座学生观看黑板上的图形不产生畸变，前排边座学生观看黑板远端与黑板所成的夹角，不应小于 30°。图 3-3 为教室座位布置的良好视觉范围。

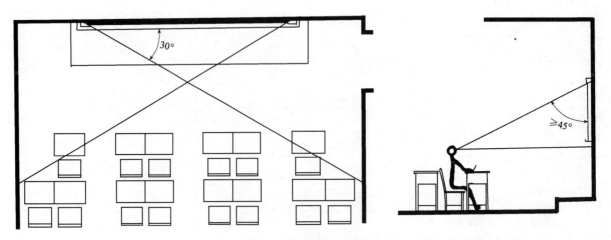

图 3-3 教室座位布置的良好视觉范围

2．第一排座位前缘与黑板的距离

主要考虑设置讲台、讲桌及横向通道，同时也考虑到学生上课时的仰视角和第一排学生距黑板过近，长年吸入粉笔灰而影响学生的身体健康。这个距离过远，会增加最后一排学生的视距，因此，绝大多数学校第一排课桌前缘与黑板面的水平距离不小于2000mm。其中，讲台的宽度为650～800mm，讲桌的宽度为600～700mm，这样讲桌前面的横向过道可为600～900mm。如果将讲桌放在教室靠外墙局部加宽的讲台上（图3-4），则教师在讲课时不仅不遮挡学生观看黑板，而且可扩大横向走道的宽度，有利于学生通行及疏散。

教室如采用电视及投影仪教学时，应加大讲桌与黑板的距离，其距离可增到800～1000mm。

3．课桌的排距

应便于学生起立和就座。因此，每个座椅后面应有一定的缓冲距离，一般小学课桌的排距宜为850mm，中学宜为900mm。

4．教室最后一排座位与黑板的距离

教室最后一排座位应使学生在正常照度及正常视力情况下看清黑板上书写的粉笔字。一般而言，在正常情况下，即观看者有1.0的正常视力，黑板处有足够的照度，黑板与文字之间有良好的黑白对比条件，距离500mm可辨认出笔划宽度为0.15mm的细线；当距离为10m时，可以看清笔划宽度为3mm，面积为60mm×60mm的文字。因此要满足学生看清黑板字迹的要求，最后排座位距黑板以小于8m为宜，最远不易超过10m。如教室过长，教师在讲课时也难以看清学生对讲课的反应表情。小学校应尽量缩短黑板与最后排学生的距离。

5．教室的纵向走道、最后排坐椅后背与后墙之间的横向走道尺寸

纵横走道的功能是满足每个学生上下课能顺利地进入座位及疏散，教师在走道上观察学生学习及进行辅导而不影响学生书写。纵向走道宽度不应小于600mm。最后排坐椅后背与后墙之间的横向走道不应小于600mm，如后墙有"学生园地"和设置存放学生携带品的空间，最后排坐椅后背到后墙的最小距离不得小于1.1m。

6．课桌与内侧墙的尺寸

为使靠墙学生能双肘自由伸展，保持正常的书写姿势，靠侧墙的课桌距内侧墙应有大于120mm的距离。

教室座位布置及有关尺寸见图3-4。

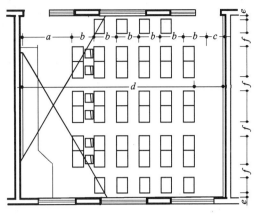

图3-4　教学课桌椅布置及有关尺寸

a—>2000mm；b—小学>850mm；中学>900mm；c—>600mm；d—小学≤8000mm；中学≤8500mm；e—>120mm；f—>550mm

二、普通教室形状、尺寸及结构布置

教室的平面形状及尺寸是在满足普通教室设计原则的基础上，按实际需要、结构布置和建筑组合形式确立的。

教室的平面形状有矩形、方形、五边形、六边形平面及这些平面的变形。我国目前多数采用矩形和方形教室，教室的使用面积小学多采用50.46～61m²，中学教室使用面积为55.7～67m²。《城市普通中小学校建设标准》（送审稿）提出普通教室使用面积为小学61m²，中学67m²。

（一）矩形教室

矩形教室是我国常用的平面形式，并为世界各国广泛采用，前德国还制定了定型设计方案。矩形教室的进深尺寸以6900～7800mm为佳，长度以8400～9600mm为佳。

矩形教室的采光窗应布置在教室的外墙，从学生座位左侧进光，单外廊时可采用双侧进光，但主要采光窗仍为外墙窗，内廊时廊内高窗可作为通风用。

矩形教室的学生衣物存放，当条件允许时，可考虑放在教室后部或沿走廊墙设存放柜。

矩形教室的结构布置。多数学校的教室采用三个等距开间两根矩形梁的结构方案。有的是采用一个大开间，两个小开间的布置形式。后者教室前部开间宽，以加大黑板与第一个采光窗之间的窗间墙宽度，试图解决光线通过采光窗射到黑板，而不致引起眩光现象。这种布置形式在中廊教室的组合情况下，往往因开间大小不一而增加板的型号，使施工不便。

矩形教室的优点是经济而有效地利用房间面积，结构简单。

（二）方形或近似方形教室

方形教室即教室沿着开间方向的尺寸与进深方向的尺寸基本相似。方形教室的优点是缩短教室长度，后排学生视距相应缩短，视听条件得到改善。在方形教室与矩形教室面积相同的条件下，由于方形教室长度缩短，走廊的长度也相应缩短，整幢教学楼的长度也缩短。方形教室的平面尺寸一般为7800～8400mm×780～8700mm。

方形教室由于进深大，在平面组合时不宜采用单侧采光。

方形教室的结构布置。多采用大梁架设在纵墙上的承重形式。它与矩形教室结构布置形式相同，但由于增大跨度，相应增大梁的断面高度，从而影响教室的净高及层高。方形教室的结构布置也可采用井字梁设在纵墙上的承重形式。井字梁的高度按跨度的 1/25 计算。对于采用钢筋混凝土框架结构的方形教室，楼面还可采用无梁楼盖，以保证顶棚平整，但此种结构形式需在柱顶加柱帽。

综合制约普通教室的各种因素，结合课桌椅规格及不同的座位布置形式，矩形及方形教室可有以下各种规格及尺寸，见表3-4。

建议普通教室尺寸及面积　　　　　　　　　表 3-4

类别	容量（人/班）		序号	单人课桌尺寸（mm）（长×宽）	双人课桌尺寸（mm）（长×宽）	教室净尺寸（进深×开间）（mm）	教室轴线尺寸（进深×开间）（mm）	使用面积（m²）	人均使用面积（m²）	
	近期	远期							近期	远期
小学	45	40	1	600×420	1200×420	6960×8760	7200×9000	60.97	1.35	1.52
			2	600×420	1200×420	7260×8760	7500×9000	63.6	1.41	1.59
			3	550×420	1100×420	6660×9060	6900×9300	60.3	1.34	1.51
			4	600×420	1200×420	7260×8460	7500×8700	61.4	1.36	1.53
			5	600×420	1200×420	7560×8160	7800×8400	61.7	1.37	1.54
			6	600×420	1200×420	7860×7860	8100×8100	61.8	1.37	1.54
			7	600×420	1200×420	7560×7860	7800×8100	59.4	1.32	1.49
中学	50	45	1	600×420	1200×420	6960×9360	7200×9600	65.1	1.3	1.45
			2	600×420	1200×420	7260×9060	7500×9300	65.8	1.32	1.46
			3	600×420	1200×420	7260×9360	7500×9600	67.9	1.36	1.51
			4	600×420	1200×420	7560×9060	7800×9300	68.5	1.37	1.52
			5	600×420	1200×420	8160×8160	8400×8400	66.6	1.33	1.48
			6	600×420	1200×420	8160×8460	8400×8700	69.0	1.38	1.53
			7	600×420	1200×420	7860×8460	8100×8700	66.5	1.33	1.48

注：本表轴线尺寸按240mm墙厚的中心计算。

（三）多边形教室

五边形、六边形平面的教室。主要是能最大限度提高有效使用面积、减少教室的面积和体积，试图在教室设计中，创造出一个良好的室内学习环境，满足视线、采光和通风的要求。多边形教室可有多种组合，外观处理上也有较多变化，但结构较复杂。在普通教室的设计中，选用何种教室形式，需综合多种因素慎重确定。

三、普通教室平面布置实例

现将我国目前常用的中小学校教室平面布置举例如下：图3-5是矩形平面的布置形式。图3-6是多边形教室的布置形式，这种形式使立面造型较活泼，图3-7为方形教室的布置形式。

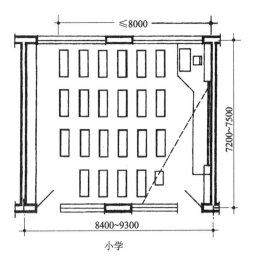
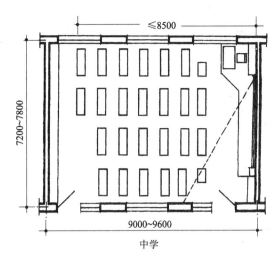

小学　　　　　　　　　　　　　　　　　　　　中学

图 3-5　矩形教室的平面布置形式

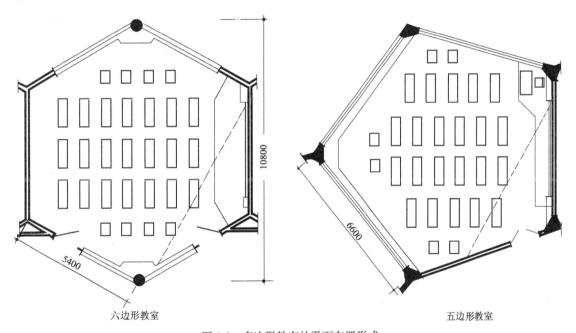

六边形教室　　　　　　　　　　　　　　　　五边形教室

图 3-6　多边形教室的平面布置形式

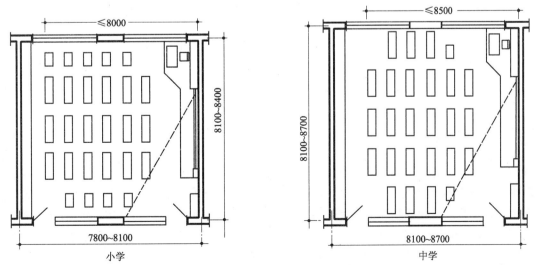

小学　　　　　　　　　　　　　　　　　　　　中学

图 3-7　方形教室的平面布置形式

第三节　教室室内净高的确定

中小学校教室净高度的确定与教室容纳人数、与各地区的气候条件及教室的进深尺寸等因素有关。

目前我国近期中学人数为 50 人/班，小学人数为 45 人/班，考虑到容纳人数、跨度与梁高、进深与采光、容积与换气、室内空间观感等因素，室内净高不宜太低，但增加建筑物层高会影响单方造价，据有关资料分析，层高每增加 100mm，造价将增加近 1%。因此，合理的确定室内净空高度，对满足教室内功能要求和节约造价都有积极作用。由于我国地跨亚热带、温带、寒带、气候变化很大，对教室的层高有一定影响，但我国大部分地区中小学教室层高现状是：小学 3.30～3.60m，中学 3.40～3.90m，如果减去楼板厚度，小学教室净高为 3.10～3.40m，中学教室净高为 3.20～3.70m。在《中小学校建筑设计规范》（GBJ 99—86）规定为：小学室内净高为 3.1m，中学为 3.4m。在《城市普通中小学校建议标准》（送审稿）规定校舍层高：普通教室小学不低于 3.6m 中学不低于 3.8m，进深大于 7.2m 的专用教室、公共教学用房不低于 3.9m。

第四节　教室内部设施与装修

一、教室内部设施

为在教室内创造良好的教学和生活环境，应在满足使用功能和环境功能要求的前提下，设置以下各种专用设施：黑板、讲台、"学习园地"、展示栏、清洁用具框、挂衣钩、窗帘杆、广播箱凹洞；在墙壁或顶棚上预留投影幕及电视机挂钩；在有条件的学校里宜设置存物搁架、暖气护罩、前后墙设电源插座等，在内部装修方面要做到整齐美观、和谐明快。

（一）黑板

1. 黑板的设计要求

黑板是教室主要固定教具，其设计要求应书写流畅，无眩光，易擦拭，书写时不产生噪声，构造简单。

黑板设置的位置。它主要满足不同身高教师的书写，后排学生观看不受前排学生的遮挡，同时也考虑学生在黑板上演算习题或默写单词等教学环节的需要，黑板的底边距讲台面的高度：小学为 800～900mm，中学为 1000～1100mm，低年级用低值、高年级用高值。黑板的宽度应大于 1000mm，黑板

的长度：小学应≥3600mm，中学应≥4000mm，黑板的位置一般应取中或稍向内墙方向移动 300～500mm。黑板面应有足够的照度和设置照射黑板的照明灯具，便于在室外光线较暗的情况下，后排学生能看清黑板的字迹。黑板面应采用耐磨和无光泽的材料，避免产生眩光，黑板颜色应为深色，以墨绿及黑色为主。

2. 黑板的分类

普通平面黑板，按材料分为木制黑板、水泥黑板、磨砂玻璃黑板、搪瓷黑板、金属黑板、树脂涂面黑板、塑料黑板等。目前，城市学校多采用磨砂玻璃黑板，因其造价合理，使用性能好。木制黑板、水泥黑板多采用普通黑板漆涂面，效果差，如采用特制黑板漆能较长时期的维持黑板表面的粗糙状态。搪瓷黑板的基层为钢板，故可利用磁铁片来张贴挂图或展示模型，但搪瓷黑板的背后应衬以胶合板或纤维板，否则在书写时会产生噪声，这种黑板常用于视听教室。

常用黑板形式分为固定黑板和推拉黑板，推拉黑板常设置在书写容量较大且需在黑板上保留一定时间的教室（如实验室、视听教室等）。推拉黑板有左右推拉及上下推拉形式，上下推拉黑板，在构造上应确保两端同步升降以维持正常使用。推拉黑板材料可用树脂涂面的木制黑板，磨砂玻璃，搪瓷黑板。

3. 避免黑板的眩光

天空散射光通过靠近黑板的侧窗投射到黑板表面上，由黑板表面再反射到远窗前排座位上，造成该区学生观看黑板出现眩光，致使看不清黑板上的文字或图表。黑板的眩光问题关键在于黑板表面对光的反射性能，如选用坚固耐磨的材料制作，并加工成粗糙表面就能长久的保持黑板不反光。以磨砂玻璃黑板为例，投射到黑板上的光线，经磨砂玻璃粗糙表面的吸收及乱反射，不会出现集中光线反射到远窗前排的座位区，从而保证了学生观看黑板无眩光现象。另一种解决黑板眩光的方法，是在黑板上前方设一组黑板照明灯，当此灯光在黑板面的照度超过自然光的照度时，即可减少黑板的眩光，又可提高黑板面的照度。

（二）讲台

讲台高度可为 180～200mm，讲台形式如图 3-8 所示。教师上课时板书和讲课时活动所需的最小宽度约为 650mm，故讲台的宽度以 650～800mm 为宜。讲台长度应宽出黑板 200～250mm，但不宜太长，以免影响教室前门的开启。教室内讲台的设置

形式：为使教师讲课不遮挡学生的视线及观看板书，可将讲桌布置在教室靠窗一侧（图 3-8a）。为使教师在讲台上讲课有一定的回旋余地，可采用图 3-8（b）的形式。

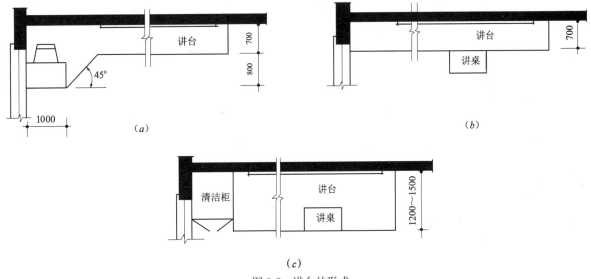

图 3-8　讲台的形式

除以上两种形式外，还可采用宽讲台的形式，即将讲桌设于讲台上，这种布置既影响横向走道的宽度，也遮挡学生视线（图 3-8c）。

讲台的构造做法：设于教学楼底层的教室讲台，可有多种做法（如图 3-9），一般可与室内地面做法一致。楼层的教室，应尽量采用轻型讲台做法，否则局部重量过大使楼板的受力不够合理。据调查，目前我国中小学校所采用砖彻空心讲台做法以及铺设钢筋混凝土板的做法是比较合理和可行的。讲台表面材料应与地面面层做法相同。讲台的各棱角应一律抹成圆角，以确保安全。

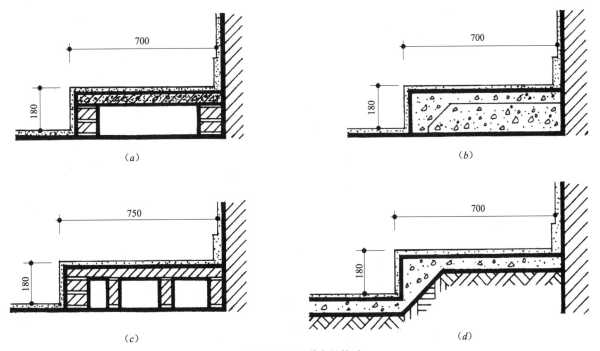

图 3-9　教室讲台的构造
(a)、(b)、(c) 适于楼层；(d) 适于底层地面

（三）学生用黑板及展示栏

中小学教室多在后部中心墙面上设置黑板。作为学生用的"学习园地"栏。此外，为了在教室里张贴教学用图表、通知等，有必要在教室前后墙设

53

置固定展示栏，甚至在后墙上做通长的展示栏，这样便为室内创造一个整洁美观的张贴、展示环境。

在教室的两侧纵墙上，不宜张贴较大幅面的图表，以免降低墙面的反射作用，而影响远窗座位的桌面照度。

（四）清洁用具柜

各班级使用的清洁用具均由各班级自理。因

此就需要在室内设置清洁用具柜。在教室内设置清洁用具柜应尽量不占或少占室内空间。在形式处理上应简洁，并应尽量结合结构做法，处理得比较自然，使之不影响室内的观感，且便于利用。清洁用具柜有以下几种形式：如图 3-10 所示。清洁柜高度为 800～1000mm，深度不小于 400mm。

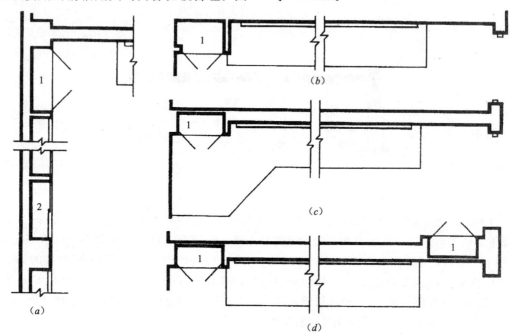

图 3-10　清洁用具柜的设置位置
（a）设于框架结构的外墙窗台下；（b）设于黑板左侧突出于墙面处；
（c）设于黑板左侧凹于墙内处；（d）设于教室后墙左侧凹于墙内处
1—清洁用具柜；2—存物柜

（五）教室内其他设施

除前已述及的黑板、讲台、清洁用具箱等各种教室必须设置外，还应根据需要和可能设置以下设施：存物搁架，用以存放体育课时穿着的衣、裤、鞋等，或冬季的大衣、帽等，其位置以设置在后墙学生用的黑板下部为宜。挂衣钩、伞架，用以挂放大衣、皮帽、雨衣或雨伞等。一般是在教室后墙学生用黑板之下或两侧设挂衣钩；在后墙靠门处或走廊处设可移动的有滴水槽的存伞架供本班学生使用。教室前墙顶棚之下宜留小壁龛以便装设广播用喇叭。为了在教室及实验室内使用电教器械。应考虑在教室内前后墙设电源插座，在前墙临窗处，预埋投影幕及电视机的挂钩，窗上设窗帘杆等。

二、教室内部装修

教室内除满足有关安全卫生的要求外，还应创造一个安静、舒适、美观的室内空间，从而通过改善学习环境提高学习效率。

1. 室内粉刷色彩

教室内各表面色彩应使视觉感官上舒适，并有利于增加远窗座位桌面照度。

墙裙应做成水泥砂浆粉刷，干燥后刷浅冷色或浅暖色油漆，有条件的学校也可贴瓷片或木墙裙，墙壁上部及顶棚以无光泽白色涂料粉刷，墙壁也可用浅黄色或浅蓝色涂料粉刷，效果亦佳。室内采用淡而明快的色彩，主要是为加强室内各表面的综合反射作用，如远窗处桌面照度经多次综合反射作用比天空散射光直接照射到该桌面的照度约提高近 3 倍。

为了减轻教室的前墙与黑板面的亮度对比，前墙面应设置与黑板颜色相协调的浅色，黑板的边框最好为墨绿或深色。

2. 教室的地面

宜采用易于清洁、较为光滑、热工性能好的材料，我国大多数地区采用水泥地面及地砖地面。

3. 桌椅、门窗

课桌椅表面的颜色以明快的浅色调为宜，材料应便于清洁。采用木质或木质贴面材料等。

门要求耐用，中小学教室门主要采用木门，为便于夏季室内通风，门上应设亮子。根据《建筑设计防火规范》(GBJ 16—87) 规定，每间教室容 50 名以下学生时，可设置一个出入口，为便于使用，普通教室仍设前后两个出入口，教室门宽为 1000mm。当教室设一个门时，其宽度不小于 1200mm，门的高度以 2400～2500mm 为宜。

窗的设置，应满足采光、通风和安全的要求。根据《中小学校建筑规范》(GBJ 99—86) 规定教室的采光面积，玻璃和地面面积之比要求大于 1：6。教室窗可采用钢窗、铝合金窗、塑钢窗。窗玻璃以平板透明玻璃为宜。

教室窗的开启方式主要考虑擦洗玻璃及平时开窗的安全。可做内开窗，也可做成推拉窗、中悬窗，如做成外开窗，需解决擦窗的安全问题。向内开启的窗扇应在开启后能平贴于内墙，以免碰撞学生，窗玻璃分块不要太大，防止破碎伤人。为防止学生上课分散注意力，在坐态视线高度范围内可安装磨砂玻璃、压花玻璃或控光玻璃。

窗台距离楼地面的高度以 800～900mm 为宜。

4. 灯具

学校建筑的教学用房，应装设人工照明灯具。室内照明供夜晚使用，同时，也可补充白天天然光的不足。为保护学生视力和提高教学效果，我国《中小学校建筑设计规范》(GBJ 99—86) 规定教室及其相同的视觉工作性质的专用教室，课桌面的最低照度不低于 150lx，并规定黑板的垂直照度不低于 200lx，室内灯具宜采用荧光灯，但不宜采用裸灯。灯具距桌面的最低悬挂高度不应低于 1.7m，灯管排列应采用长轴垂直于黑板的方向布置。

为节省能源及合理地进行照明，每行灯光设一开关，当天然采光的照度不足时，可开远窗的一行灯光来补充桌面照度的不足。这样可根据实际需要开灯，既可满足室内各课桌面的照度要求，又可节约能源。

第五节　普通教室的革新

一、革新背景

目前我国绝大部分地区的小学还是采取固定班级的授课形式。这些学校建筑的设计理念、设计标准是与传统教育的以教师为中心、大班授课这一典型特征相匹配。随着我国素质教育的不断发展，教学理念的转变，目前所采取的教室大小及排布、使用方式等不适应以学生为中心的多种教学方法并用的模式，对教学改革有很大的局限性。

二、新教育方法对教学空间的要求

以开放教育为例，探讨教学模式变化而引起的教学空间的变化。开放式教育的特点是提供开放的学习空间，弹性的课表，分组或个别化的学习方式，强调创造性的活动，培养儿童的责任感。重视师生间的互动与沟通，建立师生间的开放关系。实施开放教育必须以具备开放空间为条件。

开放式教学方法的组织形式主要是教师团协同教学法（team—teaching）与无年级制教育（non—graded instruction）。

例如，教师团协同教学法，简单地说是一组教师（3～4 人）对一组学生（120～150 人）进行的教学。教师团中一人为"主讲教师（Master teacher）"，负责教学的总内容和进度，再由一位教师负责操纵幻灯机等设备进行辅助说明，另外两名教师则到学生中辅导，并引导他们学习。对全体学生进行集中指导后，再划分若于个 3～4 人的小组，然后以副题依序讨论，使每个小组的学生都能轮流获得辅导和学习的机会。针对这种教学方法，传统的教室已不能满足这种功能的需要。从使用功能上讲，它需要多种不同的"教"与"学"的空间与之相适应。如：主教学空间更加趋向开敞灵活，以适应不同的教学组织形式；副教学空间将创造多样化的私密、半私密空间，供学生思考、自修与讨论等见图 3-11。

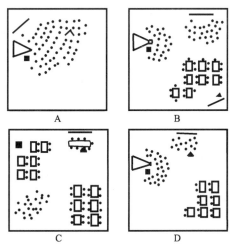

图 3-11　协同教学模式示意

三、班级规模

班级规模也是教室空间设计的一个组成要素，

即一定的空间容纳学生的多少。作为教育的对象，学生数量、素质在一定程度上影响着教育模式的发展。在古代，能受教育的人较少，教师与学生可以席地而坐，其场所也许是在一棵树阴下，一堵墙边，或一空透的厅堂中等。那时学校普遍采取个别教学的组织形式。到17世纪，夸美纽斯提出"一个教师同时教几百个学生不仅是可能的，而且是必要的；因为，对教师，对学生，这都是最有利的制度。教师看到眼前的学生数目愈多，对于工作的兴趣便愈大。所以一个教师一次也应该能教一大群学生，毫无不便之处"（《大教学论》夸美纽斯著）。夸美纽斯的这一思想统治了300多年，人们均对此深信不疑。但20世纪50年代以来，主张学校小规模的呼声日益高涨，夸美纽斯的观点现在已很少能找到支持者。人们一般从一个班级中教师与学生之比来衡量一个国家的教育发展水平。师生比越高，一般说明教育水平越高。现在，欧美各国的每个教师所分的学生数目都在减少。班级小规模已成为世界各国的发展趋势。

主张班级小规模的人已越来越多，这主要基于当代教育模式呼唤个性开放型教育的缘由。当班级规模控制在一合理的范围之内，师生、学生之间就能产生较多的互助。在一定的限定空间里，教师与学生之间的向心作用较强，消除了原先教师高高在上的空间压抑感。每个学生均有机会参与讨论，回答老师的问题，也可以在学生之间展开研讨，增加了学生交流与发言的机会，这对学生的学习动机、学习积极性及创造力的培养有着重要的影响，从而提高了学生的学业成绩，同时，教师也便于控制课堂纪律，因材施教。

由此可见，班级规模小型化是提高学习效益的重要手段。现在一般都把每个班级的人数控制在20~30人之间。当然，班级人数的多少还要根据各国的实际情况作出选择。例如，美国在1979年的班级人数就已降到20人左右。1999年，提出7年中提供124亿美元基金在全国范围内帮助学校雇佣10万名新教师和缩小班级规模（减至18人）。在我国，由于人口众多，在短期内，要把班级人数严格控制在30人以内将是一个循序渐进的过程。

我国一些经济教育发达地区已经开始采取小班化教育。北京正在开展实施部分小学校班级"瘦身"。上海市长宁区天山新村第五小学将每个班级人数控制在较小的范围，一般在30人以下。天津市教委要求，从2006~2007学年度开始，天津市所有小学新一年级要严格按照班级规模25~30人的标准，实行小班化教育。同时，在其他在校年级中，继续扩大小班化教育的比例，2006年小学小班化教育班级比例达到30%，2007年达到50%，2008年达到70%。

四、座位编排方式研究

座位模式（seating patterns）是形成教学环境的一个重要因素。它取决于教育模式的发展，对学生动机、课堂学习行为和学生成绩都有着深刻的影响。传统的教室是一排排课桌都面对黑板，学生面对黑板而坐。自夸美纽斯提出班级授课至今，尽管教室的平面形状有矩形、方形、五边形、六边形及这些平面的变形，但这种座位模式已成为教学活动的一种十分稳定的空间形态。大量的研究结果表明，课堂座位编排方式对学生的身体健康与心理发展均有重要影响。1932年，W·沃勒尔就对座位选择与学习者之间的关系作了研究。他指出：教室座位的选择并不是一种随意现象，"坐在前排的是过分依赖型的学生（也可能包括一些学习热情特别高的学生），坐在后排的往往是一些调皮捣蛋和不太听讲的学生"。这说明座位选择与学习者行为有密切的关系。

从目前这方面的研究进展及实际状况来看，中小学一般的课堂座位编排方式主要有以下几种：

1. 传统课堂座位编排方式——秧田式排列法

秧田式排列法是中小学最普遍、最常见的一种传统的座位编排方法。它是伴随着班级授课制产生的，最适合大班教学。研究表明，在这种座位模式下，所有的学生都面向教师。教师容易控制学生，容易发挥自己在教学活动中的主导作用。因而，传授知识的效果比较理想。

但20世纪70年代亚当斯和彼德尔发现采取秧田式座位法，学生参与课堂教学的程度受学生座位的影响相当大，教师与学生之间的交流集中发生在教室前排和前排中间一带的区域，人们一般将这个区域称为"行动区"（action zone）。处于"行动区"（图3-12）内的学生在课堂上表现活跃，发言积极，与教师交流的机会和次数明显比其他区域内的学生多。研究者认为，这种情况的出现在很大程度上与这种座位的空间特征有关。"行为区"处于教师的视觉监控范围之内，学生的一举一动都受到教师的严格控制，从而能在学习上表现出较大的投入。而在"行动区"以外则是教师视觉的"盲区"，学生的一举一动，教师都难以控制，从而捣乱、做小动作的现象也就随之出现了，因此，这部分学生在课堂上的学习并不十分有效❶。另外，固定的座位使儿童很少有机会从"做"中"学"，丧失了儿童的思维能力和创造能力。学生之间几乎没什么交往活动，不利于学生的社会化成长。这种座位模式从空间特点上突出了教师居高临下的地位，客观上造成了师生在空间位置上的不平等，因而，不利于平等民主的师生人际关系的建立。

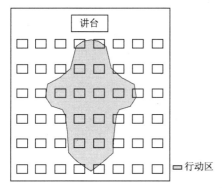

图 3-12　秧田式座位排列，教学"行动区"示意图

2. 非正式座位模式

从 20 世纪 70 年代起不少人对常规的座位模式提出了异议，探索出了几套新的座位编排模式。相对于传统的常规座位编排模式，在国外被称"非正式座位模式"（informal seating patterns）。非正式座位编排模式一般有会议式、小组式、圆形和马蹄形三种形式及其变式。它们分别适用于不同的教学目的与要求❷，见表 3-5。

不同的座位编排方式具有各自不同的特点，既有各自明显的优越性，也有应用上的局限性。很显然，在实践中不存在对于所有班级、所有学习状况和所有的教师、学生来说都很理想的座位安排方式。教师必须根据教学目标和课程实施的要求，灵活运用各种不同的座位编排模式，使座位编排与教学活动的性质及参加人员的需要协调一致，使教学活动在相应的座位模式下获得最大效益。

座位模式分析表　　　　　　　　　　　　　　　　　　　　表 3-5

座位模式	教　学　描　述	特　　点
会议式排列法	将课桌椅面对面地摆成两列，学生分坐两边进行交流活动。在人数较多的班级，也可将课桌椅摆成四列。教师可以站在"田"的前面（图 3-13），也可以站在中间	1. 适合课堂讨论和情景对话 2. 有利于课堂中的社会交往活动 3. 有利于增进学生间的相互影响
	图 3-13　会议式排列法	图 3-14　小组式排列法
小组式排列法	将课桌椅分成若干组，每组由 4～6 张桌椅构成（图 3-14）。美国、加拿大等国的小学、初中的课堂座位编排多采用这种模式	1. 适合于讨论、作业课 2. 最大限度地促进学生之间的相互交往和相互影响 3. 加强学生之间的关系，促进小组活动
圆形排列法	撤掉课桌，只留下椅子并将椅子摆放成圆形、梅花形、椭圆形等。教师可以站在圆形的中央（图 3-15），让学生围坐在一起参与学习和讨论。有时班级人数超过 25 人，则可采用双圆形的编排方式，这时教师处于教室的正前方	1. 特别适合课堂讨论和游戏教学 2. 具有向心内敛性，学生有较多的视觉接触和非言语交流的机会，有利于消除学生的紧张情绪 3. 最大限度地促进课堂中的社会交往活动 4. 消除了座位的主次之分，有利于师生之间形成平等融洽的关系

❶　吴立岗编，教学的原理、模式和活动，广西：广西教育出版社，第 517 页。
❷　田慧生，教学环境论，江西：江西教育出版社，1991，第 259～263。

座 位 模 式	教 学 描 述	特 点
	图 3-15 圆形排列法	图 3-16 U形排列法
U形排列法	将学生分成两队，将课桌椅排列成U形，教师居于U形开口处（图3-16）	1. 适用于学生的自学活动 2. 学生与教师有较多的视觉交流

五、普通教室的设计趋势

教育模式的转变对教学空间提出了新的要求，原来的单一形态的普通教室转化为多功能、多形式的普通教学区，除了授课学习外，还负担了各种各样的功能。可以说，是一个五脏俱全的生活与学习场所。

1. 最开放的程度——大空间里的教学区

在开放式教学区内，没有固定排列的课堂和讲台，而是将教室的空间分成几个兴趣区，活动区。也有的叫角，如阅读角、科学角、音乐角等。区、角之间往往用幕布或板具隔开。在每个区角里都准备了大量的可供儿童活动的材料，供儿童阅读、使用、操作。在这里，孩子不是静悄无声的，而是走来走去，进进出出，敲打，制作，歌唱。到处是活动。

2. 弹性使用的教室＋活动区

扩大的教学空间在给学生提供更大活动空间的同时也带来了相互干扰，其利弊评价众说纷纭。日本和台湾的中小学设计借鉴了欧美开放式教学空间的优点，结合亚洲教育传统，采用折衷方法——扩充走廊空间作为教学空间的延伸。这种有效的多功能空间，为中小学生创造了学习、休息、交往和开展多种多样活动的舒适环境，详见实例。

3. 为不同的学习组群设计多样的学习空间——讨论　群聚　表演……

课堂不再是整齐划一的教学行动，有人要三三两两讨论问题，有人要开会，有人要一个表演的舞台来展现自己，各种不同需求的小组需要满足不同行为发生的场所。

4. 设计教室中的私密空间——自习、个别辅导

学生在团体生活中，仍然希望拥有一块属于自己的领域空间。因为人的私密性、个人空间和领域性的行为常常是在下意识的情况下发生的。将教室分为几个具有领域感的兴趣区，同时设有多种"角"空间，使学生在心理上有一种"家"的感觉，而不是毫无人情味的模块教室。

5. 为低龄儿童设计家庭氛围的学习空间

空间的家庭化与弹性使用，努力营造一个温暖、舒适的室内外环境，鼓励心灵接触与情感交流。每天在校10小时的学生生活，尽可能地让师生以最舒坦的方式学习。比如，地板化的教室，除了不用让脚包埋在塑胶鞋受苦之外，教室空间的构成可以因地板而衍生出多种上课的方式。教室单元内配置厕所，让学生感到如厕是一种愉快的"解放"，同时避免学生课间休息集中在一条走廊内拥挤如厕的状况，也是对传统学生行为流线调整的一种尝试。

普通教学空间是室内教学空间中最大量、最基础的空间，是室内教学空间的关键所在。

第四章 专用教室设计

中小学教学用房中，除各班级的普通教室外，还设置若干专用教室。专用教室是根据不同学科在教学环节上的特殊要求及为提高该学科的教学效果而设置的专用教室。小学校专用教室有自然（科学常识）、音乐、美术、书法、语言、计算机、劳动等教室。中学校的专用教室有：实验室、音乐、美术、书法、地理、语言、计算机、劳技等教室。各专用教室的设计基本原则和普通教室设计所需考虑的问题相同，因各室均有特殊要求，故在教学楼中的位置、室内桌椅及有关设施、座位尺寸及布置形式、房间的开间进深尺寸等均按其不同的需要而有差异。以下对各专用教室分别予以阐述。

第一节 实 验 室

物理、化学、生物是几门基础科学。在中学学习期间，为使学生掌握这些基础科学的应用知识，培养实验技能，中学开设了物理、化学、生物实验课。同时，为了教学环节和教学活动的深入开展，有条件的学校还专设演示实验室和分组实验室。

实验室的容纳人数，一般都是按一个班级的人数设计。设计时应该满足教学大纲提出的使每个学生都能掌握实验的基本技能的要求，同时也要结合各个学校的仪器设备等条件进行分组。实验桌的设施及布置方式应考虑不同实验课的实验特点有所区别。此外，各实验室应与其辅助用房如准备室、仪器室、化学药品室、标本室、天秤室、保管员休息室等靠近或相邻布置，如相邻布置时，应设内门与之相通，以利使用。但管理人员休息室不得和其他各室相通，以保证有良好的室内环境及工作条件。

学校规模较小，实验室的数量较少时，常在一间实验室内进行同一学科多种内容的实验，或二个学科利用一个实验室进行实验，因实验室内器械等更换频繁，故应尽量利用实验室的空间（如窗台下、后墙面等设置柜橱），存放常用的实验器械；同时也应考虑不同学科的实验器械，在使用及管理上均有各自的要求，因此，当两个学科合用一间实验室时，应分别按学科设置各自专用的准备室及仪器室。

实验室内应设置讲台、黑板、广播箱、清洁用具柜等。同时应便于张贴或悬挂有关教学挂图（如实验内容、实验流程等）。为合理利用空间，方便使用，应沿后墙设固定壁柜，以增加实验室的存贮面积。其他和普通教室一样均需设置窗帘杆、挂衣钩等。

根据《城市普通中小学校建设标准》（送审稿）提出实验室使用面积：小学87m²，中学96m²。

实验室建议进深尺寸为7800～8400mm。

一、化学实验室设计

（一）化学实验室内部设施及布置形式

1. 实验室内部设施

（1）实验桌

化学实验室一般由两人组成一个实验小组。学生实验桌有2人、4人、6人及8人用数种。新建的学校采用双人实验桌者为多，其宽度为600mm，长度为1200mm。化学实验桌的前沿多设90～100mm高的挡板以防止玻璃器皿落地毁坏。4人以上使用的双面实验桌宽度一般为1000～1200mm，长度为600mm的倍数，如1200mm、1800mm、2400mm等。在这种大型实验台的中部多设置试剂搁架或排水沟，供两侧学生使用，桌面下部同样应设置抽屉或搁板，并在实验桌端部设置水池。在实验桌中部或一侧设置水盆或水池时，水池壁高度应大于400mm，以避免流水外溅，上下水管线的布置应和实验桌密切配合。实验桌形式及尺寸见图4-1。

化学实验桌的桌面，宜涂以耐酸碱的天然漆或其他面层以保护桌面。在条件允许时，桌面上可铺有弹性的橡胶板或软质塑料板，这样既可耐酸碱腐蚀，又能防滑，不易损坏玻璃器皿。

（2）教师实验台、讲台及黑板

教师实验台（桌）的大小应依其使用功能而异。教师进行演示实验的实验台应宽大，其尺寸可为700～800mm×2400～2800mm。边讲边实验的实验台，因不进行大型的演示实验可小些，其尺寸可为600～700mm×1800～2400mm。在设备上，应为教师用实验台配备水、电设施，在有燃气供应的地区，应接通燃气管道设置开关阀门。此外，还应设置投影仪及幻灯机等用以配合讲课或演示实验时使用。为了便于学生观看教师的演示实验，演示桌应设于 200mm 高的讲台上，讲台宽度可为 1500~1800mm。如在演示台上装设电教设施（幻灯机、电视机、投影仪等）时，应适当增大演示台与黑板的距离，以保证设在黑板的投影银幕可映出较大幅面的图像。实验室的黑板，在使用要求等方面与教室的黑板是一致的，但面积应稍大。黑板上部应设悬挂挂图的设施，在黑板上部或一侧，还需装设卷帘式投影银幕。

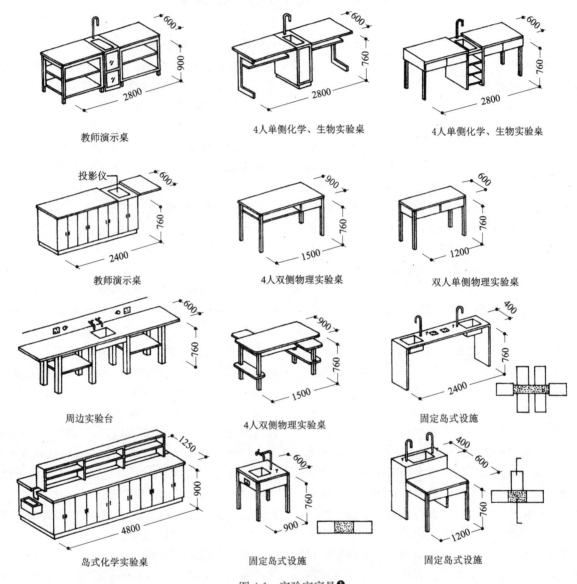

图 4-1　实验室家具❶

（3）通风柜（毒气柜）

中学实验室设置的通风柜是为了进行有毒或有刺激性气体的实验而设置的。作为实验演示用的通风柜，多数学校设置在实验室前墙一端（图 4-2a）。无论教师在前面或侧面做演示实验，学生都难以看到全貌。因此宜将作为演示教学用的通风柜设于实验室与准备室之间的隔墙内（图 4-2c、图 4-2d）。这样教师在准备室内做演示实验，学生在实验室内可无遮挡地看到演示全貌。通风柜的位置可设在实验室前墙正中位置（图 4-2c），平时有黑板遮挡，当进行演示实验时，可将横向移动的黑板拉开便露出通风柜。图 4-2（d）所示通风柜设于前墙一端，其构造简单、也易于设置排风管道，但学生观看演示效果则不如前者。

学生实验用的通风柜可设置在实验室后墙临窗的位置或靠近内纵墙设置（便于设置排风管道），

❶ 选自《建筑设计资料集》第二版第 3 集，中国建筑工业出版社，1994.6

其数量不宜过多，有3～5个位置即可满足使用要求（图4-2b）。供实验员及教师预做实验或进行科研用的通风柜应设置在准备室临墙的一角。

对在实验过程中产生有毒及有刺激性气体的实验项目，也可根据条件放映幻灯片或录像片，使学生看到实验的全过程。通风柜仅供制作实验用的有害气体时使用，可仅在实验准备室内设置，也可根据教学需要在演示用实验室内设置，其他类型的实验室则不需设置。如未设专用的演示实验室时，则需有一间实验室设置通风柜。

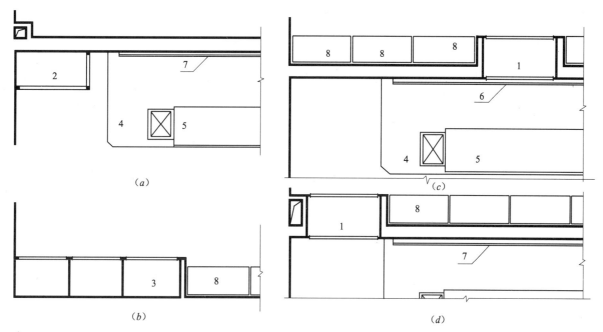

图 4-2　化学实验室的通风柜位置及形式
（a）通风柜设于实验室黑板左侧；（b）通风柜设于实验室后墙左侧；（c）通风柜设于实验室黑板中心；（d）通风柜设于实验室黑板左侧
1—供演示用的通风柜；2—通用的通风柜；3—学生实验用通风柜；4—讲台；
5—实验演示台；6—可左右移动的黑板；7—固定式黑板；8—实验仪器、试剂柜

目前，学校在学生用实验桌面上、教师演示实验桌面上、化学试剂柜内、危险试剂库内等均安装了通风系统，改善了化学实验室一组用房的化学污染问题，在进行实验的过程中将实验产生的有毒气体立即排除，不致使有害气体弥漫于实验室内。当采用桌面通风系统时，实验室便可进行有毒害气体的实验，不需另设通风柜（如黑龙江省教育设计院教学设备厂生产的实验室通风设施）。

（4）其他设施

当未装备化学实验室通风系统时，实验室内尚应设置排气风扇，以便及时排除逸散在室内的污染空气。因气体轻重不一，因此排风扇应在窗台下部及窗口上部分别设置（当在桌面安装通风系统时，则不需设置排风扇）。此外，室内应设置防火设备及器材，如灭火器、石棉布、砂箱等。

在实验室教师演示台一侧的水池上，应设置一急救冲洗喷嘴，冲洗不慎溅入学生眼内的化学药品。为增加室内的存贮面积，沿后墙可设置存物橱柜，存放各种玻璃器材及实验用器具等。

2．实验室的布置及有关尺寸

（1）实验室布置的有关尺寸

实验室黑板到第一排实验桌前缘的距离不小于2500mm。

实验室纵向走道宽度，主要根据水盆的位置及纵向走道的数量确定，如果学生不需通过纵向走道取水，其宽度可窄些，反之，则宜宽些。

实验桌排距尺寸应考虑连排座位的数量、纵向走道的数量以及实验用水的方便程度等，排距不应小于1200mm。其具体尺寸可参照表4-1。

化学实验室纵向走道宽度及前后排距　　表 4-1

离座取水情况	纵向走道数量及宽度		前后排距（mm）	备　注
	走道数量（条）	最小宽度（mm）		
不离座取水	一	1000	1200	化学实验桌宽度为600mm
	二	650		
	三	600		
	四	500		
需离座取水	一	1000	1200～1300	指将水池设于后墙或侧墙处，实验桌宽度按600mm计算
	三	700		

演示及边讲边试验的实验室,最后一排实验桌后缘距黑板不应大于11000mm,距后墙不应小于1200mm,实验室后部横走道的净宽度不应小于550mm,实验室桌椅布置的相关尺寸见图4-3。

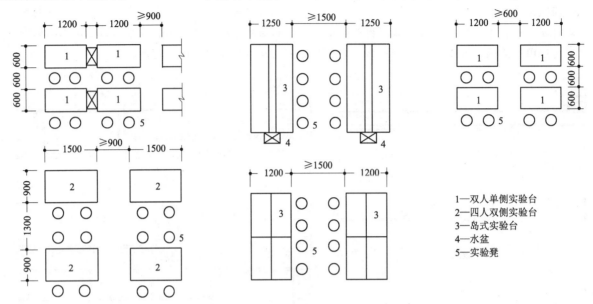

图4-3　各种类型实验室实验桌布置的相关尺寸

注:选自《建筑设计资料集》第二版第3集。

（2）实验室座位布置实例

化学实验室座位布置实例见图4-4。

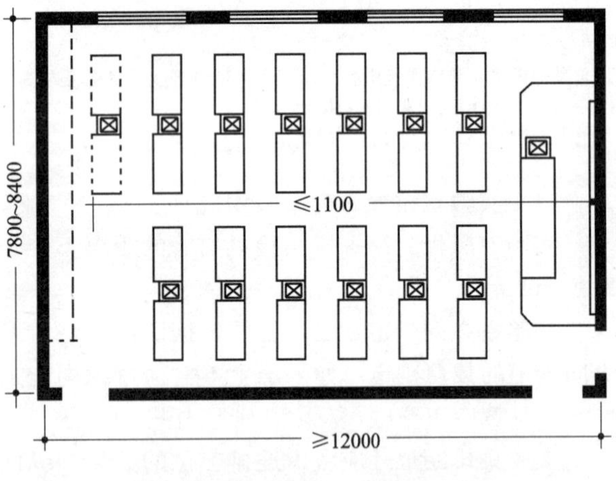

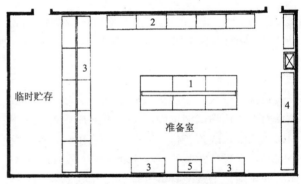

图4-4　化学实验室座位布置实例

净的试管等沥干水渍。化学实验仪器准备室实例见图4-5。

图4-5　化学实验仪器准备室实例

1—实验工作台,中部设试剂架;
2—玻璃柜（上放试剂,下放玻璃器械）;3—常用试剂;
4—玻璃柜（上设玻璃器具,下放杂品）;5—温湿干燥箱

（二）化学实验室的辅助用房

主要有与实验室相毗邻的实验准备室、化学试剂室、仪器室及管理员工作室等。辅助用房根据实际需要可多种功能合用1～2室,但实验员工作室需单独设置。

1. 化学实验准备室

主要用于实验准备工作,如实验员准备实验用品、用具,教师预做部分实验或进行实验研究等。因此实验准备室内应设置仪器柜、存放挂图模型及电教器械的橱柜,应设有大工作台,并设水、电、燃气管线与之配套,在水池上应设晾板,以便将洗

2. 化学试剂室

如学校规模较大,宜设置专用的化学试剂室,如规模较小可和仪器室合用一室。各种试剂均应摆设在玻璃橱柜内,便于查寻,有些需保存在避光的环境里,可放在木板柜内存放。室内存放的柜橱,宜做成活动搁板,便于根据需要调整其高度和数量,有条件时,试剂柜内亦应设置排风设施。试剂室宜设水池。

3. 危险试剂库

根据化学试剂的特性,除在化学试剂室存放普通试剂之外,还需将一些易燃、有毒的化学试剂单

独存放在危险试剂库中。

危险品库应设在本栋或附近楼内的地下室或比较隐蔽、温度不高且温度变化不大的安全场所，如化学实验室设于底层时，可在化学准备室或试剂室内设危险品存放地槽（在地面下部）；如在楼层时，也可在试剂室内的实验边台下面设置危险试剂柜（其围护结构应以砖或钢筋混凝土制作，但不论采用哪种形式，均需装设铁门，并加锁由专人管理）。其面积约为 $1\sim2m^2$。对易燃易爆的试剂应设于地下库房，如剧毒、易氧化类的试剂库也可设于室内一角的比较安全场所（如铁皮柜橱等），并应有良好通风设施（或条件）。

图 4-6 为化学实验室辅助用房的平面布置。

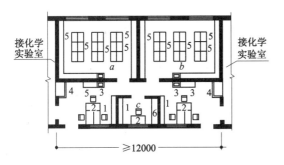

图 4-6　化学实验室辅助用房的平面布置
a—仪器室；b—药品贮存室；c—管理员室
1—书架；2—教师桌；3—水盆；4—毒气柜；5—柜子

化学实验室因用水较多，宜设在底层。如设置化学实验室通风系统时，更宜将化学实验室设于底层，以便解决排水、安设通风管道等，如设在楼层将会影响底层或实验室内净高。又因大部分试剂应避光保存，所以，化学实验室宜设在北向，如设南向，应采取遮阳措施。

二、物理实验室设计

（一）实验室的布置

物理实验室内设置的实验桌，其尺寸及实验桌的布置形式，基本上和化学实验室相同。由于物理实验在实验过程中很少用水，故在实验桌中间或一侧不需设置水盆，因而实验室的进深可小于化学实验室。但由于一栋教学楼或实验楼内的实验室，多系上下重叠，或左右相邻布置，因此，各种实验室的宽度及长度均基本一致。

物理实验室的座位布置形式，一种是平行于黑板布置；另一种是垂直于黑板布置。前者又可分为在实验桌一侧设座位，全部学生面向黑板的布置；在实验桌两侧设座位，面向黑板及背向黑板的座位各占一半的布置。后者是采用面对面双侧布置座位的形式。

物理实验桌的前缘不设挡板，桌的高度应一致。由于物理实验仪器的质地较硬，重量较重，因而桌面以采用硬质杂木制作为宜。桌下面也需设置抽屉或搁板，以便放置书籍及实验报告等。实验桌也可采用钢筋混凝土板，上铺塑料板或橡胶板。

由于物理实验的活动范围较大，实验桌及走道距离应和化学实验室接近，实验桌的布置形式，参见图 4-7 所示。在实际使用中，以 4 人双面实验桌为好。必要时可进行较大型的实验，且分组比较灵活。

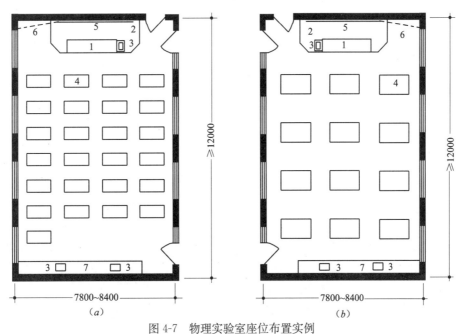

图 4-7　物理实验室座位布置实例
1—教师演示桌；2—讲台；3—水盆；4—学生实验桌；5—黑板；6—橱柜；7—周边实验台

当学校规模较大，能设置两个以上的物理实验室时，实验室的内部设计可按实验课的教学内容分别设置，如设置光电实验室，力、热、声学实验室等。这种专用实验室有利于实验室的建设和布置。如光电实验室在实验中需要各种电源，需在各实验桌设置电源插座，因此进行光电实验的物理实验室实验桌应固定，便于将各种电源线直接送至实验桌内，使用方便安全。教师的实验演示台需装设各种电源、变压、稳压装置及各种测试仪表、电工用具等，由教师演示台通过地板，将各种管线通至学生实验桌上。本室尚需进行光学实验时，室内门窗均需设窗帘盒并设遮光窗帘，可用电动或手动方式进行统一开启或关闭。为便于在暗环境下观看黑板的

书写文字或略图，黑板上方应设黑板灯。

如果所在学校规模比较小，需兼用实验室时，实验室必须具备可供兼用的设备与设施。如兼进行化学实验，室内需设水池；如兼作物理实验，就应具备物理实验所必需的工作环境。

（二）物理实验室的辅助用房

主要有准备室、贵重仪器保管室、实验员工作室等。一般常用的实验仪器多存放在准备室内，室内设置玻璃柜存放各种仪器，室内亦需一间较大的工作台，以便于进行仪器的维修、调试等，室内须设置水池。为进行光学实验及电教需要，应设置一间水、电设备较为齐全的暗房，以便处理感光材料或制作照片及幻灯片等。图4-8为辅助用房布置实例。

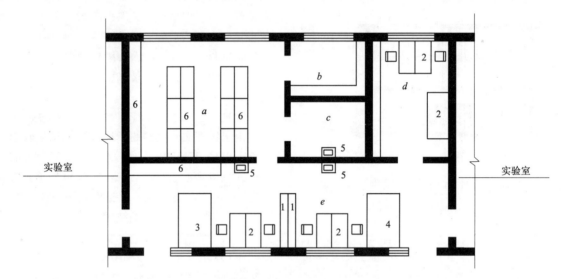

图 4-8　辅助用房布置实例

a—仪器室；*b*—天平室；*c*—暗室；*d*—管理员室；*e*—准备室

1—书架；2—教师桌；3—工作台；4—准备桌；5—水盆；6—橱柜

三、生物实验室设计

生物实验室的设计，必须满足教师演示实验和学生听课、实验、观察、解剖等实验活动的要求。生物课有较多时间利用放大镜或显微镜对某些生物进行细微的观察，因此，生物实验室的光线应充足，最好为双向采光，墙壁和顶棚应经常保持洁白，以增加实验桌面上的照度。

（一）生物实验室的布置

学生用的实验桌与化学实验桌相同，一般为2人、4人、6人及8人桌。实验桌不论在布置上、形式上以及设施上，都要解决学生观看显微镜时的光源问题。对于普通的实验桌，一般利用左侧进光解决；对于面对面布置的4人或6人实验桌，可在桌的中部桌面上设日光灯管，上设灯罩，以人眼不

能直接看到灯管（灯管高出桌面不超过100mm，在桌的侧面设电源插座及开关）为佳。

生物实验室的座位布置可按化学实验室布置形式（2人为一实验小组，2组之间设水池的方式）。教师实验桌，可比一般实验桌宽大些，为便于学生观察教师进行的解剖演示，学生应集中到实验桌周围观察，实验桌上应设水、电源。桌面应便于清洗。台下应设置地漏，以便在实验（解剖）之后清洗血污。室内尚应设置陈列展示橱，展示生物标本，以培养学生学习兴趣和开扩眼界。此外尚应设置电教设施，辅助生物课的教学活动（如将教师实验的场面通过录像镜头的摄像由电视机播放，以解决实验中某些细节的提示）。

图4-9为生物实验室平面布置示例。

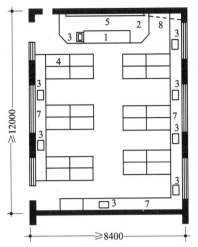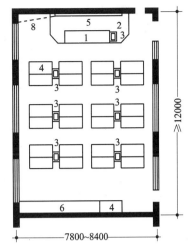

图 4-9 生物实验室平面布置
1—教师演示桌；2—讲台；3—水盆；4—学生实验桌；
5—黑板；6—柜子；7—周边实验台；8—幻灯银幕

（二）生物实验室的辅助用房

包括实验准备室、标本陈列存放室、实验员工作室。

1. 实验准备室

室内中部应设置一较大的工作台，以便进行制作、整理、修复各种标本、模型以及绘制挂图等。此外还需设实验台、解剖台、供教师预作实验及解剖动物实验等活动；沿墙应设置玻璃柜，存放教学用仪器、试剂、模型、用具、一般的标本以及存放各种挂图、资料图册等；沿窗或沿墙尚需设边台，以便放置培养的某些植物盆、水族箱、一般浸制标本筒等。

2. 标本陈列室

生物标本的种类很多，需要长期积累及贮存，因此对于存放室的条件要求较高。其中蜡封标本、浸制标本、剥制标本及昆虫标本等都有一定的温湿度要求，一般为 10～20℃。标本陈列室由于经常散发一些防止生物腐蚀的化学试剂气味，不宜与其他房间合并使用。室内应设玻璃柜，存放各种标本。

3. 实验员工作室

本室不允许与标本存放室相通及兼用，宜单独设门与走廊相通，并靠近生物实验室。

四、演示实验室、分组实验室设计

（一）演示实验教室

规模较大的中学，应设置一间实验演示教室。此室要求：最后排视距要短，座席应有升高，后排学生应不受前排学生的遮挡，总之能见度要好。因此，演示室常做阶梯状地面，阶梯计算时应选择较低的设计视点（图 4-10）。室内还应设有电教设施辅助教学。

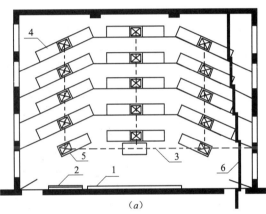

（a）

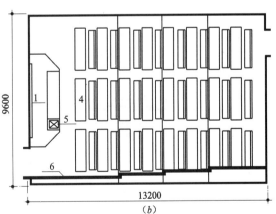

（b）

图 4-10　演示实验室平面布置实例
（a）长沙一中实验室；（b）福建师大附中生物示范教室
1—黑板；2—投影幕；3—楼板上敷设排水管；
4—实验桌；5—洗池；6—每阶升高 150mm 的阶梯状地面剖面线

（二）学生分组实验室

学生分组实验室是学生按教师规定的实验项目，分组进行实验的房间。室内应设置较齐全的实验用设施，如实验桌、水、电、煤气或天然气等，此外还应设置黑板作必要的板书。此室不需大实验演示台，可设一般的讲桌甚至不设讲桌，最后排座位与黑板的距离无特殊要求。

从室验室的实际使用情况分析，不可能将各种实验室的功能分工过细，适用性过窄，否则势必会影响各实验室的利用率，因此，可结合各校设置实验室的数量，合理地、灵活地安排其实验内容。

目前国内一些重点学校呈现一种对实验室设置数量进行攀比的现象，结果实验室利用率低，长年空置。

第二节 语言教室

语言教室是语言课教学的专用教室。学生可以在此教室内利用耳机、录放音设施等训练自己的语言能力，且不受外界噪声干扰，教师可播放已录好的教材，免去多次重复性的领读等环节，使教与学在轻松、活泼的语言环境中完成。

语言教室内要求无灰尘，以维护各种音响器械的正常使用。为使室内音质有所改善，应在后墙及顶棚上做吸声处理。此外应有良好的照明条件，并要求在地面上设置电缆线槽。

语言教室相邻房间应设控制及编辑室、录音室、准备及维修室等辅助房间。

一、语言教室的布置

（一）语言教室的座位布置及相关尺寸

语言教室的容纳座位数，应按一个班级学生上课规模考虑，语言桌的尺寸根据不同的生产厂家略有不同，双人桌的一般规格为 550mm×1500mm。

语言教室的座位布置可以和普通教室一样，也可以布置成适于小组学习的座位形式。由于在语言教室中学生是戴耳机听音，座位布置应便于学生入座及离座，以采用双人连桌，且两侧有纵向过道为宜。必要时也可将语言桌靠侧墙布置。图 4-11 为语言教室座位布置的基本形式及尺寸。

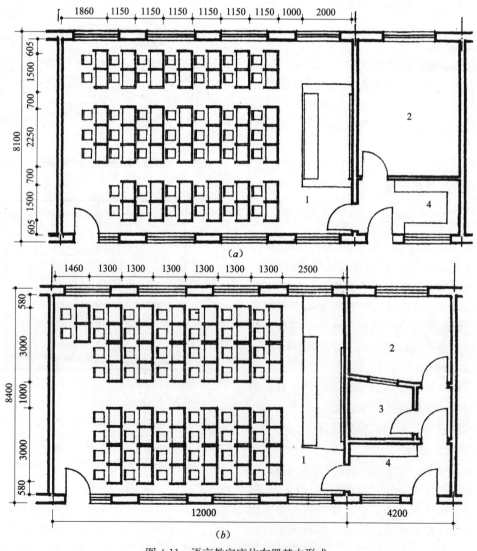

图 4-11　语言教室座位布置基本形式
1—教室；2—准备室；3—录音室；4—换鞋处

66

（二）语言教室控制台的布置形式

一种是将控制台设于教室前方的讲台上；另一种是将控制台设于独立的控制室内，教室与控制室之间应设大观察窗，教师通过观察窗进行教学。语言教室与控制台与辅助用房的相对位置（图4-12）。

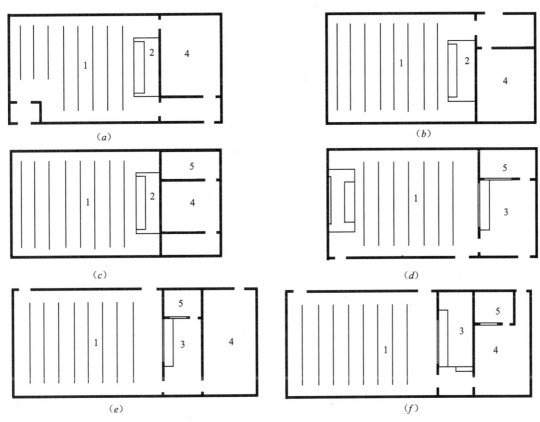

图4-12　语言教室与辅助房间的相对位置
1—语言教室；2—控制台；3—控制室；4—准备室；5—录音室

（三）语言教室电缆槽的设计

配备语言学习桌的语言教室，需在地板上设置电缆槽，以便敷设由控制台到各语言桌的大量电缆，因此语言教室中的语言桌应该是固定的，电缆槽的专用线路要直接、简短，并应从控制台连接各个座位。

电缆槽的设置位置，主要根据语言桌的尺寸、可供进线位置（不同厂家、不同型号的产品、其规格及有关尺寸均有其各自的敷线要求）以及座位的布置形式而定。语言桌的进线，对于双人连桌、3～4人连桌均可设一进线口进线。一般电缆槽的净宽度为200～250mm，高度则可根据电缆槽的电缆与语言桌的联线方式而定。有接线盒者其高度为100～150mm，无接线盒者可为80～100mm。

电缆槽的构造要简单。不增加或少增加楼板的负荷，制作及敷设电缆和维修要方便，所敷设的管线不应影响室内的正常使用，电缆槽构造常用的几种方式如图4-13。

以上各种做法的电缆槽盖板可采用与楼地板面相同的材料。

二、语言教室内部环境设计

（一）采光与照明

对于使用语言桌的教室，由于语言桌两侧的隔板遮挡，使侧窗进入的光线受阻，桌面上的照度降低。为保证各课桌面上照度，一般天然采光和人工照明并用。比较理想的是采用荧光灯管，垂直于黑板布置。有条件时可将灯具嵌入顶棚内，并设灯栅，以便学生在观看黑板或电视时，不使光源射入学习者的视野范围内引起眩光。本室桌面照度不宜低于普通教室的桌面照度。垂直于黑板的荧光灯管位置应与学习桌的布置相适应。

（二）隔声及吸声处理

语言教室应做好噪声控制和室内的吸声处理。语言教室内的允许噪声标准应控制在40dB（A）以下。常采用的隔声措施是做好门窗的隔声（如做隔声门及双层窗等），在房间入口处，亦可作一过渡性房间或声闸，以减少由建筑物外部或走廊传来的噪声对语言教室的干扰。室内应在顶棚面及墙面（主要是后墙）做吸声处理，尤其采用电视或电影作为传递图像手段时，更需做好吸声处理。室内的混响时间，一般应控制在 0.4～0.6s 范围内，其各中心频率应平直。当教师控制台设在教室内时，更需注意室内的吸声处理，以免室内噪声传至教师及学生用的录音机的话筒内，影响语言的清晰程度。

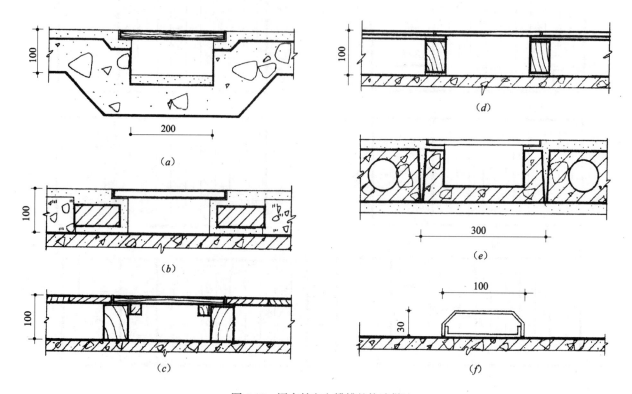

图 4-13　语言教室电缆槽的构造做法
(a) 设于底层，利用基层材料留槽；(b) 填充炉渣留槽；(c) 木地板留槽；
(d) 双层合板地板留槽；(e) 设预制板留槽；(f) 在地板上设金属盖板走线

三、语言教室的辅助用房设计

（一）录音室

附属于语言教室的录音室，在功能上作为语言课教材的制作场所（如普通话及外国语等）。其位置可设于控制室或准备室之侧，其面积以 6～10m² 为宜。由于录音室内的传声器对各种音讯号如室内声音的缺陷、室内外噪声等极为敏感，因此录音室对声学的要求甚高，必须做好录音室的声学设计。

录音室的噪声允许标准，一般均参照 ISO 所制定的标准，对于小型录音室，一般可采用 NR20～25 号曲线，混响时间宜按 0.3～0.4s。

（二）准备室

准备室是语言教室作各种准备工作的场所。如存放各种电教器材及教材、录音教材的复制编辑工作、器械的维修与保养、教师上课前后的临时休息等，因此此室应靠近语言教室布置，其面积以 30～40m² 为宜。

为保证语言教室的清洁卫生，在进入教室前应设有换鞋处，该处设两个存鞋柜，分别存放换下的鞋及进入教室的鞋，应有一定面积便于 1～2 个班级学生交替换鞋之用。

图 4-14、图 4-15 是日本两个设施较为齐全的语言教室实例。

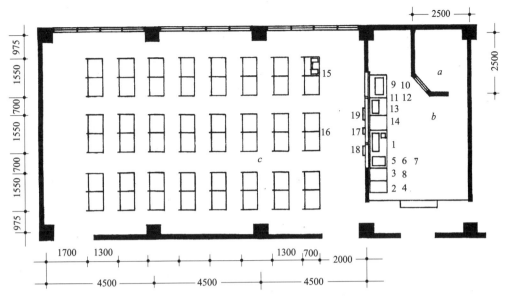

图 4-14　控制台设于教室前部的控制室内实例（日本）
a—录音室；b—控制室；c—语言教室

1—控制台；2—开盘式录音机；3—盒式录音机；4—电唱机；5—教师用录音机遥控器；6—全体学生录音机遥控器；7—分组学生录音机遥控器；8—分组会话装置；9—印字机；10—笔尖记录机；11—头戴耳机话筒；12—磁带录音机；13—监视用电视机；14—视觉教材辅助装置；15—学生盒式录音机；16—双人用学习机台；17—教室扬声器；18—教材指示灯；19—分析机正确答案指示灯

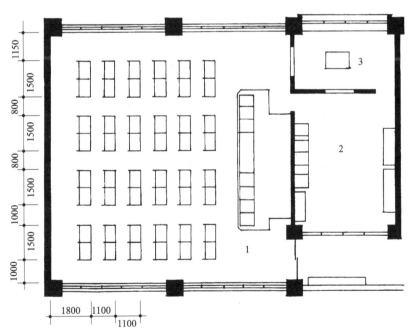

图 4-15　设有准备室的语言教室（日本）
1—语言教室；2—准备室；3—录音室

第三节　计算机教室

一、计算机教室及辅助用房设计

（一）计算机教室的内部布置

普通计算机教室的座位数，按一个标准班人数设计，并应每生使用一台计算机，室内尚应配备2～3台打印机。计算机台的布置，应便于学生就座及操作，便于教师的巡回观察与辅导，便于接通电源。计算机台布置及有关尺寸见图 4-16，为使计算机显示屏上的图文清晰及不造成眩光，座位应垂直于采光窗，当座位平行于采光窗布置时，室内应设暗色遮光窗帘，并应设置有光栅的灯具。计算机教室布置形式见图 4-17。

69

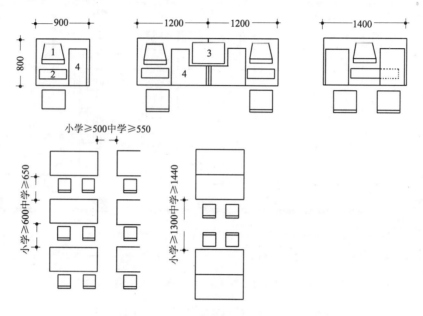

图 4-16 计算机台布置及有关尺寸
1—计算机；2—操作键盘；3—打印机；4—作业面积

（二）辅助用房的设计

计算机室宜设置教师准备室兼软件资料室及换鞋处。换鞋处应选在入口处，通风良好且具有较为宽敞的空间，如微机教室位于走道尽端，可利用走廊尽端作为换鞋处。两个相邻的计算机教室可合设一个准备室。准备室内应设置几种类型的计算机，设置若干橱柜存放各种教材、资料、软件、磁盘及简单修理工具。准备室应和计算机教室相邻布置，两室之间宜设玻璃隔断或观察窗，可在准备室观察计算机教室内的教学活动。

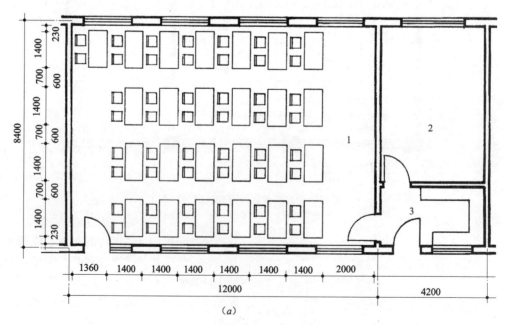

（a）

图 4-17 计算机教室座位布置（一）

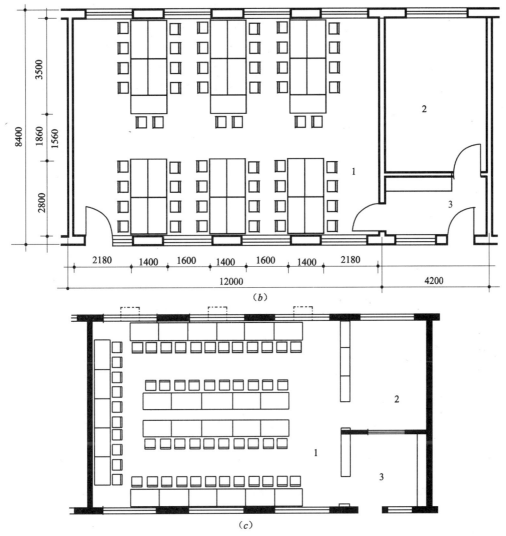

图 4-17　计算机教室座位布置（二）
1—教室；2—准备室；3—换鞋处

二、计算机教室室内环境及装修

为维护及保护计算机的正常运行，应在计算机教室及设置计算机的教师准备室内创造以下工作环境。

（1）保证室内有良好的温湿度，当学校位于炎热地区，应设空调设施。

（2）室内应有良好的防尘设施，尤其是在风砂较大的地区，窗的缝隙要严密，并最好设置双层窗。

（3）计算机工作期间需接通电源，在地面或墙壁上敷设电线，电线应方便使用、安全整齐。教室的座位布置采用沿墙布置时易于接线，而采用单桌行列式布置时，需在地面下敷设电源线路。

（4）室内墙面及顶棚宜采用不积灰尘的吸声材料，如墙面可贴壁纸、刷涂料，顶棚可采用石棉板、矿棉板吊顶，地面可采用水磨石、地面砖等材料。

第四节　自然教室

小学校的自然教室（或称科学常识教室）是自然课的专用教室。主要通过观察、实验、演示等多种方法培养学生对自然现象的感性认识和探索自然奥秘的兴趣。室内设备及设施以及座位布置等应满足教师讲课、演示、学生观察及实验活动的教学要求，如学校规模较大，可结合学校具体情况分别设置高、低年级自然教室。

一、自然教室建筑设计

教室的规模应容纳一个班的人数。室内设置的实验桌，应采用便于观察及实验用的平桌面为宜，其桌面尺寸一般可为 400～450mm×1200mm 或 2400mm 的双人或 4 人用的实验桌。实验桌应设有抽屉或搁板，以便学生存放书包。

实验桌的布置，一般为面向黑板的行列式，以

4人连桌的形式为宜。这样便于学生分组实验，当然也可将实验桌布置成4人或8人面对面就座并垂直于黑板的布置形式。第一排实验桌前沿与黑板应达到2400～2500mm的距离。

学生实验桌应有电源插座，为便于使用及安全，最好采用暗敷管线，从实验桌的桌腿处以铁管或塑料管线引出埋设线，在讲桌处的控制盘接通电源，但这样布置需将学生实验桌固定在地板上，自然教室用水量及用水次数较少，可在教室前后设置少量水盆便可满足使用要求。

教师讲桌应具备实验演示、讲课及设置控制按钮等使用的功能。作为实验演示用桌其尺寸可为600mm×2400mm。

室内除设置黑板外，在板前区应设置投影幕，以便在教学过程中使用各种映播图像器械，在教室后墙应设置展示各种模型、标本的玻璃橱柜，并应在靠窗一侧设较宽的窗台，以便摆放培植的花卉和各种植物，或利用窗台作为观察某些微观标本的场所，在两面侧墙上宜悬挂挂图。

小学自然教室平面布置如图4-18。

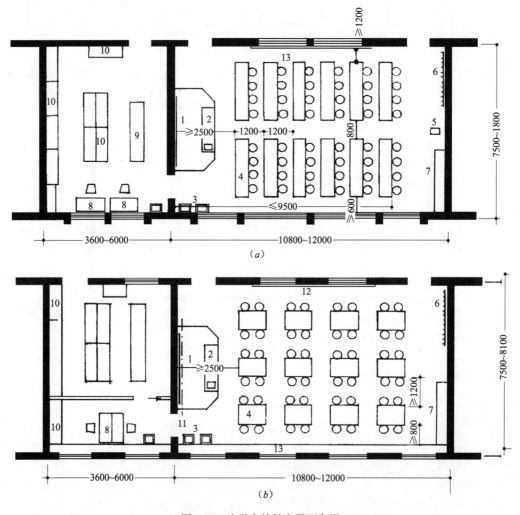

图4-18 小学自然教室平面布置

1—黑板；2—演示桌；3—水盆；4—学生用桌；5—放映机；6—挂衣钩；7—仪器柜；8—教师桌；9—准备桌；10—橱柜；11—幻灯银幕挂杆；12—布告栏；13—层置花盆的桃窗台

二、准备室设计

自然教室应附设一间准备室兼仪器室。室内应设置各种玻璃橱柜存放实验用的试剂、仪器、标本、模型、实物及挂图，还应设置大工作台，以便整理、制作各种模型标本及绘制有关挂图等。

第五节　地理教室、历史教室

一、地理教室设计

本室能满足一个班级的教学活动。室内使用的课桌宜适当加大，以便摆放地球仪等。学生的座位布置，除面向黑板的双人桌连排布置形式外，还可组成4人桌或6人桌的座位布置方式，进行分组观察及实验活动。

由于在地理课的教学中需要使用大型挂图、一般挂图、大量的图片、笨重的教学模型及各种自然界的标本如岩石、矿物、土壤等教具，同时还需在讲课过程中利用不受时间、空间限制的电教手段（投影器、幻灯机、放像机及电视等）配合教师的讲解。因此，在教室前方除设黑板之外，应设有悬挂各种图表的位置及悬挂设施（如挂镜线或挂图钩等），并应设有能悬挂1～2块卷帘式投影幕的位置，以便放映幻灯及投影片。教室后墙及侧墙应设有玻璃柜，展示各种标本、模型、图表等，以启发学生对自然课的兴趣和创造良好的学习环境。地理教室的布置见图4-19。

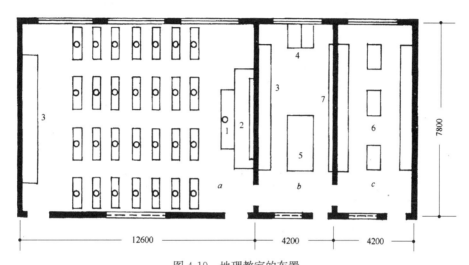

图 4-19　地理教室的布置
a—地理教室；b—准备室；c—陈列室
1—讲桌；2—讲台；3—陈列柜；4—教师桌；5—准备桌；6—低平陈列柜；7—挂图板

有条件的中学宜在教学楼制高点设置直接观察宇宙天体运行的小型天文观象台（图4-20），安装150mm或200mm直径的小型天文望远镜。为了创造直观教学效果，有条件的中学可设置天象放映厅，也可直接在教室顶部设置弧形或半圆形天穹，利用天体投影仪放映星空的投影。

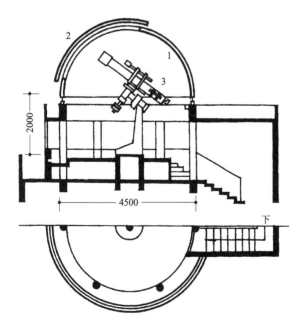

1—$D＝4.5m$铝质半球顶；

2—滑动天窗盖；

3—$D＝150mm$天文望远镜。

球顶直径 D（m）	折射镜口径 D（mm）
4.5	150
6.0	200
7.0	200
8.0	250

图 4-20　天文观象台（江西新余一中）

73

二、地理教室的辅助用房

应设置地理仪器准备室，兼做教师备课及工作室。室内设若干玻璃橱柜存放各种标本、模型、挂图，可沿墙布置。为进行模型、挂图的制作、整理及维修，室内应设置一大型工作台，并设置水盆及电源插座等。

有条件的学校，还可将仪器准备室分成两间；一间为教师备课及准备室；另一间为陈列及展览室。后者供教师讲课时组织学生观察或在本室讲解，同时也为学生课外观察、学习和学生地理课外科技小组活动提供场所。

历史教室的室内布置与地理教室相同，在用房较紧的情况下，可设置合用的史地专用教室，但准备室或工作室以分设为宜。辅助用房的布置如图4-19。

第六节 音乐、舞蹈教室

中小学均设有专用音乐教室。小学应设低年级唱游教室和中高年级的乐理兼声乐教室。中学除乐理兼声乐教室外，有条件的学校宜另设器乐教室和一间较大的音乐欣赏室（应注意室内音质设计），其面积相当于实验室。器乐教室宜能安放每生一台电子琴桌。由于音乐教室发出的声响会干扰其他教室上课，同时，音乐课本身也要求有安静的声学环境，因此，当条件允许时最好把音乐教室单独设在远离教学区和运动场的部位。如放在教学楼内，最好将其设置在尽端或顶层，并将窗子开向不干扰其他教室的方向。同时，音乐教室与走廊连接的部分应设置前室（声闸）和双层隔音门。

一、音乐教室设计

（一）音乐教室的平面形状设计

为了使后排座位与教师的距离尽量缩小，教室的平面形状最好设计成近似于方形。为创造轻快、活泼的气氛，也可把音乐教室设计成多边形、扇形或一端呈圆弧形的平面。从声的均匀扩散要求来看，五边形、六边形、方形（座位布置与墙面呈45°角）或矩形平面及锯齿形墙面最有利，而圆弧形墙面需进行声学处理，否则将造成声音聚焦。音乐教室平面形状及布置见图4-21。

有条件的学校，可设置包括声乐教室、器乐教室、个人琴房等在内的音乐中心（图4-22）。

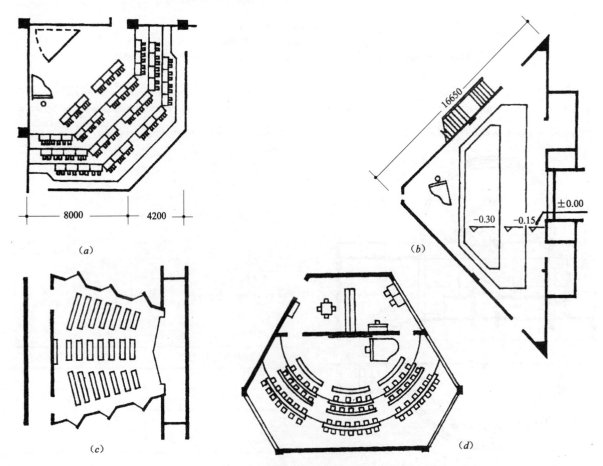

图4-21 音乐教室的平面形状及室内布置

(a) 斜角阶梯式；(b) 三角形下沉地面阶梯式；(c) 扇形；(d) 不等六边形阶梯式

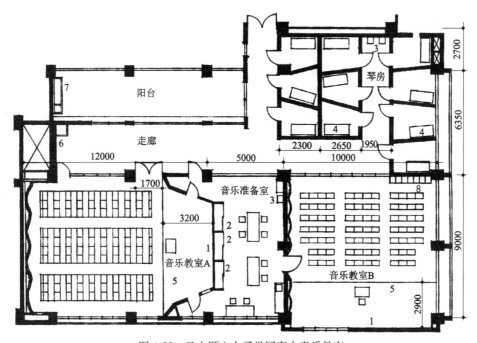

图 4-22 日本顺心女子学园高中音乐教室

1—黑板；2—乐器柜；3—洗手盆；4—钢琴；5—讲台；6—清洁用具柜；7—水池；8—存衣柜

（二）音乐教室室内设计

理想的音乐教室地面应为阶梯形（如每排升一级或隔排升一级，平均每排升高60~120mm），以便师生相互能尽量看到口型，听清发音，交流感情。如不设阶梯时也可适当升高讲台的高度。

同时，为了适应独唱、独奏和音乐欣赏所需的适宜混响时间，可以把墙面和顶棚装修成波形反射面和适当的吸声面（图4-23）。

音乐教室应充分考虑符合主题的室内设计。如在喷涂成柔和、谐调色调（如感觉辽阔深远的蓝色调）的墙面上可悬挂音乐家画像及音乐风景照片；墙角可安放塑像；黑板、桌椅、花盆架、像座等在色彩上应注意色调的统一与和谐等。

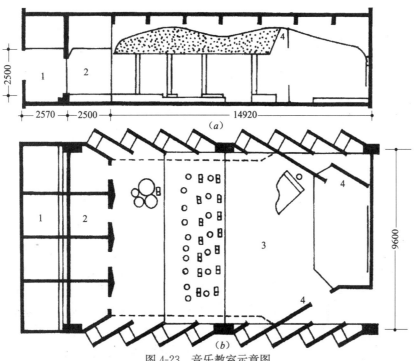

图 4-23 音乐教室示意图

1—阳台；2—个人练习室；3—器乐教室；4—反声板

（a）剖面图；（b）平面图

钢琴应放在木制讲台上，有利于改善音质。可适当加高讲台，尽量使学生看到琴键。讲桌内要求放置录音机、电唱机、投影器。也可把整个讲桌做成一个大型组合式立体声音箱。为了欣赏乐曲时配合放映图像，教室内可设置内藏式投影仪用以加深对乐曲的理解和美的感受。教室宜设置推拉式或折叠式黑板，并绘有五线的黑板。学生用桌不能太小，要考虑放置模拟键盘或小型电子琴的位置。室内最好设置固定桌椅。翻板式固定坐椅便于起立，便于学生起立唱歌。如果在教室中间安排纵向走道时，可把座位分成两个区，这种形式便于练习轮唱。

二、音乐教室的辅助用房

音乐教室的附近应有一间乐器室兼准备室，室内安放储存中西乐器的乐器柜。其中除课内所需的乐器以外，还要考虑兴趣小组的需要，即为培养专业音乐人材进行启蒙教育所必需的乐器和设备。准备室内应配备教师用桌、资料柜、工作台等，面积应大于20m²。

三、舞蹈教室设计

小学的律动课，中学幼师的舞蹈课宜有专用舞蹈教室，有条件的中学应男女分设，教室面积按4～6m²/生考虑。

专用舞蹈教室在墙面应设高1.8～2.0m的通长照身镜，其他墙面均安装练功扶杆，距地面0.8～0.9m（最好能调节高度），距墙面0.4m。窗台高度可为1.8m，以避免眩光。地面应铺装有弹性的木地板或地毯等材料，吊顶应考虑吸声处理。舞蹈教室入口处应设置男女更衣室。小型的舞蹈室可不设更衣室，但应在室内或走廊处设置衣柜或挂衣钩。舞蹈教室的平面布置参见图4-24。

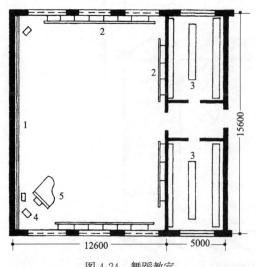

图4-24 舞蹈教室
1—通长照身镜；2—把杆；3—更衣室；4—音箱；5—钢琴

第七节 美术、书法教室

中小学校的美术课应根据不同性质，分别在不同的专用教室上课，如素描、写生课在设有画架、静物台的素描教室；图案、绘画、国画、水彩画等宜在设有绘画桌的教室。

在中小学校，使用最多的是素描教室。教室面积与实验室相当，每生约占1.5m²，室内应放模型柜等家具。画架在围绕模型台2m以外5m以内的位置安放，每间素描室可安排1～4个组作画，为使每个学生都有良好的观察角度，每组人数以10人左右为宜。美术教室的分组素描情况见图4-25。

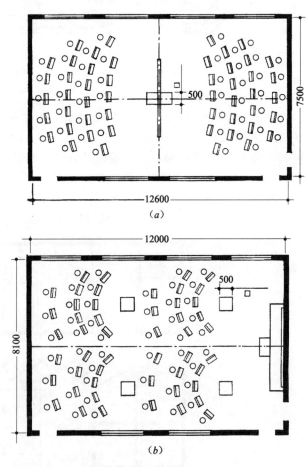

图4-25 分组素描课的教室布置形式

美术教室，尤其是素描教室要求具有较高的室内照度，稳定的自然光线，主采光为北光或北顶光，以取得柔和、均匀、充足的光照。顶光近于室外自然光，效果最好。

书法教室、绘画教室面积与实验室相当，书法桌宜采用700mm×900mm的较大尺寸。纵横间隔距离都应有 600mm 宽的走道，也可两排靠拢，留出 200～300mm 间隔，以保留臂肘的活动余地。室内应安装电教设备及窗帘、水池等，墙面应易于清洗。为了渲染艺术气氛，室内可悬挂书法家画像、条幅、字画、碑帖……与墙面色彩协调。书法、绘画教室布置图参见图 4-26。

美术、书法教室都应附设一间准备室兼教师备课室。

有条件的学校，还可组成工艺美术中心，把书法、绘画、雕塑、工艺美术以及课余美术活动等教室集中设置，见图 4-27 工艺美术中心。

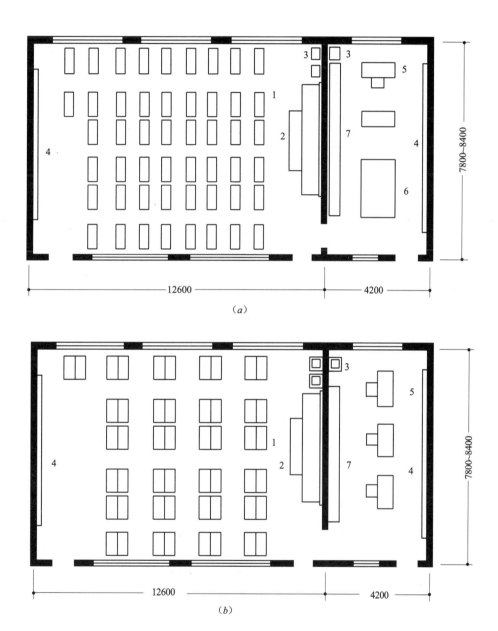

图 4-26　书法、绘画教室
1—书画桌；2—讲桌；3—水池；4—展板；5—教师桌；6—准备桌；7—工具柜

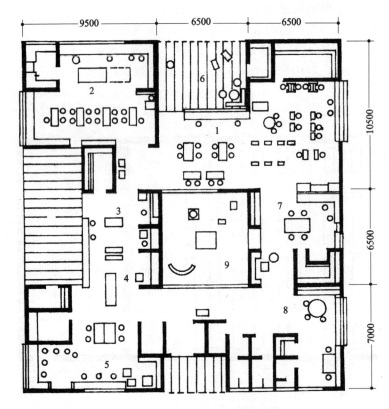

图 4-27 工艺美术中心（国外实例）

1—绘图手工；2—染织；3—雕塑；4—焊接；5—制陶；6—平台；7—木刻；8—教师休息；9—中庭

第八节 劳作教室及劳动技术教室

（一）劳作教室的设计

小学手工劳作课需在专用的手工劳作教室上课，室内安放 2 人、4 人或 6 人合用的劳作桌，劳作课桌见图 4-28，每桌使用一套劳作工具。教室布置见图 4-29，教室后墙应安装作业柜，侧墙悬挂美术挂图，室内还应设投影、幻灯、录像设备和水池。

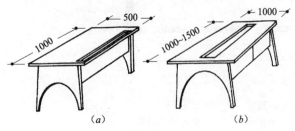

图 4-28 劳作课桌

(a) 1、2 人用桌；(b) 4～6 人用桌

劳作教室宜附设准备室，存放工具、材料，同时满足教师备课需求。

（二）劳作技术实习室设计

普通中学的工业劳动技术教育课宜设专用金工、木工、裁缝、编织、刺绣、染织、陶瓷等专业劳动实习教室，实习室的面积最好能容纳一个班的学生，至少要能容纳半个班，轮换上课。室内需安放作业台（如图 4-30）。

几个实习教室也可组成工业劳动技术实习中心，见图 4-31。

金工实习作业台多为 2 人合用，台上装虎头钳，另在室内一角安装公用金属加工机械：车床、钻床、铁砧、砂轮机等。学习内容如薄板加工，钢线材加工等。

木工实习室的工作台多为双人合用，室内一角另设公用的木工加工机械，如圆锯、平刨机、车床、钻床、打榫机等。学习内容如制作铅笔盒、小木箱、小书架、小桌凳等简单家具，木工室应附设油漆间。金工、木工都需另设一间准备室兼材料库。金工室及木工室都需装设水槽及水龙头。图 4-32 为木工实习室，图 4-33 为缝纫实习室。

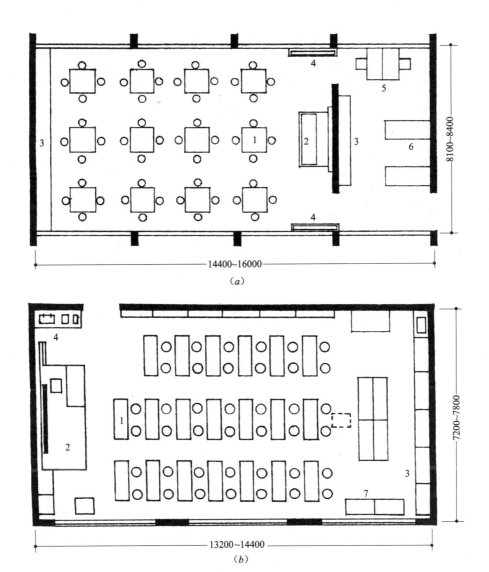

图 4-29　劳作教室布置

(a) 劳作教室；(b) 准备室

1—劳作课桌；2—讲台；3—作品展柜；4—水池；5—教师用桌；6—材料工具；7—机械工具

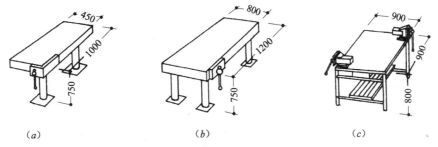

图 4-30　实习台

(a) 单人木工台；(b) 双人木工台；(c) 双人金工台

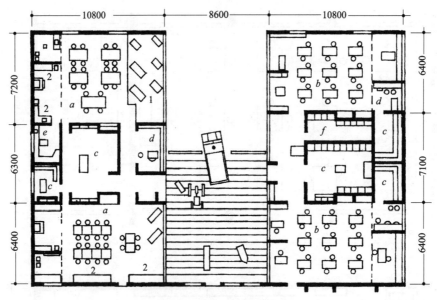

图 4-31　中学技术教室实习中心

a—金工室；*b*—木工室；*c*—仓库；*d*—研究、准备室；*e*—教师室；*f*—暗室
1—公用机械；2—工作台

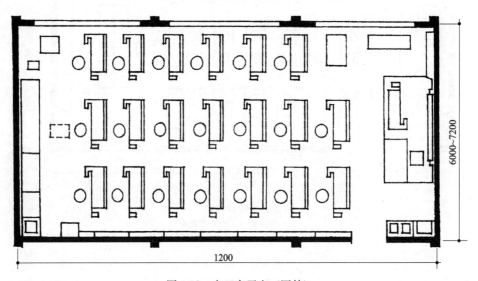

图 4-32　木工实习室（国外）

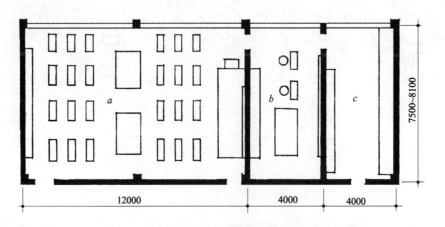

图 4-33　缝纫实习室

a—实习室；*b*—教师准备室；*c*—展示室

第五章　公共教学用房设计

普通中小学校公共教学用房，包括图书室、视听兼合班教室、科技活动室、体育活动室等，其中体育活动室的设计见第九章。

第一节　图　书　室

中小学校图书室设有书库、学生阅览室、教师阅览室及其辅助用房。

图书室要求有安静的环境，远离噪声源，如运动场、体育活动室及城市街道等。为便于学生使用和工作人员管理，图书室应邻近教学楼或设在教学楼内，集中于一层或一个体部，形成一个独立的区域。

根据《城市普通中小学校建设标准》（送审稿）提出的图书室使用面积测算见表5-1。

图书阅览室面积测算表（单位：m²）　　　　表 5-1

学　校	名　称	规　模						
		12班	18班	24班	27班	30班	36班	45班
完全小学	学生阅览室	40.50	60.8	81.00	—	101.0	—	—
	教师阅览室	17.10	25.70	34.30	—	42.80	—	—
	书库	37.0	50.50	64.00	—	77.50	—	—
九年制学校	学生阅览室	—	78.0	—	117.0	—	156.0	195.0
	教师阅览室	—	26.8	—	42.0	—	53.6	67.0
	书库	—	62.4	—	87.6	—	112.8	138.0
初级中学	学生阅览室	75	112.5	150.0	—	187.5	—	—
	教师阅览室	21.0	31.50	42.0	—	52.5	—	—
	书库	64.0	88.0	112.0	—	136.0	—	—
完全中学	学生阅览室	—	112.5	150.0	—	187.5	225.0	—
	教师阅览室	—	35.28	47.04	—	58.8	70.56	—
	书库	—	105.0	132.0	—	159.0	186.0	—
高级中学	学生阅览室	—	112.5	150.0	—	187.5	225.0	—
	教师阅览室	—	37.8	50.4	—	63.0	75.6	—
	书库	—	114.0	144.0	—	174.0	204.0	—

注：本表摘自《城市普通中小学校建设标准》（送审稿），1998.6。

一、书库

书库要求具有良好的通风、采光、防火、防潮、防鼠及遮阳措施。因此，书库的主要采光面应为北向，避免阳光直射室内，书库外墙不宜直接面对东西向，以免室内气温过高，且书库不宜与厕所、水房等潮湿房间相邻，书库如设在底层，应做好防潮措施。

为便于管理及使用，书库应能与学生及教师阅览室相连。书库的面积取决于学校规模及不同类别学校的藏书量，中小学图书室的藏书量见表5-2。

藏书量　　　　表 5-2

校　别	藏书量（册/生）	藏书量（册/m²）
完全小学	30	600
九年制学校	33.6	560
初级中学	40	500
完全中学	45	500
高中	50	500

注：本表摘自《城市普通中小学校建设标准》（送审稿），1998.6。

书库设借书窗口，开向阅览室或专用借书室。

书架的尺寸和排列与普通书库基本相同。开架书架的高度为1.7m（小学可适当降低），闭架高为2.1～2.2m；书架宽：单面书架为250mm，双面书架为450mm；书架长为1.1m；书库内书架间的通道宽度，闭架为800mm，开架为1000mm。书架要垂直于采光窗布置，以利于库内通风、采光及查找书籍。

图书室如设于楼层，应在设计时考虑书库的楼面荷载。

二、学生阅览室

阅览室应设在安静有良好采光、通风和视野的环境，并与教学用房联系方便。

阅览室的容量：小学校应能容纳全校学生人数的1/20，中学（完中、高中）为全校学生人数的1/12，中专为全校学生人数的1/6，每个座位所占面积：中小学校学生均按1.5m²/座计算。各类学校学生阅览室面积见表5-1。

阅览室根据学校规模可分为图书阅览室和报刊阅览室，他们最好分为两间或者组成套间。此外，小学校低、高年级宜分设阅览室，如高、中、低年级共用一间大阅览室时，应以书架适当分隔，以减少相互干扰（图5-1）。

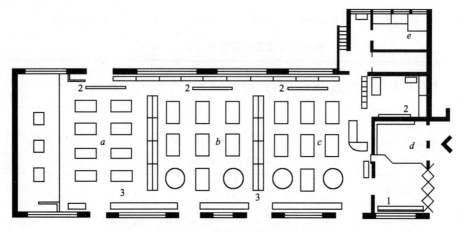

图5-1　小学图书室（日）

a—高年级；*b*—中年级；*c*—低年级；*d*—入口；*e*—厕所

1—洗手；2—黑板；3—书架

我国中小学校的报刊阅览室多采用开架式，而图书阅览多采用半开架及闭架式。开架阅览是学校图书阅览的方向，故阅览室的设计应按开架阅览室设计。

阅览桌多采用4人、6人合用的单桌、组合桌或多人组合桌。小学校的阅览桌往往使用圆形、半圆形、梯形等单桌组成多种不同形状的组合桌。

阅览室与书库应灵活布置。尤其是在开架阅览的情况下，阅览室和书库可组织在一个大空间中，为充分利用空间，也可将书库上设一夹层书库。阅览室与书库的布置如图5-2、图5-3、图5-4、图5-5。

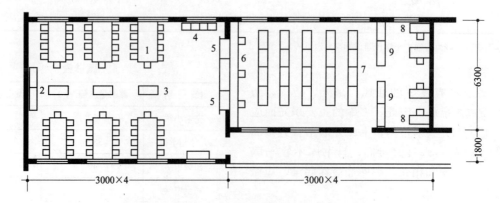

图5-2　中学闭架阅览室

1—阅览桌；2—期刊架；3—报纸架；4—卡片盒；5—低玻璃书架；

6—工作台；7—书架；8—教师阅览桌；9—玻璃书架

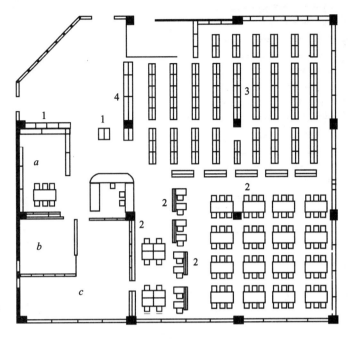

图 5-3　一般开架阅览室（日）

a—参考书阅览；*b*—研究室；*c*—工作室

1—卡片柜；2—低书架；3—书架；4—期刊架

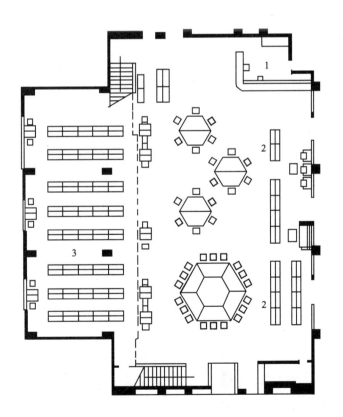

图 5-4　带夹层书库的开架阅览室

1—卡片柜；2—低书架；3—书架

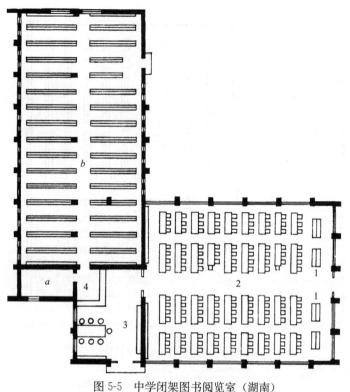

图 5-5　中学闭架图书阅览室（湖南）

a—办公；*b*—书库

1—阅报桌；2—阅览桌；3—目录柜；4—出纳台

三、教师阅览室

小学校可设一大间报刊阅览室，可兼做会议室或政治学习室。有条件的小学和中学，除设报刊阅览外，还应另设教师备课专用阅览室。教师阅览室面积与学校类别及规模有关。

阅览室的教工座位数：小学按教工人数的 40% 设座，九年制学校按 36% 设座，中学按 33.3% 设座，每座面积一律按 2.1m²/座设置。不同类别，不同规模的教师阅览室面积见表 5-1。教师阅览室的平面布置见图 5-6。

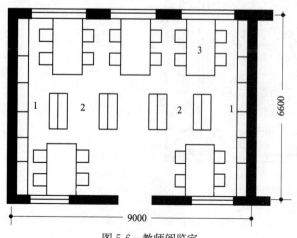

图 5-6　教师阅览室

1—普通书架；2—分科专用书柜；3—阅览桌

教师阅览室和学生阅览室如设置在一个大空间内，可用书架灵活分隔，见图 5-7，也可在书库内安放少量座位，开架阅览。

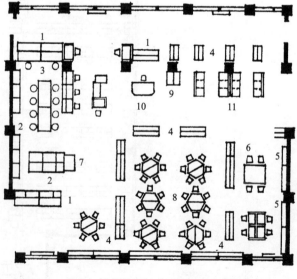

图 5-7　学生与教师共用的小学高年级图书室（日）

1—展览柜；2—资料架；3—工作台；4—低书架；

5—期刊架；6—教师阅览；7—地图柜；8—学生阅览；

9—卡片柜；10—管理台；11—沙发

四、辅助用房

图书室至少应有一间辅助用房，进行采购、

验收、编目、制卡、图书装订等工作。此房间可以设在教师阅览室和学生阅览室之间，同时邻近书库，便于观察和管理工作，也可节省人力（图5-8）。

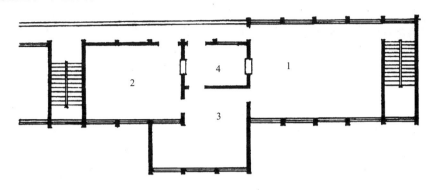

图 5-8　中学图书阅览室（厦门）
1—学生阅览室；2—教师阅览室；3—书库；4—办公室

随着计算机的普及，有条件的学校已开始利用计算机进行图书管理工作，学生可利用计算机查阅图书资料，方便借阅。

五、图书室的发展——教学资源中心的建构

（一）教学资源中心的内涵

对于教育是否能够取得成功，学生能否获得教育资源的使用权是很重要的。在素质教育的大环境下，学生成为学习的主体，学生自学和查阅资料的重要性日益提高，需要提供专门的空间使师生分享教育资源。

教育模式的革命，势必引发公共教学用房的调整，前身是图书馆的教学资源中心变得非常重要，电脑设置的数目剧增，室内面积相应增大，设备不断更新，正逐渐成为教学空间的中心。此外，信息技术的传播也引发了传统借阅形式的变化。由于互联网的普及，资源中心将由大空间向个性化空间发展，图书由闭架向开架发展，阅读方式将转化为纸上阅读和无纸阅读相结合，阅览室将转化为阅读与研讨相结合等。

（二）教学资源中心的设计趋势

1. 功能多样化

资源中心与原来的图书馆最大的不同是，不再单纯是借书、读书的场所。资源中心的功能扩充了，成为：

（1）读书中心：细细品味书的内容的场所；享受书的乐趣的场所；

（2）开展主课学习及综合学习等的学习中心；

（3）学习指导中心：为某些地方需要额外指导的学生提供辅导场所；

（4）满足视听资料、数字资料和互联网等的媒体多样化需要的信息中心；

（5）和同学相互交流的场所。

2. 空间多样化

功能的多样化必然带来空间的多样化，以适应不同的功能要求。首先，应有集中阅览区；对于读书的学生个体来说，需要有私密的个人阅读座位；对于团体学习者需有小团体研究室，供学生团体互动问题解决和动手操作，资讯研讨和理念分享之用；还要有提供计算机设备和网络接口的开放空间；还需要设置个人视听研究座位和一定规模的小团体开放视讯空间，条件好的可以布置大型的多媒体研讨室，满足多样化的信息传播。此外，资源中心还应包括图书管理员办公室和流通桌椅的储藏室等辅助空间。

3. 信息化

资源中心的书架、书库图书将会退化。现在它必须容纳和管理日益增长的新媒体（因特网连接、录像机、CD、录音磁带等）。在大量的空间布置网络线路，可以通过联网的计算机或其他技术进行学习和研究，来创建适应学习需要的图书、视听系统、数字系统、互联网等多种媒体齐备的场所。并且，学校资源中心与各大图书馆有便利的资源分享系统，更扩大了资源的丰富程度。

4. 开放化

资源中心的构建要打破封闭的图书馆形象，做到了随时可以借书，随时都可以见到查阅图书的学生。它应该是通透的开放空间，用透明玻璃的隔断、用可移动的家具来分隔空间。这样的空间是吸引人的，路过的孩子看到了朋友们的身影，或看到他们在谈论新版书籍，以及兴致勃勃地操作电脑之后，很自然的就加入了他们的行列。同时，从管理角度来说，一切都可以清清楚楚地看在眼里，也令人放心。

第二节　视听及合班教室

视听教室是指装备有放映（如投影、幻灯）和播出（录像、电视等）图像及扩声功能并安装有多种视听媒体的公用教室。

视听教室的规模应满足一个班或容纳一个年级的学生为宜，同时尚宜增加 10～20 人的容量作为教师观摩教学及进修教师听课的需要。

合班教室是指两个班以上或全年级的学生上合班课的大教室，它还可兼做视听教室、集会等多种用途。小学合班教室要求具有多功能的用途，目前，我国小学称此类教室为多功能教室。作为多功能教室，当条件允许时，它的规模还应再扩大，可考虑容纳 2～3 个年级同时使用，其位置可靠近学校出入口附近，必要时，可便于对外开放，使进出人员的集散不影响教学区的安静和正常学习。

有条件的学校可单独设置专用的视听教室，同时合班教室及多功能教室也应配置多种电教设施。

一、视听及合班教室的设计要求

（1）视听及合班教室的位置要适中，并要有安静的环境、较好的朝向及通风条件，还应便于安全疏散。

（2）视听及合班教室的设计，必须满足各种电教器械的使用要求，在其工作期间不相互干扰，位置设置不影响人流活动，且便于操作管理。

（3）室内应有良好的声环境和视觉环境。后部学生的视线不应受前排学生的遮挡。100～200 人的教室混响时间不宜超过 1.0s。

（4）合理计算座席升高。为便于疏散及简化构造，200 人以下教室地面升高，前 3～5 排可做平地面，后部可按每二排升高一阶，每阶可升高 80～100mm；200 人以上阶梯教室，宜经过计算确定升高值。

（5）教室体型应符合功能要求，结构简单。

二、视听及合班教室的室内设计

（一）教室形状及座位布置

教室的形状除考虑与教学楼的组合关系外，还应考虑教室体形完整，并有利于室内的布置和与室外的联系。因此，在结构条件允许的情况下，可采用多种平面形式，如扇形、长方形、方形、六边形、卵形等（图 5-9）。

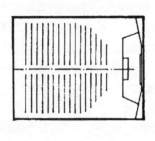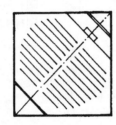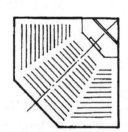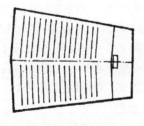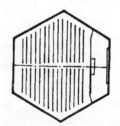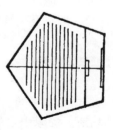

图 5-9　合班教室的体形及座位布置

座位的布置形式取决于房间体形及容量。规模为 100 人以上的电教室的座位，一般宜选用连排式固定坐椅，坐椅应有附设于靠背上的单个或连排式的书写版。采用连排式固定坐椅时，前后排的间距：坐椅后背无书写板时小学 800～850mm、中学 850～900mm 为宜，坐椅设有可翻下的书写板时，其尺寸以 900～950mm 为宜，如设固定连排桌或设固定书写板的连排坐椅时，其尺寸以 1000～1100mm 为宜。每生所占坐椅宽度：小学为 460～480mm，中学可为 480～500mm。座位的连排数量应满足学生在坐椅之间能侧身通过，而就座的学生不需起立，如两侧均有纵向走道，则每排人数可为

24人；如前后排间距较小，通过时需起立让路，且每排两侧均有纵向走道时，每排最多人数不宜超过12人；当一侧设有走道时，每排最多连座人数不宜超过两侧有走道的1/2。一个班规模的视听教室可不设连排坐椅。

合班教室第一排座位与黑板的距离不应小于2.5m。最后排座位与黑板的距离不宜大于15m。如改用白板，可增大到18～20m，因为黑板字高为9cm时最远视距为15m，而9cm高的白板字最远视距可达20m。白板可以兼作银幕。

合班教室内部的纵、横走道的数量，在符合防火疏散要求的前提下应尽量减少。一般沿两侧墙各设纵向走道即可，可争取较多的中间座位，进深较大的合班教室可在中间再加一条或二条均匀分布的纵向走道。

合班教室内纵横走道的宽度应能保证两股人流通过，最小应为1100mm，100座以下的小型合班教室，走道宽度可减少到800mm。合班教室疏散门的数量应不少于两个，宜均匀分布，门采用外开平开门。合班教室门洞宽度不应小于1500mm。

（二）电教器械及其他教学设施的布置

电教器械的布置应尽量不占用走道及座席位置，同时考虑多种器材配合使用，相互补充。录放像机、录音机、幻灯机、投影器等均可设于教师的讲桌上，室内的灯光、电动窗帘、电动黑板等的控制开关，也应设在讲桌内由教师控制，各种显示图像教学器械的布置，如图5-10。

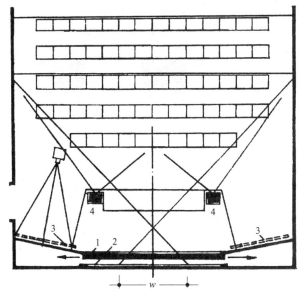

图5-10 视听教室板前区布置示意图
1—可双分移动的黑板；2—固定式银幕；
3—投影及幻灯幕；4—电视机

1. 电视规格的选择与最佳视觉效果范围

因不同规格的电视机其可供收看的良好视角范围有所不同，表5-3为观看电视的良好视区及视角。在视听教室内设置电视机时，应根据教室的长宽尺寸及配置电视机的类型确定电视机的位置及数量。当教室进深为6～8m时，可在教室前部两侧将电视机临时架设在活动器械台上，用完移到教室一侧，或在教室前部及中部侧墙上设支架固定，当教室跨度较大时，可将电视机悬挂在顶棚上，以便充分发挥其服务范围的有效作用。同时，为提高荧光屏的显象效果，应将电视机面向避光一侧。

观看电视的良好视区及视角 表5-3

视听器材种类	普通电视（电视屏幕对角长度 W）								投影电视（荧屏对角长度 W）	
	18″	19″	20″	22″	24″	27″	29″	34″		
最近距离（mm）	1800	1900	2000	2200	2400	2700	2900	3400	2	1.6
最远距离（mm）	5100	5300	5600	6200	6700	7600	8000	9350	6	6～8
最大水平斜视角	45°	45°	45°	45°	45°	45°	45°	45°	35°～40°	35°～40°
仰视角	30°	30°	30°	30°	30°	30°	30°	30°		
良好视觉区（m²）	17.9	19.2	21.5	26.4	30.9	41.89	44.1	60.1		

注：1. 水平斜视角：边座观众观看荧屏中心的视线与荧屏中心线形成的夹角；
2. 仰视角：前排观众水平视线与荧屏中心形成的夹角。

2. 投影器及幻灯机的设置

这种光学器械是在教学中提供静态画面的教具，其所使用的投影幕设在教室前方黑板的位置，与黑板的关系如图5-11。在教室中，为使投影器及幻灯机映出的图像清晰可辨，需将教室的门窗用窗帘遮挡。投影器及幻灯机使用的投影幕一般为正方形，宽度可与电影银幕相同，约为教室长度的1/5～1/6。为获得不变形的投影画面，投影器及幻灯机的投影光轴应与投影幕中心垂直正交，多数情况下投影幕应向前下方倾斜。

3. 其他教学设施的设置

视听教室除布置电教器械进行教学外，传统的黑板仍是主要教学手段。黑板的高度及材料与普通　　　　教室相同。黑板与投影幕的布置方式如图 5-11。

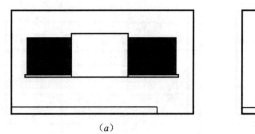 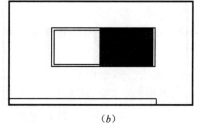

(a)　　　　　　　　　　　　　　(b)

图 5-11　投影幕的设置方式

(a) 投影幕设于黑板中间；(b) 一侧为投影幕一侧为黑板

视听教室内讲台的布置应比普通教室宽，对有集会要求的多功能教室讲台深度应另行增加可容纳 2~3 排的佳宾为宜，即 1.5~2.4m。

（三）视听及合班教室的高度

室内净高与教室面积有直接关系，200 座以下的小型合班教室净高为 4m 左右，200~300 座之间为 4~5m 高，300 座以上的为 5~5.7m。

（四）视听及合班教室的内部环境设计

1. 声环境设计

视听教室及合班教室的声环境设计必须保证学生听得清楚，同时使室内不受外来噪声的干扰，也不要影响其他教室。因此，要根据室内容积，确定最佳混响时间，对于一般不足 70m² 的教室不宜超过 0.6s，150m² 的教室以 0.8~0.9s 为宜，视听教室内的允许噪声标准一般宜为 40dB（A）。为取得室内良好的音质条件，应在后墙和顶棚做吸音处理，具体做法可在后墙及顶棚设穿孔板，内填超细玻璃棉或矿棉。面积较大的视听教室，在建成后应进行音质测试予以调整，以满足声学要求，由于视听教室使用电声，对其他房间有较大干扰，建筑上

应考虑其位置及隔声处理。

2. 灯光设置

室内应采用嵌入式灯光，为避免师生在讲课听课期间视野范围内产生眩光，顶灯宜做光栅，光栅格片应平行于黑板方向。黑板的前上方应安装黑板灯，以保证在暗的环境下学生能清晰地观看到黑板上的字迹或挂图。利用电视机进行教学时，课桌面人工照明的平均照度应为 60±6lx，以便于学生在观看电视的同时可方便书写。

3. 室内装修

室内色彩可采用明快的色调。由于室内经常放映图像，因此室内应设深色窗帘或其他转暗设施。

（五）座席地面升高设计

对于视觉要求标准高且面积较大的视听及合班教室，地面升高值应进行计算。用相似三角形法可求出各排升高的地面高度（先求出各排人眼睛升高的高度，再减去人的坐高 1.10m，即为该排地面的高度）。

计算方法如图 5-12 所示。

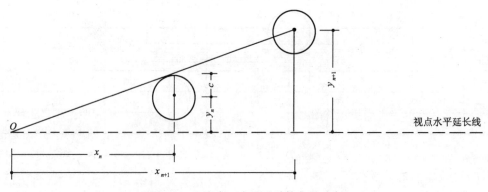

图 5-12　用相似三角形法计算各排升高

$$y_{n+1} = (y_n + c) \frac{x_{n+1}}{x_n} \qquad (5-1)$$

式中　y_n、y_{n+1}——各排人的眼睛距设计观点水平　　　　　　延长线的垂直高度；

x_n、x_{n+1}——各排座位与设计视点之间的水平距离；

c——视线升高差，即眼睛到头顶的距离，一般 c 取 120mm，如前后排错位排列 c 可取 60mm。

图 5-12 中 O 点是设计视点，作为合班教室的设计视点，一般应选在黑板的底边中点。

视听及合班教室地面升高可以从第三排或第五排开始，可采取隔排升高的方法（使阶梯的升高值降低）或每排升高的方法（阶梯的升高总值较大）。

对于中学物理、化学、生物等实验演示教室，要求每排座位都能无遮挡的看到教师演示台的桌面中心点，因此，地面升高可以从第二排开始，c 值可取 120mm，设计视点应取教师实验台的台面中心。如图 5-13 是视听兼合班教室的阶梯升高实例。

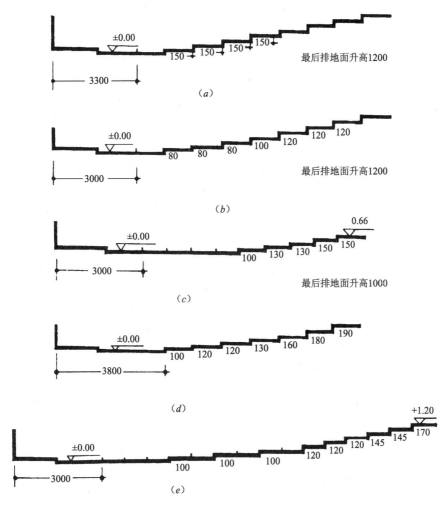

图 5-13 视听兼合班教室地面升高实例
(a)(b) 厦门一中；(c) 广州师大附中；(d) 重庆三中；(e) 广州云浮矿中学

地面阶梯升高设计，在实践中有多种形式。最简单的方法是不需计算，直接把全部阶梯按相同的高度（如按 120mm 或 150mm）升高。这种做法的缺点是前面各排视觉质量较好，而后排视觉质量较差。但施工较为方便。或采用前排区升高小，后排区升高大的做法，即前排按 100mm，中间用 120mm，最后数排用 150mm 亦可。

（六）视听及合班教室设计实例

在实际工程设计中，设计师根据平面布局及实用功能的各种需要，选择平面形式，多以正方形、矩形及其变形为主。室内为方便学生出入，座位布置以短排法居多。图 5-14～图 5-18 为常见的平面布置实例。

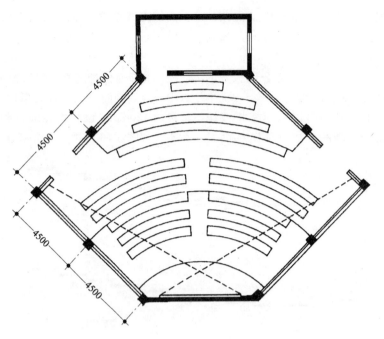

图 5-14　设三条放射形走道的大阶梯合班教室

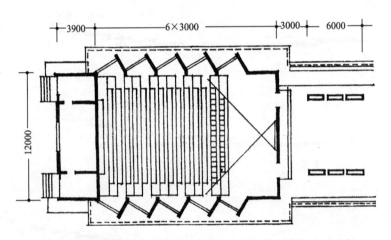

图 5-15　设两条沿墙纵向走道的中学 262 座阶梯合班教室（天津）

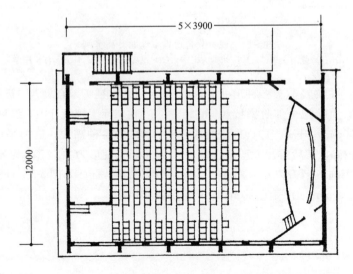

图 5-16　设两条中间纵向走道的小学 216 座阶梯合班教室（天津）

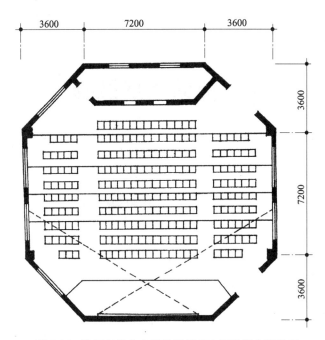

图 5-17　设四条纵向走道的学校 233 座阶梯合班教室

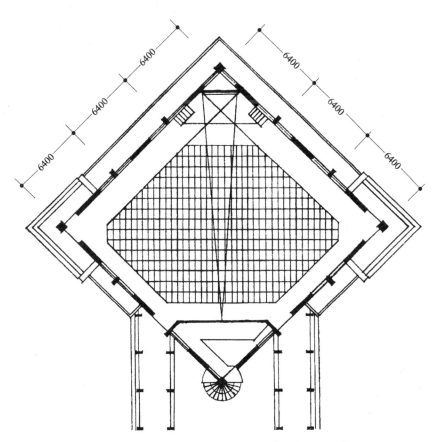

图 5-18　长排式座椅的平地面 422 座合班教室（天津）

三、电教器材存放及维修室

视听及合班教室根据需要设置器材存放室及维修室。其位置可根据平面布置的需要灵活设置，一般宜设在视听兼合班教室的后部。房间开间应大于或等于 3.3m 为宜。器材存放室及维修室可合可分。

第六章 办公、辅助用房及交通空间设计

第一节 办公、辅助用房设计

一、办公用房

中小学的办公用房分为教学办公与行政办公两个部分。教学办公是指教师备课、批改作业、小组会议、课间休息等，要求与教室联系方便，环境安静；行政办公是指校长室、党支部、团总支和行政、教务、总务等各职能部门，要求对内、对外联系方便。一般办公用房多设在教学楼内，如独立设置时，其位置宜位于临近学校校门处。

由于行政办公及教学办公用房的尺寸可以统一，在新建教学楼时经常组合在一起。

（一）办公用房与教学用房的关系

（1）办公用房相对独立 办公用房与教学楼之间用走廊相连。这种方式可以把办公用房的层高适当降低，必要时也可在连廊上设少量踏步。

（2）办公用房设置在教学楼内 可以集中布置在一端，也可与教室混合布置。这种做法一般是把行政办公室设在下层，教学办公室设在上层。

（二）教学办公用房的安排和尺寸

中小学教职工的数量，可根据表6-1确定，然后依据教学组织和人数来安排大、中、小型办公室。

中小学校教职工人数编制（单位：人/班）　　**表6-1**

编 制	教 师	职 工
完全小学	1.7	0.5
九年制学校	1.97	0.73
初级中学	2.5	1.2
完全中学	2.5	1.2
高级中学	3.0	1.2

注：1. 办公用房使用面积按不少于4m²/人；
　　2. 根据（84）教计字239号《中等师范学校和全制中小学教职工编制标准》。

小学教师分室方法可有两种：一是把各班的班主任教师、科任教师分别集中。各安排一间较大的办公室；二是把班主任与科任教师混合按年级编组，人数较少的学校也可以按低、中、高年级分成三个组，每组一间办公室。

中学的课程分科较细，应根据课程性质和教师人数多少分设大小不同的办公室，人数过少的可以合室办公，而音乐、体育、美术课程的教研组最好单独设置，也可与其专用教室邻近布置。

教学办公室的面积大约可分三种：16～18m²的小型办公室；26～30m²的中型办公室和40～60m²的大型办公室。

为了保证单面采光的办公室有足够的照度，进深不宜超过5.1m，双面采光可适当加大，但也不宜超过教室的进深。教师课间休息室最好设在教学楼的中间部位或两端，每层安排一、二间。也可兼作答疑使用。

行政办公用房包括校行政、党团、教务、总务、档案、复印、保健、广播、木工修理、仓库等。

行政办公用房的面积可根据学校的规模、工作人员的数量确定，每人约占4m²左右；校长室设单间；教务室应分配一间中型的或两间较小办公室；复印室最好与教务室相套；广播室位置应面向操场，室内应有套间；保健室的位置应在底层，最好邻近操场；传达室可与校门结合设计，也可设在教学楼入口门厅内；教职工会议室可设在办公区内或教学区的顶层。

二、教师食堂及宿舍

中小学校的食堂服务对象以在校单身教职工为主。按教职工人数的80%设座。食堂以独立设置为好，其位置尽量远离教学区，也可邻近教职工单身宿舍或与之合建。在用地紧张情况下，食堂邻近教学楼，用走廊相连，互不干扰。餐厨面积根据教师就餐人数按1.7m²/人计（一般中小学校就餐人数为教工人数的80%）。

教职工单身宿舍：小学按全校教职工总人数的30%，中学按全校教职工总人数的20%设置，其使用面积按7.2m²/人计，宿舍的位置最好离开教学区，邻近食堂，当学校规模较大时，可单独设一幢或附设在其他建筑物的一端，设独立出入口，层数不宜超过三层。

三、厕所及用水设备

（一）厕所

为保持市区环境卫生，城市中小学校不宜使用

旱厕所，应该采用冲水厕所。

1. 厕所的设置位置

厕所在教学楼中的位置十分重要。厕所不宜设于人流密集的位置，如主要楼梯旁等。厕所与教室应有一定的距离而不干扰教学；人流路线应短捷，不交叉；有足够数量的厕位。厕所的设置位置有下列几种：

（1）设于两排楼的中间部位自成体系，厕所与两侧的教室数量和距离相差不多，人流均匀，路线短，管道集中。缺点是厕所的噪声及卫生对教室有影响，厕所门前人流过分集中。如从阳台入口，较为理想，如图 6-1（a）。

（2）设在教学楼一端。使两侧开窗，创造通风条件，对教室的影响较少，管道集中，化粪池的位置容易处理。但人流不均匀，愈接近厕所人流密度愈大，如图 6-1（b）。

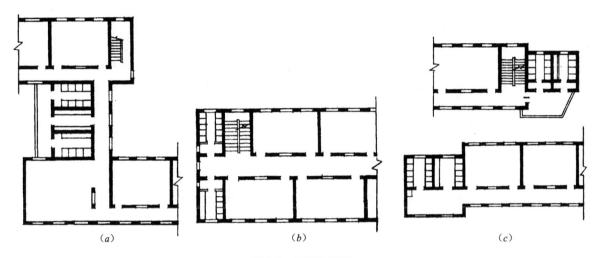

图 6-1 厕所位置图
（a）设于两排楼的中间部位；（b）设在教学楼一端；（c）通过阳台、外廊或过厅

（3）设两组男女厕所，且分设在教学楼的两端。这种布置方法可使人流分散，路线短捷，也不干扰教室，但管道较分散。

（4）男、女厕所分层布置。即在教学楼每层的两端仅设一间厕所（男厕或女厕）。这种布置要求紧靠厕所设楼梯，以减少厕所门前的人流。这种布置方法虽然路线较短，但在短时间内楼梯间的人流密度过大，且男女生上下楼形成交叉。

此外，为了改善厕所的通风、卫生条件及气味溢出和减小对教室的噪声干扰，厕所与教室最好有隔离措施，如中间通过一段阳台、外廊或过厅，如图 6-1（c）。

教师厕所应在教师办公室附近另设。为了保证教师在课间用厕所，也可以在学生厕所内划分一间教师专用厕位。

2. 厕所的内部设计

中小学厕所的使用特点是使用时间短，人员集中，因而需要设置足够数量的大、小便位置。其蹲位数量可以参考表 6-2。

中小学校厕所蹲位数量   表 6-2

项　　目	男　　厕		女　　厕		附　　注
	教学楼	宿　舍	教学楼	宿　舍	
每个大便器使用人数	40人（50）人	20人	20人（25）人	12人	1m（或1.10m）长大便槽
每m长小便槽使用人数	40人（50）人	40人			
洗手盆	每90人设一个或0.6m长洗手槽				
女生卫生间				100人一间	不小于大便器隔间
面积指标	每大便器 4m²		每大便器 4m²		

注：表中数字为小学，（）内数字为中学。

93

教学楼内的厕所，当具备管理条件时（如规定使用软质纸），可以采用陶瓷大便器配以手动冲洗阀，这样能保证管道不堵塞和节约用水。否则，应采用通长式冲水大便槽。

蹲位的布置有两种：一种是纵蹲；另一种是横蹲（加斜坡横槽），如图 6-2。横蹲比较卫生。纵向蹲位的踏板不要做在中间，而要向后移，并使相邻蹲位头对头或背对背。

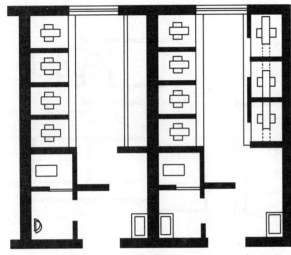

图 6-2 蹲位的布置方式

为便于清洗墙裙和地面应做水磨石（或马赛克瓷砖）饰面。

厕所应设前室，前室中应设洗拖布的水池和洗手盆（或洗手池），并在墙面上设镜子。

（二）学生饮水设备

学生每天在校学习、活动的时间约 7～8 个小时，中午在校用餐的学生约 9～10 个小时。充分准备符合卫生标准的饮用水是学校生活的一件大事，特别是在夏季。夏季学生的饮水量很大，在没有条件供给学生纯净水、冷开水的学校，可以用自来水或井水进行二次过滤或消毒的办法解决。水龙头的数量可以按每班一个设置。为解决不用杯而又卫生的饮水要求，最好安装一种特制的手按或脚踏喷水龙头，或者把普通水龙头倒装，即向上喷水。这样虽然会浪费一些水，但可以保持卫生。冬季必需饮用热开水，可以使用电开水炉、保温开水桶等。位置应放在学生出入方便或休息的地方，而又不影响交通，最好每层设一个小面积的饮水间。

（三）洗脚池

学生洗手可以使用厕所前室内的水龙头。在夏季炎热时节，当劳动或体育课之后需要洗脚，应该设有专用的洗脚池。其位置可放在室外独立部位或靠山墙设置，也可以放在厕所里。

第二节 教学楼的交通空间

教学楼的交通体系包括出入口、门厅、以及与之相联系的水平交通道——走廊，垂直交通道——楼梯。这部分面积约为教学楼建筑面积的 30%～35%。在设计中如何既能满足交通、疏散要求，又能最大限度地节省交通面积，是一个重要问题。交通空间的设计原则及要求如下：

交通路线简捷、通畅、方向明确、人流分布均匀合理；走廊、楼梯的宽度符合人流活动、疏散的要求；要有足够的采光、通风；同时，当紧急疏散时能在规定的时间内安全、迅速、顺利地将人员疏散到建筑物以外。

一、走廊

（一）走廊的功能和形式

走廊是建筑物内部的水平"大动脉"，是用来联系同层各个房间的通道。有时也把走廊加宽，用以张贴墙报，或设置展览示范作业、宣传科学知识的橱窗。加宽的走廊也可以用作学生休息，课余学习讨论和技术活动之用。

走廊的形式有内廊、外廊。内廊可分为中内廊及单侧内廊（暖廊）；外廊可分为单侧外廊及双侧外廊。

1. 中内廊

中内廊是为两侧房间交通联系服务的。中内廊的最大优点是：节省交通面积，人流路线较短，采用中内廊的建筑热工性能比较好。其缺点是：中内廊两侧房间的采光、通风较差，声音相互干扰。通过一定处理，中廊的这些缺点也是可以克服的。如过长的中内廊，除了在两端山墙开窗以外，还可以在中段打通一间教室作为采光口，用来改善走廊的空气流通和采光条件，这个采光口也可兼作学生课间休息活动之用。当将中内廊扩大为采光中庭，不但可改善通风、采光条件，减少相互干扰，还可丰富室内空间环境。这种做法往往适用于二、三层教学楼，层数太多时噪声干扰较大。采光顶应该做成能通气的玻璃顶盖（图 6-3）。

2. 单侧内廊

为了走廊内的保温以及隔绝室外的噪声，可以做成封闭的外廊，即单侧内廊或称暖廊。暖廊一般采用北廊，也可采用南廊。走廊的外墙窗应尽量开大，以减小对教室通风、采光的影响。南方地区，夏季需要南廊遮阳，但冬季北向教室气温过低。如果采用南向暖廊，冬季可以提高走廊内的气温，打开开向教室的门窗使空气流通，就能够在一定程度上提高北向教室的气温。这是解决南方地区夏季需要南廊，而冬季也需要南向教室的矛盾的一种切实可行的办法。当然，打开开向走廊的教室的门窗会增加教室之间的声音干扰，这时，可将长走廊分段隔开，在分隔墙上开设门洞（但需满足人流疏散所需宽度），能够在一定程度上防止声音扩散反射，减小相互干扰。

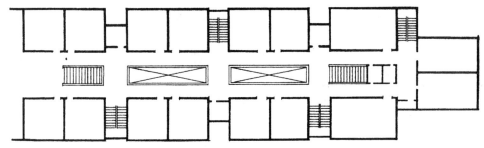

图 6-3　有采光中庭式走廊的教学楼

3. 外廊

外走廊仅为一侧房间服务，虽然交通面积相对增加，但是全面解决了中内廊所带来的众多问题。将外走廊加宽，可兼作休息、活动之用。外廊一般应为南外廊，凭栏远眺可以调节视力、消除疲劳。外廊或单侧内廊式教学楼的缺点在于把建筑物延伸过长。有时用地长度受到限制，而又要求在一定程度上保留外廊或单侧内廊的优点时，可以采用走廊两侧错位布置教室的方法。即把中内廊的两侧教室拉开距离布置，间隔地露出一段段的外廊。

过长的外廊或暖廊虽然比较开敞、明亮，但狭长的空间单调而乏味。解决的办法一般是采取"转折"法（图6-4）。在多边形教室的教学楼中，凹进的部分恰好形成一块块过度的缓冲空间（图6-5）。

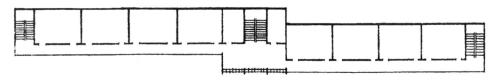

图 6-4　有转折的长外廊教学楼

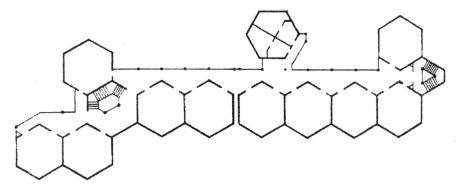

图 6-5　多边形教室暖外廊（北京）

外廊栏杆的高度要考虑安全因素，不应低于1100mm。构件应采用实心栏板或垂直栏杆，以避免攀登。为了及时排除雨水，外廊地面要比室内略低2cm，坡度向外，沿柱子设水落管，无柱子的挑廊可以埋设伸出廊外的吐水管。外廊顶盖的排水也应该与走廊一样做成有组织排水，不宜自由落水。同时，为使走廊交通不受阻挡和保证教室获得足够的采光面积，采光窗的窗扇宜做成内开式，并可以平贴内墙面。也可以采用垂直旋转式多扇窗（风沙较大地区不宜采用），使打开的窗扇不致伸出外墙面。为了避免在关窗期间走廊上的活动对教室上课的视线干扰，下部的窗玻璃应装设磨砂玻璃或压花玻璃。

（二）走廊的宽度

根据《建筑设计防火规范》（GBJ 16—87）规定，楼梯、门和走道的宽度见表6-3，根据《中小学校建筑设计规范》（GBJ 99—86），教学用房走道宽度，内廊净宽不小于 2100mm；外廊净宽不小于

1800mm；行政及教师办公用房走道净宽度不小于1500mm。走廊的宽度取决于通行量及走廊长度。中小学校教室多采用向内开启的门，此外，窗扇的开启也不应影响走廊的活动。兼作课间休息、活动和有宣传窗的走廊宽度，还要根据需要加宽，例如较长的中廊宽度可为3000mm，外廊、暖廊宽可为2400mm。

楼梯、门和走道的宽度（单位：m/百人） 表6-3

层　数	耐　火　等　级		
	一、二级	三级	四级
一二层	0.65	0.75	1.00
三层	0.75	1.00	—
≥四层	1.00	1.25	—

注：1. 每层疏散楼梯的总宽度应按本表规定计算。当每层人数不等时，其总宽度可分层计算，下层楼梯的总宽度按其上层人数最多一层的人数计算。
2. 每层疏散门和走道的总宽度应按本表规定计算。
3. 底层外门的总宽度应按该层或该层以上人数最多的一层人数计算，不供楼上人员疏散的外门，可按本层人数计算。

（三）走廊的长度

从安全疏散的观点来看，为了在允许的疏散时间之内使全部人员疏散到室外，走廊的长度不应过长。也要考虑到当一个楼梯发生事故而不得不集中使用另外的楼梯时会增大疏散距离的因素。另外，走廊过长也必然使在走廊通行的人员增多，人流更加密集，对安全疏散不利。如过长的内廊又必将造成通风、采光、噪声等环境质量的下降。

设计中应注意，走廊内不宜设有踏步。走道高差变化处必须设置台阶时，应设于明显及有天然采光处，踏步不应少于3级，并不得采用扇形踏步。走廊内允许设坡度较小的坡道，如不陡于1：10的坡度。

（四）走廊的发展

通常走廊只是作为单纯的交通空间，满足交通疏散的作用。因为交通空间可以为孩子们创造接触、交流的机会。所以在学校的发展过程中，人们意识到，走廊还是很好的学习空间，可以满足多种功能的需要。走廊的设计也受到普通重视，表现为：

1. 宽度增加

中小学校建筑设计规范（GBJ 99—86）规定教学楼走道的净宽度应符合下列规定：教学用房：内廊不应小于2100mm；外廊不应小于1800mm。而国外小学校的廊空间的宽度增加，成为多功能空间见表6-4。

日本小学校廊空间宽度比较 表6-4

廊空间宽度 ＼ 学校名称	融合型廊空间宽度（mm）	扩展型廊空间宽度（mm）
利贺村阿帕斯小学校	3000	2500
浪合学校	1500～3600	3600
棚仓町立社川小学	3600	2400
出石町立弘道小学校	10000	1800
筑波市立东小学校	7500	7800
武藏野市立千川小学校	8100	2500
日本女子大学附属丰明小学	5400	2400
三隅町立三隅小学校	7800	3000
旭町立旭学校		2400
岩出山町立岩出山学校		5100
庆应湘南藤泽学校		5400
东京度立晴海联中		2700
沙雷吉奥小学及中学校		2700～3600
群马县白银分校		2400

参考纽约州教育部的《规范设计标准手册》规定：不设储物柜的主要走廊宽：8英尺（2438mm）；设单面储物柜的主要走廊宽：9英尺（2743mm）；设双面储物柜的主要走廊宽：10英尺（3048mm）；不设储物柜的次要走廊宽：6英尺（1829mm）；设单面储物柜的次要走廊宽：7英尺（2134mm）；设双面储物柜的次要走廊宽：8英尺（2438mm）。

2. 除满足交通功能外，还具备多种功能

（1）交往功能

走廊是不同年级、班级学生共同使用的空间，是介于内部空间与外部空间的共有空间，具有私密性与公共性的双层特征，是激发使用者交往行为的有力"媒介"，更容易促进人与人之间，尤其是儿童之间交往行为的发生。交通空间的交往功能使得空间内注入了场所精神，增加了空间的活力。

（2）具有展示、储藏功能

因为交通空间有连续的墙，所以是展示的好地方。可以利用墙体或顶棚展示学生作品或艺术作品。同时，也可以将储物柜放置在交通空间内，可以与展示空间结合设计，突出了交通空间的灵活性。

（3）具有丰富空间层次的功能

对交通空间可以，根据其特点进行各种围合、分割、过渡、暗示、划分等。通过这些处理，使空间既具有一定的联系，又拥有各自的特点。斯蒂德·保罗·哈蒙事务所设计的印第安足迹小学中，内廊空间通过教室入口部分的节点处做规律的退让，使得廊道虽长，但有一定变化，增加了空间的活力，打破了单调的直线空间，且具有一定韵律感（图 6-6）。

（4）再现功能

小学校建筑中的交通空间可以通过相应的内部装饰手段将许多学生经常接解到的场景进行浓缩与加工，以儿童的视点再现他们熟悉的情景，通过交通空间将教学融于学生的娱乐之中，让他们在感兴趣的情况下轻松的学习（图 6-7）。

图 6-6 丰富空间的功能（印第安足迹小学）

图 6-7 主街式走廊（Fort Recovery 城学校走廊）

3. 廊空间设计基本原则

（1）安全性原则

安全性是廊空间设计的重要指标。流线设计要易于学校管理者、老师、家长，学生与学生之间进行监督管理；廊空间的围合构件，如栏杆等设计要满足学生安全。

（2）多功能性要求

从教育建筑廊空间的发展史中不难看出，廊空间在满足基本交通的前提下，各种空间功能在不断增加，从单一廊空间，慢慢发展成为具有一定交往特性的空间，从单一的通过模式，逐渐转化为复杂的融合型模式。人们对廊空间的设计逐渐从一个方面转向多方面，考虑多种使用者的不同要求。

（3）舒适性、导向性与领域感原则

在教育建筑中的廊空间应具有明确的导向性，利用不同颜色、材质、吊顶变化，营造明确的导向性和班级领域感，减少学生在廊空间中的紧张情绪，为他们营造轻松和谐的廊空间氛围。

（4）营造交往空间原则

教育建筑中的廊空间属于公共空间的一部分，是学生在校交往与学习过程中最重要的公共空间之一。廊空间应把学生的行为与心理作为设计交往空间的重要依据，塑造出适合不同年龄、性别、性格学生的空间。运用小型家具或构件提高廊空间中的交往质量，使这个比较特别的场所具有交往的特性。

二、门厅

（一）门厅的功能和形式

（1）门厅为教学楼主要交通枢纽，具有接纳、分配人流的作用，即从门厅经走廊、楼梯把人员分散至各个房间。同样，人员从各房间经走廊、楼梯集中到门厅再疏散出室外。这是门厅最基本的功能。

（2）有的门厅具有接待来访的作用。如将传达室设在教学楼内时，其窗口往往朝向门厅，这样门厅就具有接待来访、收发文件报纸、联系工作的用途。较大的门厅还具有更多的功能，如谈话、阅览、展示、小卖、存衣物等。在用地紧张的学校里，门厅还可以兼作集会、游戏、体育活动等多功能用途。

（3）门厅是全楼人员集散的中心，也就成为张贴宣传、布告的最好位置。

（4）入口门厅往往成为建筑造型中突出的艺术处理部分，它既能美化建筑的内外檐处理，又能美化建筑内部空间环境，既是人流集散中心，也是建筑构图的中心。

（5）门厅往往起着联系不同性质空间的作用，形成各部分特点不同的环境：如教学与办公、教室与实验室等，成为它们之间又分隔又联系的过渡空间。

（二）教学楼门厅的设计

（1）门厅内的人流路线要简捷、通畅。门厅要直接连通走廊和楼梯，成为通畅的交通汇合点。

教学楼的入口门厅应接近校门，使进校入楼的路线最短。

（2）门厅内的人流活动路线应尽量少交叉，当入校准备上课和中午、下午放学的时刻，门厅内的活动人流比较复杂，大致有：从门厅分散至走廊、楼梯（一般是两个或三个方向）的人流；楼内各部分之间的联系人流（教室与办公、教室与实验室、行政与教学以及各部分用房与厕所之间等），各路人流都包括正、反两个方向的移动，故应尽量避免人流交叉。从图 6-6 中各类比较典型的实例可以看出：凡是楼梯直接设在入口一侧或联系方向较少的布局，其交叉点就少。反之，凡是楼梯在入口对面的布局，其交叉点就多。

（3）门厅不仅应具有良好的天然采光、自然通风条件和优美、整洁、活泼、明朗的环境气氛，还应具有整齐、严肃、纪律的学习气氛。在门厅内可以放置大型整容镜、盆景，悬挂名人语录、宣传画等。

（4）门厅入口处应有较大的雨篷，作为出入教学楼短暂停留的缓冲面积。雨篷也是一种强调入口的建筑处理。

（5）在单一的水平交通与垂直交通交叉点的位置，为了缓解人流交叉的矛盾，应设与人流流量相适应的过厅。

三、楼梯

楼梯是垂直交通的"大动脉"，中小学校的人员密度较大，上下课时走廊、楼梯人流集中。因此，楼梯的位置、数量、宽度、坡度、形式等都必需经过认真地设计。特别是当紧急疏散时能保证在规定的时间内顺利的通过楼梯疏散到室外。

（一）楼梯的数量和位置

在教学楼内，楼梯的数量和位置应满足《建筑设计防火规范》(GBJ 16—87)的规定。安全疏散的距离见表 6-5 及图 6-8。

安全疏散的距离　　　　　　　　　　　　　　表 6-5

名　　称	房门至外部出口或封闭楼梯间的量大距离（m）					
	位于两个外部出口或楼梯间之间的房间			位于袋形走道两侧或尽端的房间		
	耐　火　等　级			耐　火　等　级		
	一、二级	三级	四级	一、二级	三级	四级
托儿所、幼儿园	25	20	—	20	15	—
医院、疗养院	35	30	—	20	15	—
学　　校	35	30	—	22	20	—
其他民用建筑	40	35	25	22	20	15

注：1. 敞开式外廊建筑的房间门至外部出口或楼梯间的最大距离可按本表增加 5.00m。
　　2. 设有自动喷水灭火系统的建筑物，其安全疏散距离可按本表规定增加 25%。

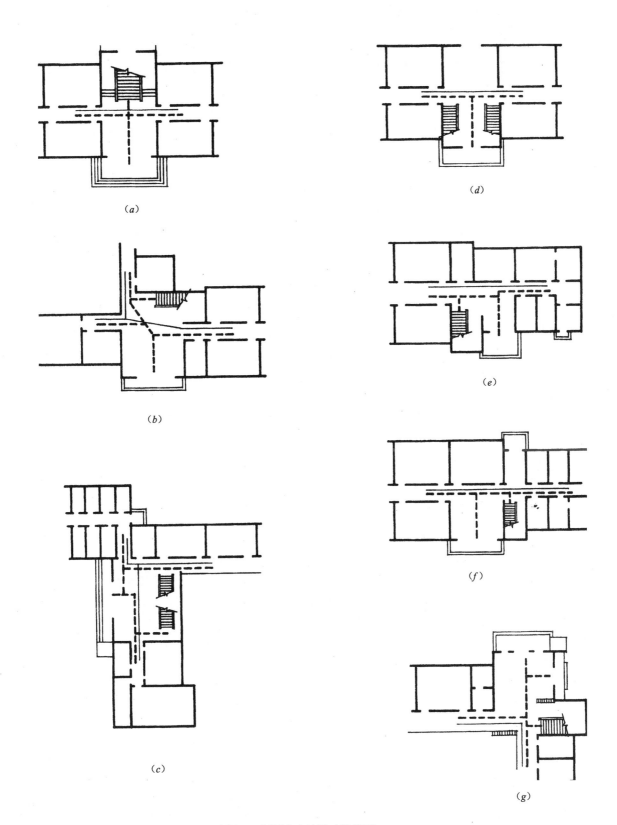

图 6-8　门厅内人流活动路线图

(a)、(b)、(c) 楼梯在入口对面；(d)、(e)、(f)、(g) 楼梯在入口一侧；

其中 (a)、(d)、(e)、(f)、(g) 门厅联系两条走廊；(b)、(c) 门厅联系三条走廊

房间的门至最近的非封闭楼梯间的距离，如房间位于两个楼梯间之间时，应按表6-4减少5m；如房间位于袋形走道两侧或尽端时，应按表6-4减少2m。

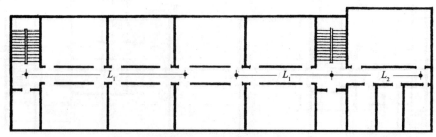

图6-9 安全疏散的距离

L_1—位于两个外部出口或楼梯间之间的房间门；L_2—位于袋形走道两侧或尽端的房间

公共建筑应避免人流过分集中于一部楼梯，安全出口的数目不应少于两个。如二、三层的建筑（医院、疗养院、托儿所、幼儿园除外）符合表6-6的要求时，可设一个疏散楼梯。

设置一个疏散楼梯的条件　　　　　　　　表6-6

耐火等级	层　　数	每层最大建筑面积（m²）	人　　数
一、二级	二、三级	500	第二层和第三层人数之和不超过100人
三　级	二、三层	200	第二层和第三层人数之和不超过50人
四　级	二　层	200	第二层人数不超过30人

直接联系入口门厅的楼梯应是主楼梯。楼梯的位置要求明显、突出，路线通畅，且光线充足，能起到引导人流的作用。伸入门厅的楼梯还要进行艺术处理。表现出轻快、活泼和富有趣味性，给青少年以美的感受。

（二）楼梯的形式

中小学生活泼、好动，不宜采用有楼梯井的三跑楼梯。如采用有楼梯井的楼梯，应在楼梯井的一侧设防护措施。在教学楼中最好采用普通的折跑楼梯（楼梯井的空隙不应超过200mm）。

按防火规范规定，超过五层的教学楼应设封闭楼梯间，以保证火灾发生时楼梯不成为燃烧的垂直烟道。

学校建筑的主楼梯不宜是全开敞的室外楼梯，以避免人流密集时发生事故。

楼梯间靠墙的一面也应该没有扶手，以保证疏散安全。顶层楼梯的水平安全栏杆应特别加高至1100～1200mm，或做成花饰直通到顶棚。

楼梯间中部以墙承重的楼梯因空间闭塞容易在转弯处产生人流"冲突"，在中小学教学楼中不宜采用。

（三）楼梯的宽度

楼梯宽度计算应按《建筑设计防火规范》（GBJ16—87）规定的百人数据选用；见表6-3。

楼梯的总宽度，依表6-3计算出后，再按不同的位置确定主、次楼梯各自的宽度。此外，也还要考虑其他影响楼梯宽度的因素，如采用分层交叉安排男、女厕所，或厕所在室外，或分批做课间操时，楼梯上下易形成紊乱的人流"冲突"时，要适当加宽楼梯宽度。

每跑楼梯的最大净宽度不应超过2200mm（四股人流），如每跑楼梯宽度超过四股人流，中部应设扶手。疏散楼梯每跑的最小净宽度不应小于1100mm（二股人流）。

（四）楼梯的基本尺寸

楼梯的基本尺寸，见图6-10和表6-7。

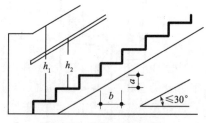

图6-10 楼梯的基本尺寸

楼梯的基本尺寸（单位：mm）　　表6-7

	中　　学	小　　学
h_1	≥1000	≥900
h_2	—	600～700
h_3	1100	1100
a	160～140	160～140
b	290～310	280～300

楼梯每段踏步不得多于18步，不得少于3步。

中小学校楼梯不宜采用螺旋楼梯及弧形楼梯。

计算楼梯踏步可用以下公式：

$$2R + T = 600mm \qquad (6\text{-}1)$$

式中　R——踏步高（中学可取140mm、150mm、160mm）；

　　　T——踏步面宽（相应为320mm、300mm、280mm）。

对于身材较矮小的小学生的跨步距离可取

$$2R + T = 580mm$$

式中　R——踏步高（小学可取130mm、140mm、150mm）；

　　　T——踏步面宽（相应的尺寸取320mm、300mm、280mm）。

第七章　教学楼的组合设计

第一节　各种用房的组合原则

中小学的校舍建筑是由多个功能部分组成的，除了普通教室、专用教室等基本教学用房之外，还有图书室、科技活动室等公共教学用房及行政与教师办公的办公用房以及食堂、教职工单身宿舍等生活服务用房。一般说来，生活服务用房应作为一个独立的区来考虑，与教学用房之间保持一定的距离，互不混杂，以利教学活动及生活设施的安排。教学区内的各种用房则应根据学校具体条件进行组合，使它们之间形成一个有机的整体。由于学校规模及用地面积不同，地形、地势和气候条件的差异，其组合往往是各不相同的，可以集中在一幢建筑之内，也可由多幢建筑组合而成校舍组群。

一、组合设计的基本要求

1. 要满足教学活动的基本功能要求

教学楼中的普通教室、专用教学用房、公共教学用房及其辅助用房等基本空间构成形式、尺度及构造要求除应满足第三、四、五章所述的基本要求之外，在建筑空间的组合上还应注意解决各种用房之间、各种用房与室外场地之间的相互关系，以创造一个良好的教学与学习环境。

2. 要有利于内部交通流线的组织

使各种用房之间的联系方便，交通流畅。教学楼的突出特点是人流活动的密集性，人流方向的有规律性、变化性和时间性，这些是教学楼组合设计中应考虑的重要因素。一般来说，入学及下午放学时的人流是分散地在出入口与教室之间流动，但在课间及中午放学时的人流将密集地从教室向外流动，在走廊、楼梯等主要通道上将会出现高度密集的人流。因此，教学楼中各种用房的空间组合及交通空间的安排必须考虑到这些特点，以使教学楼内部各种用房之间、普通教室与其他教学用房之间布置适当，流线简捷，通道光线充足，不仅在人流密集时的交通顺畅，还应满足紧急时的疏散安全。

3. 避免不利因素的相互干扰，创造良好的学习环境

普通教室、专用教室、健身房及室外活动场地产生的声响，实验室、卫生间产生的废气及气味，走廊上往来的人流等都对教学活动产生不利影响。合理安排各种用房的相对关系，使相互之间保持适当的距离，有利于避免或减少这些干扰。

4. 合理利用地形、地势

在选择教学楼的平面组合方式、体量关系及竖向设计时应充分考虑到基地大小、地形、地势、地质条件等因素，灵活地组合教学楼的各个部分，在求得使用功能合理的同时，应有利于降低工程造价及维护费用，以创造良好的空间环境效果。

5. 要有利于创造适合中小学特点的建筑形象

中小学教学楼的建筑形体本身及其围合与分割的外部空间是形成学校建筑环境的重要因素。建筑形象应该轻快、竖实、整洁、色彩明快和富有美感，表现出青少年健康、向上、求实和勇于探索的精神。进行教学楼的组合设计时，应在满足功能、结构要求的同时充分考虑建筑体量及形体的组合要求。

为了满足上述要求，在进行教学楼的组合设计时，应首先对各种功能性质不同的用房进行分析和分类。一般中小学教学区的用房可以分为以下几类：

（1）普通教室　它以进行课堂教学的教室为中心，同时也包括为其服务的一组房间，例如：卫生间、班主任办公室及班级活动室等用房。

（2）专用教室　包括物理、化学、生物教室、计算机室、自然教室等用房及为其服务的仪器室、药品室、准备室、教师及实验人员办公室等一组紧密相关的用房。

（3）公共教学用房　包括图书室、视听教室、合班教室、科技活动室等公共活动用房。

（4）行政及教师办公用房。

二、组合设计的分区

由于学校的规模和性质不同，用房的类型及数量也会有差别。例如服务范围较大的学校应设有宿舍、食堂等生活服务用房，有些条件较好的学校还设有设备齐全的校办工厂等。

不同类别的用房都存在着使用功能、技术设备要求、空间形式、尺度以及结构类型的差别。因此，教学用房的组合设计，应根据组合的基本原则将各类型的用房作分区处理，例如划分为普通教室

区、专用教室区、行政办公区及体育活动区等。分区是为了使教学楼的组合更好地满足教学活动的功能要求及建造方便，但在特定条件下，也可以将同一类型的几组用房划为不同的区，或将不同类型的用房合并在一个区内。例如小学校由于学生的年龄差别较大，一、二年级学生是从幼儿园刚刚升到小学，教学内容、活动范围及学习特点都与高年级学生有很大差别，因此，普通教室也可以划为低年级与高年级两个区。这样更有利于组织教学活动，而当学校规模较小时，也可以将专用教室与公共教学用房组合为一个区。

第二节　教学用房的平面构成

教学楼的平面构成形式与学校规模、教学用房的内容、功能要求、所在地区的气候特点、基地状况及材料结构条件等因素有关。

一、教学用房平面构成原则

（1）教学用房大部分要有合适的朝向和良好的通风条件。建筑朝向以南向和东南向为主。注意南方地区的室内通风。

（2）各教室之间应避免噪声相互干扰。

（3）各类不同性质的用房应分区设置，做到功能分区合理，又要相互联系方便。

（4）教学用房中数量最大的是普通教室，普通教室的组合一般应与教学组织的基本单位相适应、即一个年级或两个年级作为一组，在同一组内除了普通教室之外，还集中安排共同使用的服务用房，

如卫生间等，每组以2～4个教室为宜，每组教室数量过多会形成走道过长，附属服务设施过于集中会出现课间人流拥挤，相互干扰，管理不便等弊病。

（5）中小学的教学单元有多种组合形式。其中主要有内廊组合、外廊组合、团式组合、单元式组合及混合式组合等（为了防止噪声相互干扰及较好的采光、通风条件，教学楼以单内廊或外廊为宜，避免中内廊）。

（6）组织好人流疏散的路线，处理好各种房间的关系。

（7）处理好学生厕所与饮水位置，避免交通拥挤及厕所气味的影响。

（8）我国的地域广，气候差异大，同时每个学校的功能特点、工程技术条件等也不尽相同，设计时应当因地制宜地选定合理的组合形式。

二、内廊组合

沿走廊的两侧排列一组或两组教室，并在端部安排为本组教室服务的卫生间、楼梯间或班主任办公室等，组成综合的空间单元（图7-1）。它的特点是教室集中，面积比较紧凑，内部交通线较短，房屋的进深较大，外墙较少，冬季散热和夏季受热面积较小，结构比较简单，管道也较为集中。但内廊使用时间集中，人流拥挤，教室间干扰大，一部分教室朝向较差，教室为单面采光，采光条件较差，同时内走廊的采光一般不足，卫生间往往通风不好，对教室产生影响。这种组合形式在北方寒冷地区采用较多。其教室安排在走廊南面，走廊北侧为辅助用房或交通空间。

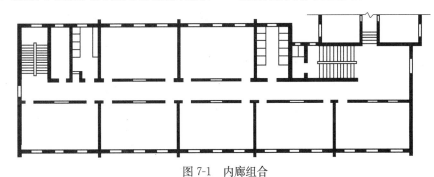

图7-1　内廊组合

三、外廊组合

沿走廊一侧排列教室、卫生间、班主任办公室及楼梯间等房间，组成外廊单元。这种组合方式由于采光、通风条件较好，外廊视野开阔，与庭院空间联系紧密，教室之间的相互干扰也比内廊小等优点，因而是目前我国中小学校广为采用的一种基本组合形式（图7-2）。

外廊组合可分北外廊与南外廊两种，一般采用南外廊较多。南外廊教室的主要采光面为北向，光线均匀，无阳光直接照射。夏日南廊起着遮阳的作用，冬日由于太阳高度角低，外廊可盛满阳光，并有部分投射到教室。南外廊既是交通通道又可作为学生课间休息活动之用。北外廊只在某些特定条件下被采用。

无论是南外廊还是北外廊，由于人流穿行的噪声、视线乃至灰尘都对教室有较大的影响，这种方

式布置教室及其附属用房只能沿线型排列（图7-3）。为创造更好的空间环境，有些中小学校改进外廊的设计，将外廊仅视为人流通道及附属用房的连接体，与教室分开，其间安排前室及内庭院。这样不仅有效地防止了走廊穿行带来的干扰，前室也可作为课间活动室，供班级展览、宣传等用。教室的通风、采光也有所改进。教室及附属房间与庭院形成有机的结合体（图7-4）。

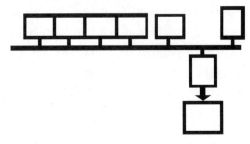

图 7-3　各种用房按线型排列

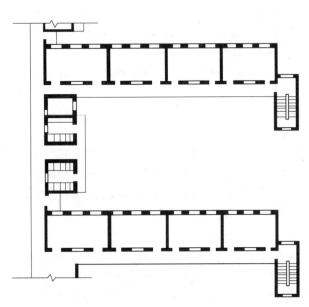

图 7-2　外廊组合

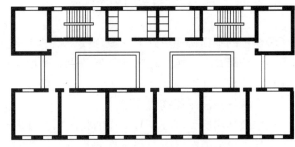

图 7-4　分离外廊直线连接

　　外廊连接的方案不限于直线连接，也可以在任意方向自由伸展连接，使得教室、前室、卫生间及交通空间等密切结合，形成有机的教学单元（图 7-5）。

　　在北方寒冷地区需做成暖廊（或称单侧内廊）。即在走廊外侧加设玻璃窗。北方所采用的暖廊，一般为北廊，以保证南向教室的日照。由于设置北廊，也避免了冬季寒冷和室内外温差过大的缺点，但暖廊的建筑造价较外廊高。在南方由于教学楼沿街，为避免交通噪声的干扰，也可做成单侧内廊。

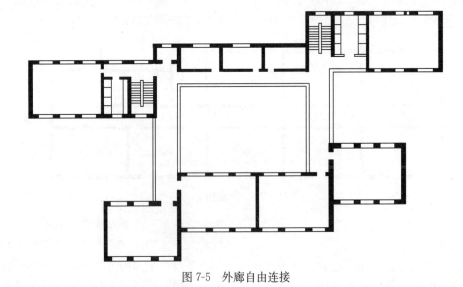

图 7-5　外廊自由连接

四、组团式组合

　　组团式是一种教学综合空间单元的组合，即将同一个年级的教室、休息室、存物室、卫生间及教师休息室等房间组成一个有机的独立团组（图7-6），它有利于每个年级的教学、学习与生活。由于单元相对独立，单元内环境安静，干扰少，内部交通流线短，便于解决采光、通风等问题，也容易划分班级活动的场地，是一种较好的组合方式，尤其适用于小学校。但设计中应避免主要人流路线穿过组团　　式单元到达学校其他部分。

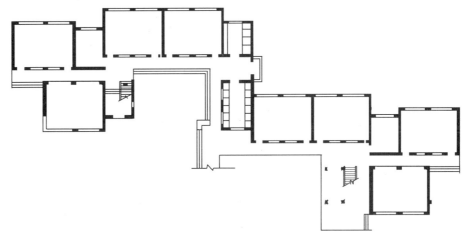

图 7-6　组团式组合单元

五、适应新型教学模式的灵活空间组合

传统的教室多采用线性布置，利于形成有秩序的学习环境，但交往机会较少。随着欧美和日本教育改革的不断发展，新的教育模式要求出现新的教育空间。其设计原则是鼓励互动交流（图 7-7），发挥教学空间的灵活性、多元化，适应信息科技的发展（图 7-8）。

图 7-7　学习与交流空间组合

图 7-8　多个教室和图书馆结合布置

如日本教学空间设置灵活，基本以年级、班级为教学组设计，几班共用一个学习空间，年级也有多用途空间，可进行自我学习、团体学习、周计划学习、统整学习、跨级学习；校舍大都集中式设计。

第三节 各种用房的组合关系

教学楼除了普通教室之外还包括专用教室及公共教学用房等。这些用房与普通教室之间既有不同的功能要求又有密切的关系，尤其在采用集中式组合或整体群组的布局时，各种用房的组合方式对教学活动的效果有很大的影响，因此必须根据组合的基本原则认真研究它们的组合方案。

房间组合关系见表7-1。

一、普通教室的组合

普通教室单元的划分及组合应以方便教学活动的组织为原则，同一年级各班的教学计划与内容是相同的，因此普通教室应按年级分组，根据学校规模，每组以2～4个教室为宜，根据不同条件，各组教室的组合方式是多种多样的，除了各组单栋分散布局之外，往往以交通走廊为纽带构成不同的组合方案。

1. 沿直线纵向展开组合（图7-9）

即各组教室沿直线型走廊排列，在各组端部设置楼梯及附属服务用房。这种组合方式交通简捷，各组之间用过渡空间分隔，分组明确，建筑形体较简单，但在安排普通教室与其他体部组合时应合理组织交通，尽量避免在教学楼一端组合其他用房，教室组数也不宜过多，以免纵向走廊过长，穿行人流过多，产生干扰。

房间组合关系　　　　　　　　　　表7-1

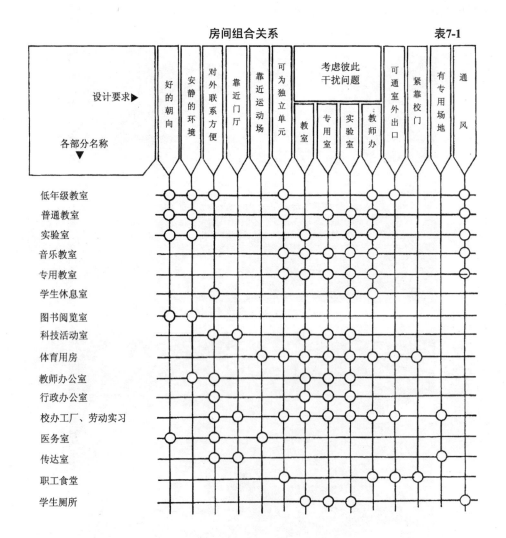

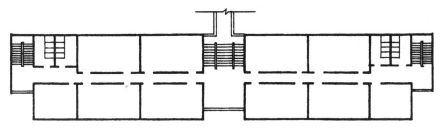

图 7-9　沿直线纵向展开组合

2. 沿直线横向展开组合（图 7-10）

在纵向走廊的一侧或两侧横向伸展普通教室组，并可利用纵向走廊安排附属服务用房及公共活动空间。这种方式可以减少每组教室的相互干扰，并便于各种形式教室的组合，但各组之间应保持适当的间距，以保证良好的通风、采光条件。

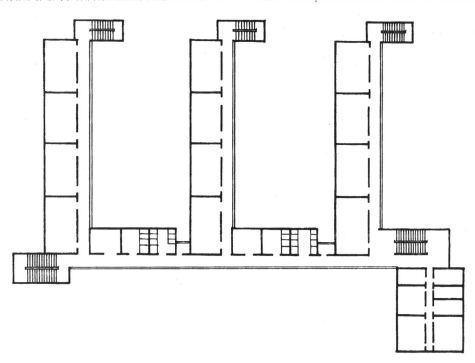

图 7-10　沿直线横向展开组合

3. 沿折线组合（图 7-11）

这种组合方式的建筑体形变化较大，可利用走廊的转折处集中安排附属服务用房或活动空间，以加大各组教室间的距离，减少相互干扰。

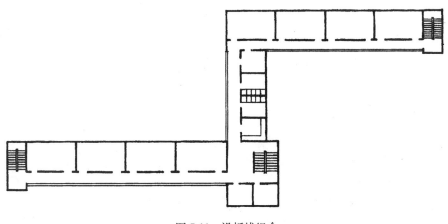

图 7-11　沿折线组合

4. 院落式组合（也称厅式）（图 7-12）

即将教室单元错开组成庭院或围绕大厅排列，使教室与室外场地或大厅紧密联系，产生丰富的空间组合，创造安静而亲切的学习环境。采用这种组合方式，必须充分考虑到交通流线的组织及有足够的建筑间距，否则，将造成交通混乱或相互干扰。

5. 混合式组合

根据各校的不同条件，普通教室的组合也可以不拘一格运用各种基本组合的手法，以获得最佳的使用与环境效果。例如小学可以将低年级部分作一层院落式的组合，而高年级作多层直线展开组合，或者部分单栋分散布局与部分多层集中组合相结合等方式，将能够更灵活地解决使用功能、建筑造型及结构经济等问题。

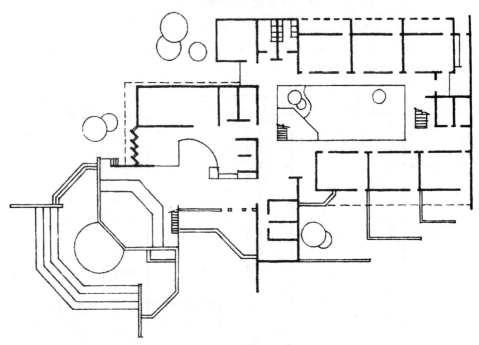

图 7-12　院落式组合

图 7-13　专用教室组合在教学楼的一端或作为突出部分毗连在一侧

二、普通教室与专用教室的组合

中小学的音乐教室、自然教室、史地教室、美术教室等，在使用功能、技术设施、房间规格、结构与构造方面与普通教室有差别，但也是教学活动的重要组成部分。它们一般是多班次轮流使用，某些专用教室（如音乐教室等）会对普通教室产生干扰，因此这些教室与普通教室组合为一个建筑整体时，应使它们之间既有密切的联系，又要保持适当的距离。一般可以将专用教室组合在教学楼的一端或作为突出部分毗连在一侧（图 7-13），也可以组合成独立的建筑，以走廊与普通教室连接（图 7-14）。为了避免噪声干扰，还可以将音乐教室设置在建筑顶层的一端。

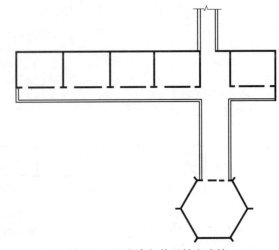

图 7-14　以走廊与普通教室连接

中小学除了专用教室外还有相应的准备室、仪器室、药品及实验员办公室等。专用教室房间的空间尺度、技术设施、结构及构造要求等都有较为特殊的要求。因此，规模较大的中小学多将专用教室单独设置，或把二者用走廊连接起来，这样便于使用及管理，在专用教室规模较小或用地受到限制时，也可与普通教室组合在同一教学楼内，但由于专用教室的开间进深与普通教室差别较大，同时专用教室又有较特殊的技术设施及使用要求，应使专用教室成为教学楼的一个较完整的体部设在教学楼的一端、一侧或突出的独立部分。在普通教室与专用教室之间可设有一个过渡空间，使专用教室有相对的独立性，既便于相互联系又利于管理及水电管线等技术设备的安装，同时还应尽量减少相互的干扰。

三、普通教室与其他用房的组合

中小学的行政办公室、教师办公室及图书室、科技活动室等是为全校师生服务的。因此组合关系上要考虑到这种特点，行政办公室应既便于对内联系又便于对外的接洽，教师办公则应能简捷地到达普通教室，但它们与普通教室之间都应有适当的分隔，使办公区形成良好的秩序和安静的环境。图书馆及科技活动中心等用房则更应注意与普通教室之间的直接联系，它们应位于教学区的中心地带，便于学生使用。规模较大的学校也可将办公及其他公用部分组成一个公用中心区，便于各教室组的使用。

四、各种类型组合平面

小学各种类型的组合平面形式见图7-15。

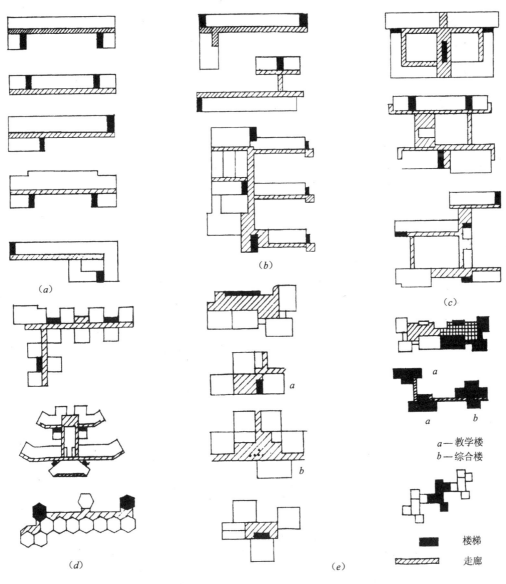

图7-15　各种类型组合平面形式
(a) 一字型；(b) L、I、E型；(c) 天井型；(d) 不规则型；(e) 单元组合型

五、适应教学改革发展的教学用房组合发展趋势

当代教育模式要求教学空间多样化，以供不同规模的学生学习交往，供个体学生不同时段的活动对空间所需。因此，在小学校室内教学空间布局中，完全可以打破原来的普通教室加专业教室的教学空间概念，创造出不同于传统的学习环境。小学校室内教学空间的功能性布局为：以资源中心（配备多媒体计算机、宽带网、视听资料、图书资料等）为指导型区域，同时配置各种教学区（普通教学区、实验区、工作区、书法区、美术区、音乐区、舞蹈区等）。各个教学区均包括相应的特定目的性教室和它们对应的多目的性开放空间。这些教学区形成一个教学空间网络，尽可能

提供满足不同目的和不同规模的学习群体所需要的学习空间。这样，小学校室内教学空间将会有突破性的改变。

比较有效的功能性布局的主要特点为：资源中心是教学空间的中心，按照不同的学区布置方式将教学空间分为不同的区域，开放空间分布于其中。这种布局方式便于建立学区间的相互联系，创造良好的学习氛围，在国外已经进行了多年实践，效果较好。但在我国尚未进行相关实践，笔者认为，改进式的引进这种布局方式，将改变原来的普通教室、专业教室加公共用房的僵化形式，通过不断实践探索使之适应我国国情，将是有利于素质教育的尝试。

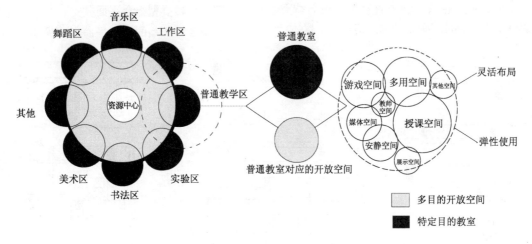

图 7-16　小学校室内教学空间布局和建构示意图

第八章 体育活动设施

体育活动场地和各种教室一样是学校必备的组成部分，它是体育课上课和课外体育活动的场所。体育锻炼对学生的健康成长、增强体质、开发智商等方面至关重要。因此各类规模的学校，应设置与学校规模相适应的体育活动场地。当学校位于市中心区，难以取得用地标准时，其面积亦应保证能满足全校师生同时进行体操活动的需要。

体育活动场地的面积分析见表8-1，农村及城市普通中小学校建设标准规定的体育活动场地，见表2-13～表2-16。

运动场地面积分析   表8-1

学校类别及规模			跑　道		足球场 （m²）	篮球场 （m²）	排球场 （m²）	其　他 （m²）	总　计 （m²）	每生用地 （m²/生）
			规格	用地						
小学	市中心	12班	60m直	640	—	2×608	2×286	300	2728	5.05
		18班	60m直	640	—	3×608	2×286	600	3636	4.49
		24班	60m直	640	—	3×608	3×286	900	4222	3.91
	一般	12班	200m环	5394		1×608	1×286	—	6288	11.64
		18班	200m环	5394		2×608	1×286	200	7096	8.76
		24班	200m环	5394		3×608	2×286	500	7682	7.11
中学	市中心	18班	100m直	930		3×608	2×286	600	3926	4.36
		24班	100m直	930		3×608	3×286	900	4572	3.76
		30班	100m直	930		4×608	4×286	600	5106	3.40
	一般	18班	250m环	7031	小型（35×60）	2×608	1×286	300	8833	9.81
		24班	250m环	7031	小型（35×60）	2×608	2×286	600	9419	7.85
		30班	300m环	9105	大型（45×90）	3×608	2×286	900	12401	8.26
			400m环	13000	大型（69×104）	3×608	3×286	900	21582	14.38

注：1. 括号内场地已包括在环形田径场内，不另计；
　　2. 本表摘自《中小学校建筑设计规范》（GBJ 99—86）条文说明。

第一节　室外体育活动场地

一、课间操及体操课所需面积

根据学生身高及体操课时的活动范围，确定每生所需面积。

（一）学生的身高尺寸

按汉族学生的身高统计资料，见表8-2。

学生身高按各学习阶段高年级学生的身高为准，小学6年级（12岁）男女生平均为1465mm，初中三年级（15岁），男女生平均为1608mm，高中生三年级（18岁），男女生平均身高为1639mm。

汉族中小学生人体身高基本尺寸（单位：cm）   表8-2

年龄（岁）		7	8	9	10	11	12	13	14	15	16	17	18
男	城市	121.38	125.86	130.88	135.49	140.53	145.28	153.66	160.08	164.78	167.67	169.24	169.69
	农村	117.64	122.06	126.85	131.52	136.01	140.56	148.38	154.43	159.80	163.85	165.85	166.77
女	城市	120.25	125.06	130.52	136.25	142.52	147.63	153.38	155.71	156.77	157.80	158.18	158.15
	农村	116.69	121.18	126.09	131.34	136.96	142.53	149.56	152.28	154.09	155.08	155.75	156.08

注：摘自《中国学生体质与健康研究》人民教育出版社1987年。

学生体操时活动范围：确定学生课间操及体育课时进行体操时所需面积，按人体双臂侧举与人体身高相近的规律，并考虑在体操时增加适量的缓冲距离（约100~150mm），故在体操时考虑：小学按（1.55m)²，初中按（1.75m)²，高中按（1.80m)²计算。

（二）课间操所需面积

《中小学校建筑设计规范》(GBJ 99—86) 规定的学生课间操所需面积：小学不宜小于2.3m²，中学不宜小于3.3m²。

根据学生身高尺寸，确定课间操所需面积（按小学为2.4m²，初中为3.05m²，高中3.25m² 计)，见表8-3。

课间操所需面积（单位：m²）　　　　　　表8-3

学校种类	学生身高（m）	体操时每人所需面积	每班体操课所需面积	全校学生课间操		
				18班	24班	30班
小学	1.46	$1.55^2=2.4$	108	1944	2592	3240
初中	1.65	$1.75^2=3.05$	153	2754	3672	4590
高中	1.70	$1.80^2=3.25$	163	2934	3912	4890

（三）体操课场地所需面积

按每班学生列队时所需面积，见图8-1及表8-4。

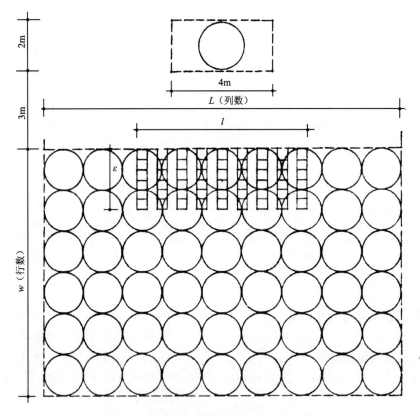

图8-1　每班体操课列队时所需面积示意

每班体操课所需面积（单位：m²）　　　　　　表8-4

学校种类	体操时每人所需面积	学生列队状态	面　　积		
			学生体操用地	教师领操用地	总用地面积
小　　学	2.4	6行8列	115.2	62	177
初级中学	3.05	6行9列	164.7	78.75	244
高级中学	3.25	6行9列	175.5	81	256

二、球类活动场地

中小学校应创造条件设置各种球类场地，供体育课及课外活动时间开展体育活动。各种球类活动场地的规格及场地范围见表8-5。

常用球类场地尺寸及面积　　　　　　表8-5

场地类别		球场规格 (m×m)	场 地 范 围		
			周边缓冲宽度（m）	场地尺寸（m×m）	场地面积（m²）
篮球场	（国际比赛）	15×28	>2.0	19×32	608
	（一般）	14×26～28	>2.0	18×30～32	540～576
	（小型）	12×22	>2.0	16×26	416
排球场		9×18	>2.0	13×22	286
羽毛球场	（双打）	6.1×13.4	>3.0	12.1×19.4	234.74
	（单打）	5.18×13.4	>3.0	11.18×19.40	216.89
网球场		10.97×23.77	边线外>6.4；端线外>3.66	18.29×36.57	668.87
足球场	（国际比赛）	69×104	边线外>5.0；端线外>7.5	79×119	9401
	（一般）	45～90×90～120	同上	55～100×105～135	5775～13500
	（小型）	35～60×50～80	同上	45～70×65～95	2925～6650
乒乓球	（比赛用）	球台：1.525×2.740	同上	7×14	98

（一）足球活动场地（图8-2）

（二）篮球活动场地（图8-3）

（三）排球活动场地（图8-4）

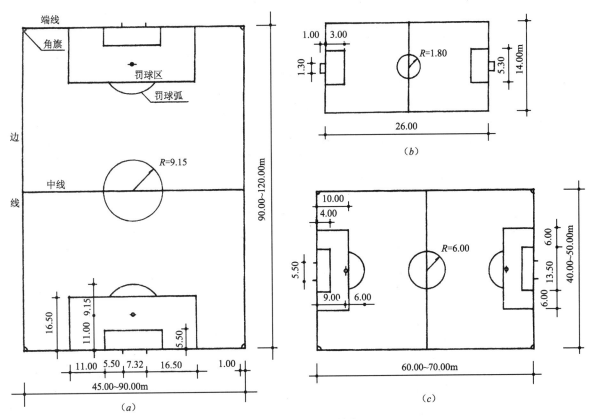

图8-2　足球活动场地（单位：m）

（a）比赛用足球场地；（b）小足球场地；（c）小型足球活动场地

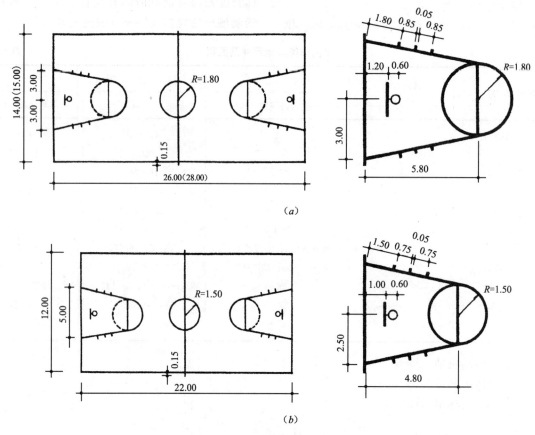

图 8-3 篮球活动场地（单位：m）

(a) 一般及比赛用篮球场地（括弧内数字表示国际比赛用篮球场地）；(b) 小型篮球场地

注：1. 场地外各边不应有小于 2m 宽的缓冲地带，但需注意端线外篮球架长度。

2. 场地界限宽度为 50mm，以外缘为准。

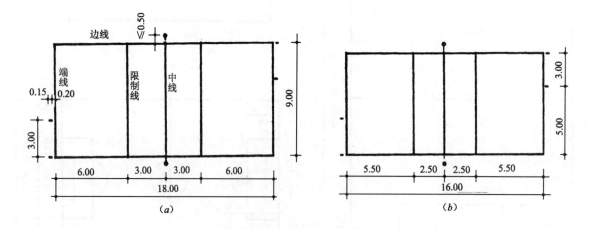

图 8-4 排球活动场地（单位：m）

(a) 一般及比赛用场地；(b) 小型排球场地

（四）网球活动场地（图 8-5）

（五）羽毛球活动场地（图 8-6）

（六）棒球活动场地（图 8-7）

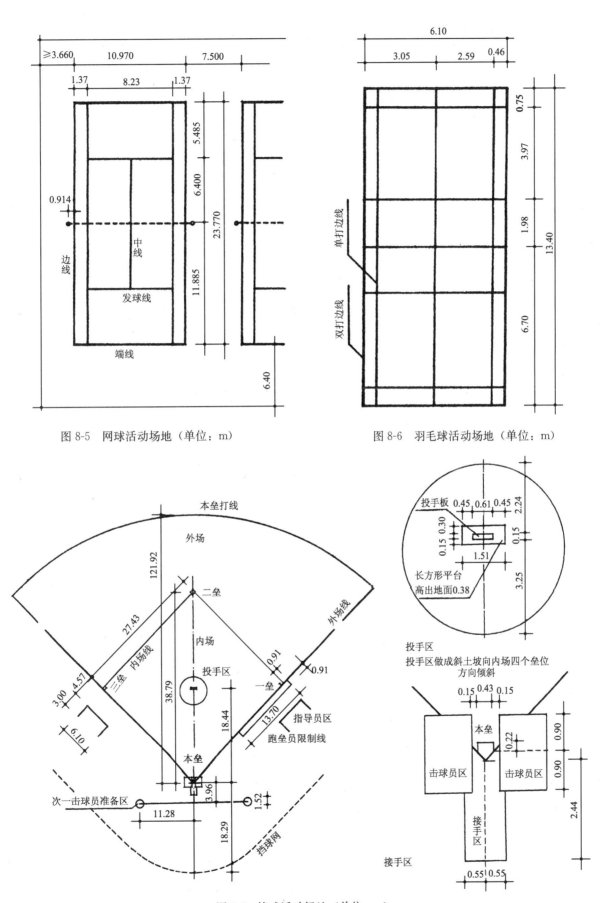

图 8-5　网球活动场地（单位：m）

图 8-6　羽毛球活动场地（单位：m）

图 8-7　棒球活动场地（单位：m）

（七）垒球活动场地（图8-8）

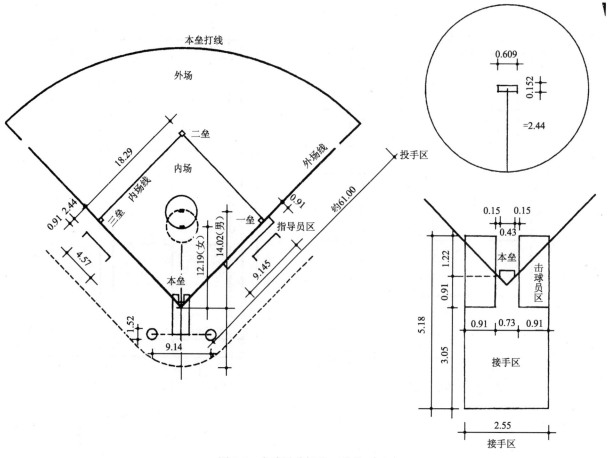

图8-8　垒球活动场地（单位：m）

三、田赛活动场地

（一）铅球活动场地（图8-9）

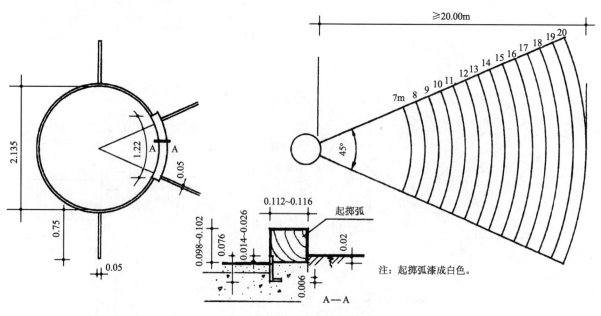

注：起掷弧漆成白色。

图8-9　铅球活动场地（单位：m）

（二）铁饼活动场地（图 8-10）

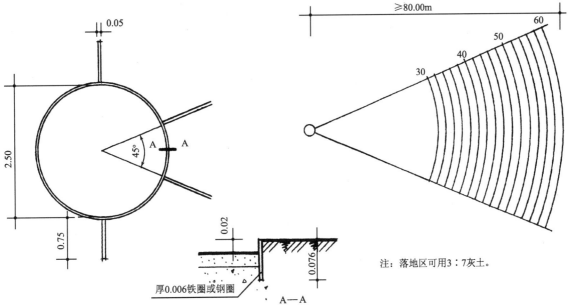

注：落地区可用3:7灰土。

图 8-10　铁饼活动场地（单位：m）

（三）标枪投掷场地（图 8-11）

图 8-11　标枪投掷场地（单位：m）

（四）手榴弹投掷场地（图 8-12）

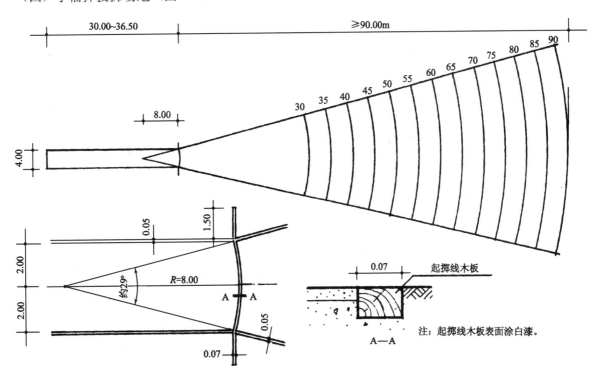

注：起掷线木板表面涂白漆。

图 8-12　手榴弹投掷场地（单位：m）

（五）跳高活动场地（图 8-13）

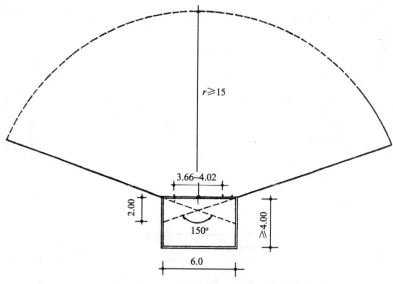

图 8-13　跳高活动场地（单位：m）

（六）三级跳远及跳远活动场地（图 8-14）

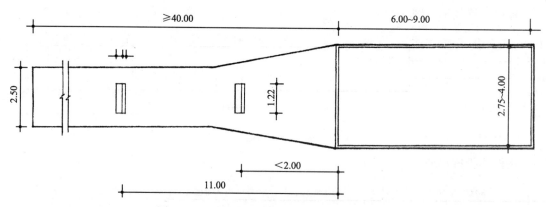

图 8-14　三级跳远及跳远活动场地（单位：m）

（七）撑杆跳活动场地（图 8-15）

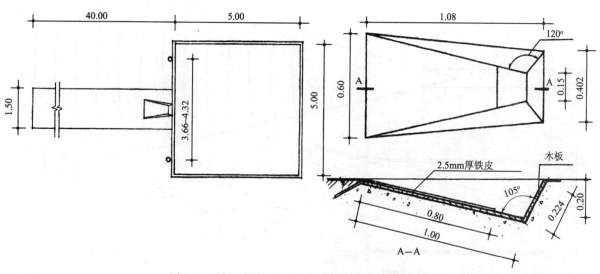

图 8-15　撑杆跳活动场地（单位除标注者外均为 m）

四、其他体育活动场地

其他体育活动场地包括：秋千、单杠、双杠、跳箱、垫上运动以及单项体操比赛场地等。

（一）秋千活动场地（图 8-16）

（二）单杠活动场地（图 8-17）

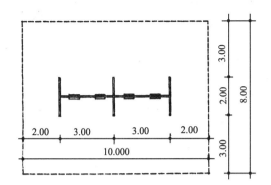

图 8-16　秋千活动场地（单位：mm）

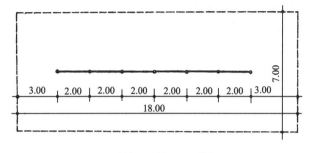

图 8-17　单杠活动场地（单位：m）

（三）跳箱活动场地（图 8-18）

（四）垫上运动场地（图 8-19）

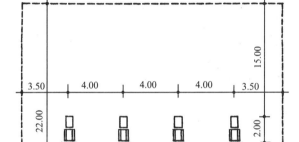

图 8-18　跳箱活动场地（单位：m）

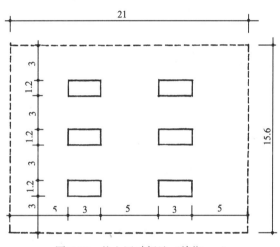

图 8-19　垫上运动场地（单位：m）

（五）体操场地规格（表 8-6）

体操场地规格（m）　　　　表 8-6

项目	单　　项　　场　　地								综合比赛场地
	双　杠	单　杠	平衡木	高低杠	鞍　马	吊　环	自由体操	跳　马	
规格	5.0×7.0	6.0～7.0×12.0	12.0×5.0	7.0×5.0	4.0×4.0	8.0×6.0	12.0×12.0	30～32.0×3.0	30.0×22.0

注：引自《建筑设计资料集》二版 7。

（六）体育器械区的用地面积（表 8-7）

体育器械区用地面积　　表 8-7

学校类别	学校规模（班）	用地面积（m²）
中学	20～30	250
	12～18	200
小学	20～25	200
	15～18	150
	12	100
	6	50

注：引自《上海市中小学校建筑标准》(DBJ 08—12—90)（条文说明）。

（七）小学游戏场地用地面积（表 8-8）

小学游戏场地用地面积　　表 8-8

学校规模（班）	用地面积（m²）
24～25	300
20	250
15～18	200
12	150
6	100

注：引自《上海市中小学校建筑标准》(DBJ 08—12—90)（条文说明）。

五、运动场

（一）运动场设计要点

（1）应将室外体育活动项目的各种场地，尽量集中构成室外体育设施区——运动场，以便于管理及学生参与活动。

（2）运动场的位置，便于学生由教学区到达运动场，也要便于从运动场到达校门，以满足学生在运动场集会和疏散。

（3）运动场的设计，应因地制宜、充分利用自然地形地势，如利用高差做成观众看台、安排各种辅助用房等。

（4）应考虑学校运动场有对外开放的可能，故在确定其位置时，应注意外来利用者不通过教学区便可直接到达运动场，或为运动场单独设置一个对外出入口。

（5）运动场的方位。田径场及各种球场一般长轴为南北向，根据地理纬度及主导风向可有较小的偏斜，见表8-9。

室外运动场方位（以长轴为准）　　　　**表8-9**

北　纬	16°～25°	26°～35°	36°～45°	46°～55°
北偏东	0°	0°	≤5°	≤10°
北偏西	≤20°	≤15°	≤10°	≤5°

注：引自《建筑设计资料集》二版7。

（二）半圆式环形跑道运动场的面积及有关尺寸

半圆式环形跑道运动场的面积，见表8-10。

半圆式环形跑道运动场用地面积　　**表8-10**

运动场规格 （m）	面　积		用地尺寸 （m×m）	备　注
	（m²）	亩		
200	4080	6	85×48	附60m跑道两组
200	5394	8	124×43.5	附100m直跑道
250	7031	11	129×54.5	附100m直跑道
300	9105	14	139×65.5	附100m直跑道
400	18000	27	180×100	附100m直跑道

跑道周长：是指运动场内圈第一分道运动员跑程的轨迹长度，其具体测定的位置为跑道内侧突缘以外0.30m处（不包括突缘宽度）。

各分道宽度：每条宽度为1.22～1.25m（包括跑进方向右侧的分道线宽度0.05m）。

（三）标准运动场场地

标准运动场周长为400m，正规比赛的运动场其分道至少为6条，其弯道半径为36.00～38.00m，见图8-20及表8-11。

半圆式标准跑道弯道半径规格表（单位：m）　**表8-11**

半径	36.00	36.50	37.00*	37.50*	37.898
圆心距	85.96	84.39	82.82	81.25	80.000

注：1. 引自《建筑设计资料集》二版7；
　　2. *记号者，为较少采用的尺寸。

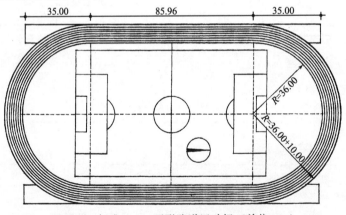

图8-20　标准400m环形跑道运动场（单位：m）

（四）非标准运动场地

非标准运动场地是指除400m环形跑道的运动场外，均属非标准运动场地。对于一般中小学校的运动场，多数是非标准运动场地。

1. 设计非标准运动场地应考虑的问题

（1）半圆式运动场的内沿半径不得小于15.00m；

（2）每条跑道宽度为1.22～1.25m（本书计算的尺寸采用1.25m）；

（3）运动场四周最低限度应留出1m缓冲距离；

（4）根据可供作为运动场的面积，确定环形跑道的内沿半径、直道长度及环形跑道数量（分道数）及直跑道数量；

（5）100m直跑道长度，包括缓冲长度在内不宜少于130m，如进行110m栏的比赛项目时，其长度不宜少于140m。

2. 非标准半圆式运动场的设计

根据总平面图的初步安排，当划归运动场的面积与地形难以布置出标准运动场时，可设置不同规模尺寸的非标准运动场地。当拟设置非标准场地的地段为矩形，其长宽比例接近1：2时，可设置半圆式跑道运动场；如长宽比例接近1：1时，可设方形跑道运动场。

（1）半圆式运动场的设计

其计算简图见图8-21。

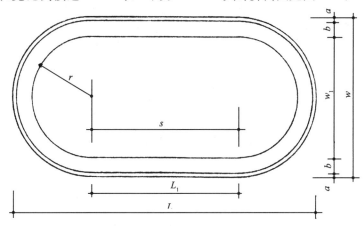

图8-21　半圆式运动场计算简图

$$W=2r+2(a+b) \tag{8-1}$$
$$L=S+2r+2(a+b) \tag{8-2}$$

式中　W——半圆式运动场短轴方向外圈（边线）宽度；

L——半圆式运动场长轴方向外圈宽度；

r——运动场地半圆部分的内沿半径；

S——运动场地直线部分长度；

a——运动场四周预留的缓冲宽度；

b——运动场跑道宽度。

非标准半圆式运动场计算步骤：

a. 核实拟建运动场地的准确尺寸；

b. 根据拟建运动场地的尺寸范围，查表8-12从各种规模运动场地的"空地面积"栏内，选出与拟建运动场地接近的尺寸，便可得出该运动场地的半圆部分的内沿半径和直线部分的尺寸等有关数字，依此可绘出拟设的运动场。

半圆式田径场有关数据表（单位：m）　　　　　表8-12

序号	内沿半径	两个弯道长③	200m（四条跑道）		250m（四条跑道）		300m（四条跑道）		300m（六条跑道）		350m（四条跑道）		350m（六条跑道）	
			一直道长	空地面积①	一直道长	空地面积	一直道长	空地面积	一直道长	空地面积	一直道长	空地面积	一直道长	空地面积
1	15.0	96.13	51.94	94×42	(76.94)②		(101.94)				(126.94)			
2	15.5	99.28	50.36	93×43	(75.36)		(100.36)				(125.36)			
3	16.0	102.42	48.79	93×44	(73.79)		(98.79)				(123.79)			
4	16.5	105.56	47.22	93×45	(72.22)		(97.22)				(122.22)			
5	17.0	108.70	45.65	92×46	(70.65)		(95.65)				(120.65)			
6	17.5	111.84	44.08	91×47	(69.08)		(94.08)				(119.08)			
7	18.0	114.98	42.51	91×48	67.51	116×48	(92.51)				(117.51)			
8	18.5	118.12	40.94	90×49	65.94	115×49	(90.94)				(115.94)			
9	19.0	121.27	39.37	90×50	64.37	115×50	(89.37)				(114.37)			
10	19.5	124.40	37.80	89×51	62.80	114×51	(87.80)				(112.80)			
11	20.0	127.55	36.23	89×52	61.23	114×52	(86.23)				(111.23)			
12	20.5	130.69			59.66	113×53								
13	21.0	133.83			58.09	113×54								
14	21.5	138.97			55.51	111×55								
15	22.0	140.12			54.94	111×56	79.94	136×56	79.94	141×61				
16	22.5	143.26			53.37	111×57	78.37	136×57	78.37	141×62				
17	23.0	146.40			51.80	110×58	76.80	135×58	76.80	140×63				
18	23.5	149.54			50.23	110×59	75.23	135×59	75.23	140×64				
19	24.0	152.68			48.66	109×60	73.66	134×60	73.66	139×65				

序号	内沿半径	两个弯道长③	200m（四条跑道）		250m（四条跑道）		300m（四条跑道）		300m（六条跑道）		350m（四条跑道）		350m（六条跑道）	
			一直道长	空地面积①	一直道长	空地面积	一直道长	空地面积	一直道长	空地面积	一直道长	空地面积	一直道长	空地面积
20	24.5	155.82			47.09	109×61	72.09	134×61	72.09	139×66				
21	25.0	158.96			45.52	108×62	70.52	133×62	70.52	138×67				
22	25.5	162.11					68.95	132×63	68.95	137×68				
23	26.0	165.25					67.38	132×64	67.38	137×69	92.38	157×64	92.38	162×69
24	26.5	168.39					65.81	131×65	65.81	136×70	90.81	156×65	90.81	161×70
25	27.0	171.53					64.24	131×66	64.24	136×71	89.24	156×66	89.24	161×71
26	27.5	174.67					62.67	130×67	62.67	135×72	87.67	155×67	87.67	160×72
27	28.0	177.82					61.09	130×68	61.09	135×73	86.09	155×68	86.09	160×73
28	28.5	180.96					59.52	129×69	59.52	134×74	84.52	154×69	84.52	159×74
29	29.0	184.10					57.95	128×70	57.95	133×75	82.95	153×70	82.95	158×75
30	29.5	187.24					56.38	128×71	56.38	133×76	81.38	153×71	81.38	158×76
31	30.0	190.38					54.81	127×72	54.81	132×77	79.81	152×72	79.81	157×77
32	30.5	193.52									78.24	152×73	78.24	157×78
33	31.0	196.66									76.67	151×74	76.67	156×79
34	31.5	199.81									75.10	151×75	75.10	156×80
35	32.0	202.95									73.53	150×76	73.53	155×81
36	32.5	206.09									71.96	149×77	71.96	154×82
37	33.0	209.23									70.39	149×78	70.39	154×83
38	33.5	212.37									68.82	148×79	68.82	153×84
39	34.0	215.51									67.25	148×80	67.25	153×85
40	34.5	218.66									65.67	147×81	65.67	152×86

注：1. 空地面积　宽度＝2（缓冲距离1m＋跑道宽＋内沿半径）；长度＝（空地面积的宽度）＋（一直道长度）；

2. 括弧中数据可作为方形田径场设计时使用；

3. 两个弯道长的数字＝2（内沿半径＋0.3）·π。

计算例

某中学总平面规划时，在132m×65m空地上拟建一运动场，试计算并绘出在此用地范围内可建何种规格及何种尺寸的运动场。

计算：查表8-12，在序号23栏内的300m半圆式运动场的空地面积栏内数字与拟建运动场用地接近。根据表8-12提供数字便可绘出如图8-22的运动场。此运动场的$r=26m$，直线部分$s=67.38m$，此田径场有4条跑道，运动场周边各有1.00m的缓冲距离，经计算，此田径场的实际尺寸为131.14m×63.76m。

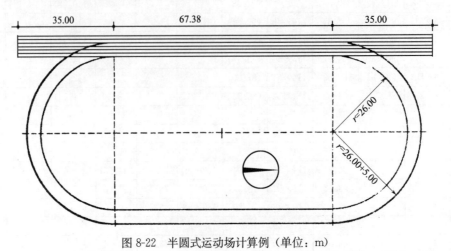

图8-22　半圆式运动场计算例（单位：m）

若拟在此地段内设 6 股跑道，则需重新调整总平面规划，即至少应调整出 136.38m×69.00m 的空地面积。方能做出有 6 股跑道的 300m 半圆式运动场。

（2）方形田径场的设计

计算简图见图 8-23。

$$W=2r+q+2(a+b) \qquad (8-3)$$
$$L=2r+p+2(a+b) \qquad (8-4)$$

式中　W、L、r、a、b——与半圆式运动场计算式的符号含义相同；

　　　　p——方形运动场长轴直线部分长度；

　　　　q——方形运动场短轴直线部分长度。

（$p+q=s$，即半圆式运动场的一直道长度）

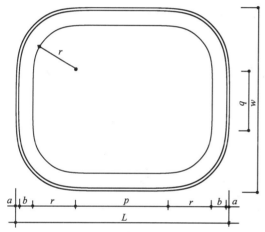

图 8-23　方形运动场计算简图

非标准方形运动场的计算步骤：

a. 选定适宜的转弯半径（内沿半径 r）；

b. 根据拟建运动场用地外围长度，初步确定运动场的规模尺寸，查表 8-12，按该规模运动场的一直道长度，结合用地长宽比例将一直道长分成长、宽两个尺寸，并做适当调整；

c. 将计算的方形运动场进行一次验证，如与用地尺寸相差较大，尚需进行调整。

计算例

拟在校园中 101m×85m 用地范围内建一运动场，求其规格及尺寸。

计算：此用地外围长度约为 390m，估计可建 300m 方形运动场；按拟建运动场为 4 股跑道，周边各留 1.00m 缓冲距离；

查表 8-12，采用 $r=15m$，序号为 1 栏内，得知 300m 半圆式环形跑道运动场的一直道长为 101.94m，将有关数据代入式（8-3）中

$q=85m-30m-12m=43.00m$（短轴直线部分长度）根据 $s=q+p$，则

$p=101.94m-43.00m=58.94m$（长轴直线部分长度）。验证此运动场规格：

$2(43.00m+58.94m+96.12m)=300m$

经计算与验证，在 101m×85m 用地范围内，可建一有 4 股跑道、场外各有 1m 宽缓冲距离的 300m 方形运动场，计算例见图 8-24。

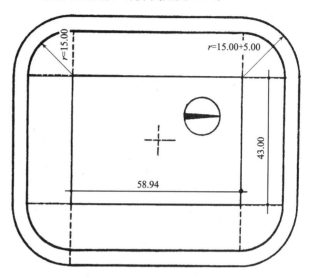

图 8-24　方形运动场计算例（单位：m）

第二节　室内体育活动场地

我国幅员辽阔，南方炎热多雨，且雨季时间长；北方寒冷多风雪，积雪长时间不易融化，从而影响了体育课的正常进行和经常性体育的开展，极大地影响青少年体育技能的训练和身体素质的增长，故应在中小学创造条件设置体育活动室（风雨操场）。

体育活动室除供学生上体育课外，同时还可兼作全校师生文化娱乐活动及集会使用。

一、体育活动室设计要点

（1）体育活动室的面积应基本能满足当日学生上体育课的需要，亦应考虑全校师生集会的需要，在面积上应符合建设标准的规定，在设计上应符合规范的要求；

（2）体育活动室的位置应与运动场靠近，以便二者联成一体综合使用；

（3）为方便利用，体育活动室应设置必要的较为齐全的辅助用房（如体育器材室、体育教研室、淋浴及卫生间等）；

（4）出入口的数量与宽度，应满足最大容纳人

数的紧急疏散要求；

（5）室内地面不得采用刚性地面；窗台不应低于 2.1m，所有门窗玻璃及室内灯具均应设置防护罩；

（6）当考虑全校性集会的需要，可在纵轴线一端设置简易型舞台，并应考虑在适当位置设置存放活动座椅的库房；

（7）当体育活动室有对外开放的可能性时，应考虑其出入口的位置与学校入口的关系，不应使外来利用者通过教学区到达本室。

二、体育活动室的使用面积标准

（1）根据《中小学校建筑设计规范》（GBJ 99—86），室内活动场地的类型，见表 8-13。室内各种体育活动项目所需面积，见表 8-14。

室内活动场地类型　表 8-13

项目　　类型	面积（m²）	净高（m）	使用范围	
			小学	中学、中师、幼师
小型	360	不低于 6.0	容 1～2 班	—
中型（甲）	650	不低于 7.0	—	容 1～2 班

项目　　类型	面积（m²）	净高（m）	使用范围	
			小学	中学、中师、幼师
中型（乙）	760	不低于 8.0	—	容 2～3 班
大型	1000	不低于 8.0	—	容 3～4 班

注：表中所列面积：360m² 场地面积可为 24m×12m；650m² 可为 36m×18m；760m² 可为 36m×21m；1000m² 可为 42m×24m。

室内各种体育活动每生所需面积　表 8-14

学校类型	体操（m²）	球类基本活动（m²）	垫上器械（m²）	跳箱（m²）
小学	3.5	6.0	1.5	4.0
中学、中师、幼师	4.0	8.0	2.0	4.0

（2）农村及城市普通中小学校建设标准规定的体育活动室的使用面积指标，见表 8-15。

（3）日本对不同规模的中小学校室内体育活动场地的面积标准，根据《日本公立学校建物の校舍等基準表面積基準》（1995），见表 8-16、表 8-17。图 8-25 为体育活动室面积利用示意图

中小学校体育活动室使用面积指标（单位：m²）　表 8-15

学校类别及规模		国　家　标　准		各　省　市　标　准				
		《农村普通中小学建设标准》（1997年）	《城市普通中小学建设标准》（送审稿）（1998年）	《北京市中小学办学条件标准》（1988年） 一般标准	较高标准	《上海市中小学建设标准》（1988年）	《无锡市中小学校舍建设面积定额》（1988年）	《江苏中小学建设标准》（1995年）
完全小学	12 班	—	670	—	—	—	250＋50	670
	18 班	—	670	360	650	396	360＋92	670
	24 班	—	670	360	650	408	650＋92	670
	30 班	—	670	—	—	—	—	670
九年制学校	18 班	—	670	—	—	—	—	—
	27 班	—	1000	—	—	—	—	—
	36 班	—	1300	—	—	—	—	—
	45 班	—	1300	—	—	—	—	—
初级中学	12 班	300	700	—	—	410	360＋92	700
	18 班	450	1000	650	—	710	650＋92	1000
	24 班	600	1300	650	760	840	760＋107	1300
	30 班	—	1300	—	1000	—	1000＋122	1300
完全中学高级中学	18 班	—	1000	650	—	710	650＋92	1000
	24 班	—	1300	650	760	840	760＋102	1300
	30 班	—	1300	760	1000	1100	1000＋122	1300
	36 班	—	1300	—	—	—	—	1300

注：除无锡市的指标列出辅助用房面积外，其余各指标均将辅助用房面积包括在表中所列面积之内。

室内运动场面积标准（温暖地区）（单位：m²）　表 8-16

小　学　校		初　级　中　学		高　级　中　学	
班级数	面　积	班级数	面　积	学生人数	面　积
1～10 班	797	1～9 班	830	1～405	$861/p$
11～21 班	919	10～18 班	981	406～855	$1248/p$
22～36 班	1049	19 班以上	1222	856～1305	$1500/p$
37 班以上	1164			1306 以上	$1914/p$

注：见表 8-17 注。

室内运动场面积标准（积雪寒冷地区）（单位：m²）　　表 8-17

小　学　校		初　级　中　学		高　级　中　学	
班 级 数	面　积	班 级 数	面　积	学生人数	面　积
1～9 班	825	1～7 班	854	1～315	918/p
10～18 班	1092	8～15 班	1234	316～675	1397/p
19～36 班	1248	16～33 班	1384	676～1035	1810/p
37 班以上	1546	34 班以上	1515	1036 以上	2188/p

注：1. 本表摘自日本《公主学校施设关系法令集》(1995)。
　　2. p 为学生人数；计算面积时按学生人数的高值计算。
　　3. 表中面积为建筑面积。

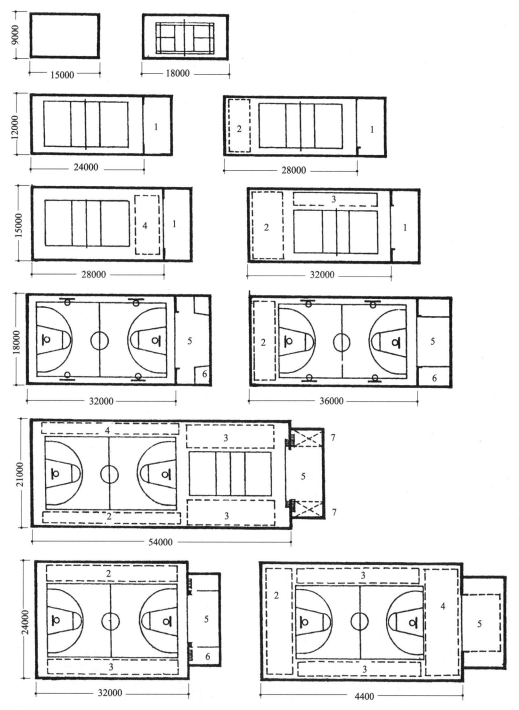

图 8-25　体育活动室面积利用示意图（单位：mm）

1—简易低舞台（高 600～800）；2—器械活动；3—腾越活动；4—垫上运动；5—简易高舞台（高 900～1100）；6—器械存放；7—教师办公

三、体育活动室的位置和朝向

体育活动室的位置应便于使用及管理；便于与运动场综合使用；体育活动室在活动期间将产生噪声，故应尽量远离要求安静的教学用房，并应便于对外开放时的使用与管理。

在朝向上，体育馆的主要采光面为南北向，即体育活动室长轴为东西向，但东西山墙不得开设采光窗以防产生眩光。

四、体育活动室设计

（一）体育活动室长、宽、高尺寸的确定

应综合考虑体育活动室所处位置与条件，室内拟进行何种体育活动项目（篮球、排球、羽毛球器械体操……）。当使用面积在 760m² 以上时，便可安排标准篮球场；当使用面积达 1000～1300m² 时，更需综合考虑场内在比赛时和平时练习用场地的布置。

当考虑兼作文娱活动（如演出等）及集会时，既要解决演出用舞台的设置及室内声学特性（避免室内混响时间过长等），也应充分解决大量人流疏散路线及

出入口的合理设置，同时也需考虑坐椅贮藏间的设置。

（二）体育活动室使用的灵活性

一般面积愈大则使用的灵活性亦随之增大；为便于集会，应在平面布置时，设一简易舞台，平时舞台上亦可安排活动项目。对于不同面积、不同长宽尺寸的体育活动室，其利用情况参考图8-25。

（三）辅助用房的设置

当体育活动室兼作其他活动时，必须设置为开展该项活动内容所需的家具、设施等，故应安排适量的辅助用房。

五、体育活动室实例

（1）桂林清风实验学校的多功能体育活动室，见图8-26。此活动室一侧尚设专用教室等。

（2）江阴市中学体艺馆的底层为体育活动室，见图8-27。

（3）唐山一中体育馆，见图8-28。

（4）鞍山第一中学体育馆，见图8-29。本体育馆包括体育馆、游泳馆、琴房、音乐教室等。

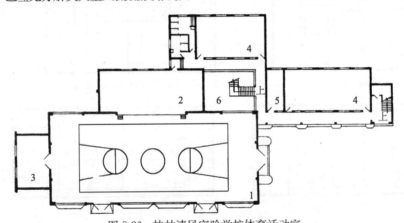

图 8-26 桂林清风实验学校体育活动室
1—多功能体育教室；2—舞台兼体操房；3—器械保管室；4—家政教室；5—贮藏；6—庭院

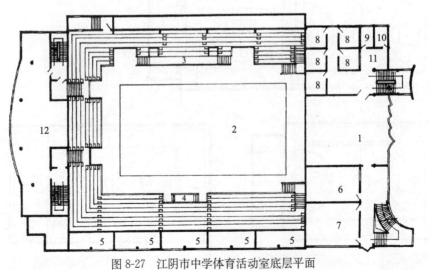

图 8-27 江阴市中学体育活动室底层平面
1—排练厅；2—篮排球场；3—主席台；4—裁判席；5—商业用房；6—教师办公；7—音乐教室；
8—琴房；9—男厕所；10—女厕所；11—洗手间；12—卡拉OK间

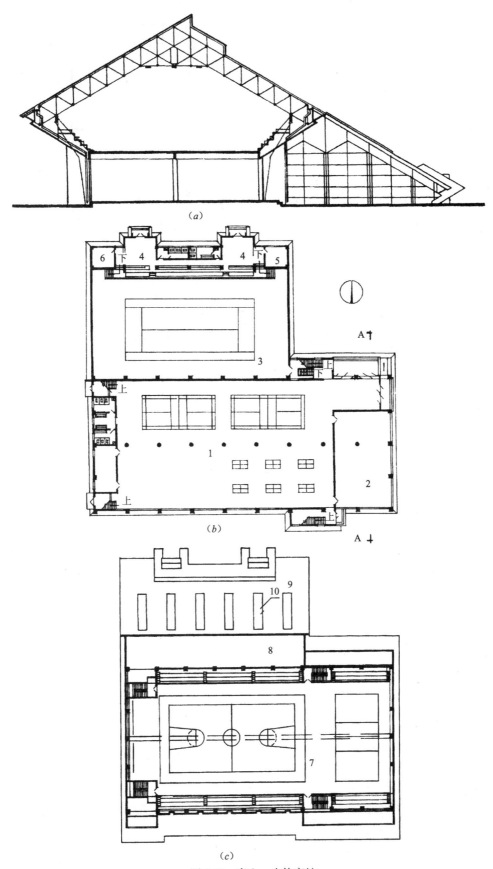

图 8-28　唐山一中体育馆

(a) 剖面；(b) 底层平面；(c) 二层平面

1—体操房；2—健身房；3—网球场地；4—门厅；5—配电室；6—更衣室；7—比赛场地；8—网球场地上空；9—屋面；10—采光窗

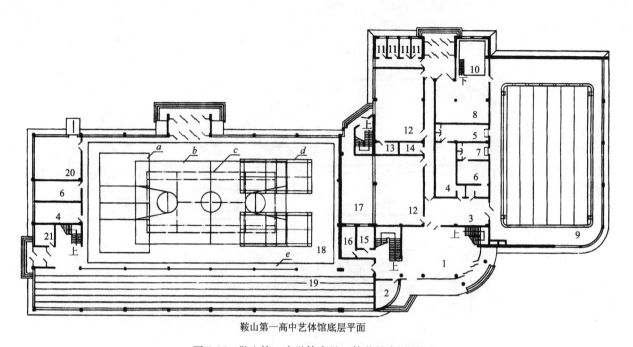

鞍山第一高中艺体馆底层平面

图 8-29　鞍山第一中学体育馆（体艺馆底层平面）

1—门厅；2—管理室；3—交通厅；4—男更衣间；5—男淋浴间；6—女更衣间；7—女淋浴间；
8—游泳预备室；9—游泳池；10—设备地坑；11—琴房；12—音乐教室；13—乐器库；14—游泳馆仓库；15—男厕；
16—女厕；17—天井；18—训练比赛馆；19—50m跑道；20—体育器材室；21—传达室
a—排球场地；b—篮球场地；c—网球场地；d—羽毛球场地；e—围栏

第九章　学校建筑空间与造型设计

第一节　学校建筑的形象

什么是学校？或者学校应该是什么？有关这些概念性及理论性问题，始终是许多教育家及教育理论研究工作者谈论的哲学问题。从专业角度上，我们把学校视为包括"教"与"学"及教学行为展开场所的总和。

从学校建筑形成发展史研究结果看，通常把学校建筑分为五个时期：

（1）学校建筑从创立到调整时期；

（2）从调整到定型化时期；

（3）从定型化到普遍化时期；

（4）定型化校舍大量建设时期；

（5）新型学校创造时期。

当然，学校建筑的发展变化是一个连续的过程，是无法严格划分的，人为地区分其时代是为了便于展开研究活动，而且由于各国的具体情况不同，与各个时期所对应的年代也有很大的差别。就建筑物的呈现的形象而言，学校建筑大致可以划分为：

（1）没有特定形象的学校建筑阶段；

（2）具有明显特征的学校建筑阶段；

（3）不像"学校"的学校建筑创造阶段。

一、没有特定形象的学校建筑阶段

无论在国内外，都有私塾、私学等教育形式存在的历史，那时受教育者量少面窄，近代学校形成之前的教育机构往往是执教者一人，受教育者从1人到几人，且年龄大小不等。教学内容进展更是因人而异，一定时间内能教多少是多少，通常，没有专门建造的教育场所，多用私宅或者寺院庙堂等场所展开教学活动。

这里我们谈论学校建筑是指进入"官办"，也就是近代教育体制形成后的学校，教育作为一种政府行为有组织地展开，教育体制作为国家或地方政府的基本方针确定下来，近代学校体系确立后的学校。学校建筑是以适应教学行为为目的而兴建的。随着办学从"私"到"公"的转化，其最大的特征是学生人数剧增，从教人员（先

生）人数亦相应增加，学校体系中班级年级的出现，管理及组织行为的完善等。采用近代教学方式后，虽然亦有部分学校借用其他建筑物当作校舍的现象，但以教学行为展开为目的的学校建筑物开始大量出现。

短时间里要在全国范围内兴建学校，国家实无足够的财力物力，这时的学校建设资金来源可谓多种多样，有政府拨款兴建的，也有财团或地方大户等资助兴建的，而一些村办学校则往往是举村上下，按有钱出钱、有物出物、有人（力）出人（力）的方式兴建自己的学校。在兴建学校的初期阶段，建筑形象受人们意识、观念、风土及气候等因素的影响，更与当地的材料、技术、做法等密切相关，可以说这时的学校建筑充分体现了修建地的一切特征，真可谓因地而异、各具特色。加上受教育内容及教学方式展开中各具特色的影响，这个时期的学校建筑有一定相近之处，但很少雷同或千篇一律的作品，如图9-1所示。

二、具有明显特征的学校建筑阶段

学校建筑开始形成具有明显特征的形象，主要有几方面的前提条件：

（1）由于学校由国家或地方政府投资兴建，出台了与之相对的统一建设标准，甚至出现一些标准设计图的推广；

（2）教育制度作为国家的国策从形式到内容实现了高度的统一；

（3）现代建筑理论及方法推广应用，加上造价及建筑材料的制约等。这些措施及做法的实施是为解决校舍的严重不足，减少办学条件的差距等起到了不可低估的作用。与此同时，在建筑形象创造上，形成了千篇一律、缺乏地方特色、艺术性及文化性内涵的学校建筑大量出现和学校建筑定型化现象的加剧。

所谓的具有明显特征的学校建筑阶段，就是你无论走到哪里，远远看去马上就能判断出来，那个是学校。这时的学校建筑所具有的共同特征是：长外廊，平屋顶，凸出的楼梯间，灰色的外形，3～4层建筑物等。特别在地方村镇，学校建筑与周围的民居形成了明显的对比。这样的建筑形象从产

生、形成到逐步定型化，经历了一个漫长的历史时期。

在以英国为代表的欧洲，从19世纪到第二次世界大战后有近六七十年的历史。日本从明治初年到20世纪六七十年代经历了近百年漫长岁月。在我国目前正处在这种学校建设的盛期。在这漫长的阶段中，学生、教师、家长对此不满之声有之，建筑师出于职业特征，更希望尽早改变这种局面，在此期间各种各样的努力都有过，也不乏优秀的作品。但如前所述，在形成这种状况的三大前提条件没有改变的情况下，任何人的努力都是极有限的。

(a)

(b)

图 9-1　无特定形象时期的学校（日）（一）

(c)

图 9-1　无特定形象时期的学校（日）（二）

(a) 建于 1916 年的某女子中学；(b) 建于 1894 年的某女子中学；(c) 建于 1903 年的某女子中学

三、不像"学校"的学校建筑探索阶段

新型学校建筑的探索并不是建筑师单独的行为，主要是由于学校教育体制、教育方式发生了根本性的变化，从而引发了建筑师对新型学校建筑的探索。

在欧美，促使新型学校产生的因素首先是由教育家提出开放式教学方式及对传统的以班级、年级为单位的组织方式之否定，从而产生了与之相适应的开放式学校建筑的出现。

在日本，首先是一批研究欧美新型学校的建筑师带头，在得到行政当局及校方的大力支持及配合下，先兴建开放式学校建筑，之后再由建筑师等将欧美成功的开放式教学方法及经验介绍给校方加以实施，并由点向面逐步向其他新建或改扩建学校推广。

总结起来新型学校建筑的探索有以下几个方面的特征：

（1）多功能开放空间取代由长外廊连接普通教室的封闭型空间形式。

（2）学校由以满足"教育"实施为主空间向以满足"学习"为主的空间环境转变。

（3）学校空间环境的生活化、人情化。

（4）重视室内外环境及空间气氛对学生身心健康及情操形成的影响作用。

（5）造型、色彩及空间形式的多样化。

（6）学校向社会及社区开放、融合。

第二节　新型学校建筑空间及造型设计

一、室内空间及环境设计

（一）开放、自由、灵活空间

教育体制的改革促使了学校建筑内部空间的变化，其中开放、自由、灵活空间的出现是最有代表性的。在小学，这种空间称作开放空间（open space），通常的做法是打破班级教室与公共空间的界限，学校室内空间开放、畅通，并能按需要自由划分。

这种开放式学校空间处理从二战后开始实验性建造，到了 20 世纪 70 年代已趋向成熟，图 9-2 是英国的布罗斯库特小学，该校的空间构成是为满足新型教学体制实施的典型实例。该小学建于 1972 年，共有在校生 315 人，教学上按高、中、低三个等级（grade）划分学习集团，室内由三个学习空间组成，每个大学习空间内连续开放，可自由分割。在连续空间中，学习用的凹室（alcove）、学习角（corner）、大小不同的学习区域以及静思空间（quiet space）等到处可见，无论是个人自学还是大、中、小组展开学习讨论，都可以在室内找到合适的场所。食堂兼学习空间，即可作为学校多功能使用的学习空间，到了放学后或节假日，以此空间为中心的部分也可作为向社区开放的专用空间。

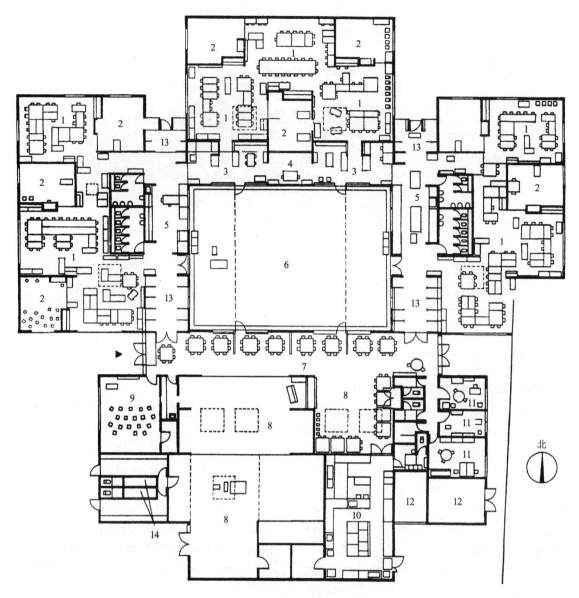

图 9-2 布罗斯库特小学（英）

1—开放空间；2—安静空间；3—自学空间；4—资料中心；5—制作空间；6—带顶中庭；7—餐厅兼学习室；
8—多功能大厅；9—视听教室；10—厨房；11—办公室；12—储藏；13—更衣室；14—淋浴

　　以英国为先头进行的教育改革及适应这种新型教育体制的学校建筑也影响到了美国、加拿大及欧洲其他国家，如图9-3所示是1973年建于美国芝加哥的一所小学。该校有在校学生2400名，其中包括在艺术中心（artcenter）学习的600名学员。在空间构成上按高、中、低三个层次划分的学习集团被竖向的安排在一二三层，每层分别设供各个集团（grade）学习用的相对独立的空间体系，可自由划分。除此之外，公共部分以开放式空间为主平面铺开。体育馆及艺术中心被独立布置在校舍楼两端。

　　图9-4所示的纳丹小学是加拿大开放式学校的代表作品，1970年建于多伦多市，该小学有在校生1060人，建筑采用多伦多市开发的SEF工业板材体系建

成，一层设有图书资料中心、医疗卫生中心、幼儿园等面向地区开放的部分，二三层是典型的开放式教学空间。在开放教学空间里，布置有足够的教材、教具及生活用品，以满足开放式教学的各种活动之需。在加拿大，多伦多市采用SEF工业板材体系建造的学校基本都是这样的空间组合形式，一层布置管理、专用教室及体育用房，二三层为开放式校舍空间。不仅小学，中学也大致上采用类似的空间组合形式。

　　图9-5所示的是日本八王子市立小宫小学，是由著名的学校研究专家长仓康彦1974年设计的，以每年级四个班为基本单元，配以开放型多功能空间，普通教室面向开放空间的界墙由低矮的书架取代，专用教室及管理用房布置在教学楼的内部，

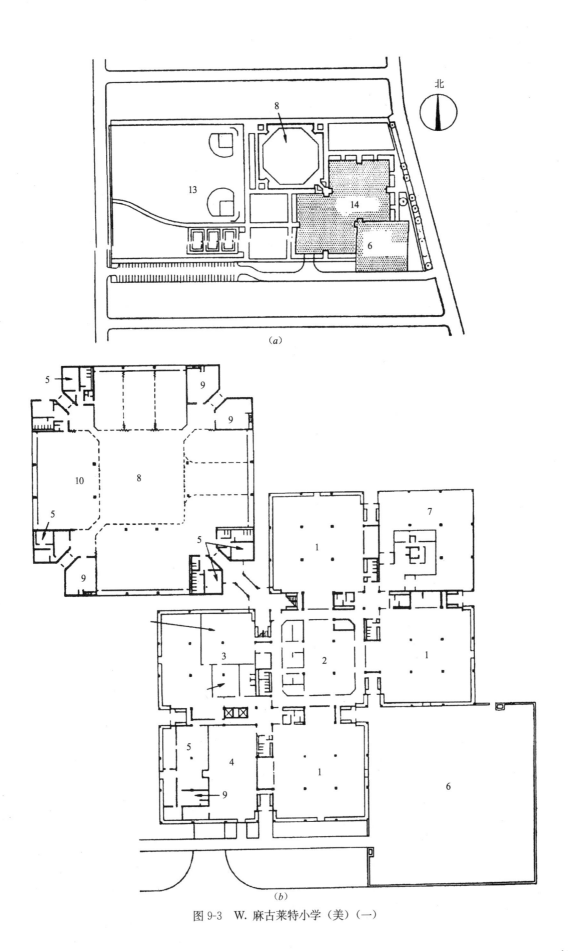

（a）

（b）

图 9-3 W. 麻古莱特小学（美）（一）

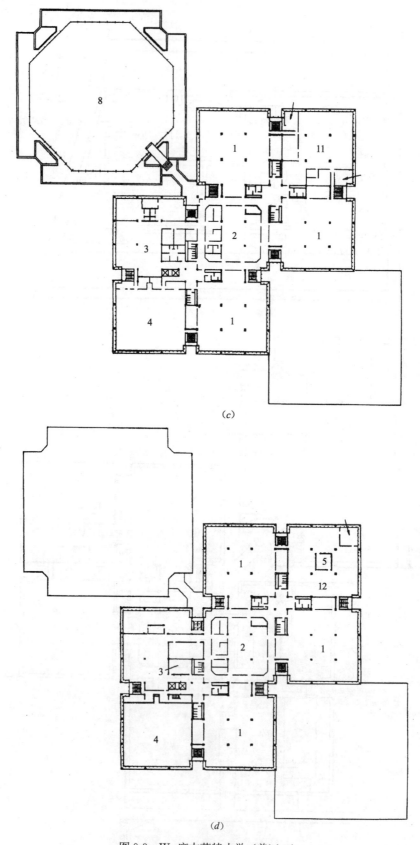

(c)

(d)

图 9-3 W. 麻古莱特小学（美）（二）

（a）总平面；（b）一层平面；（c）二层平面；（d）三层平面

1—开放式学习空间；2—教职员办公室；3—餐饮中心；4—体育馆；5—仓库；

6—室外活动场；7—半室外开放空间；8—艺术中心；9—办公；10—舞台；

11—图书学习中心；12—理科实验室；13—运动场；14—校舍

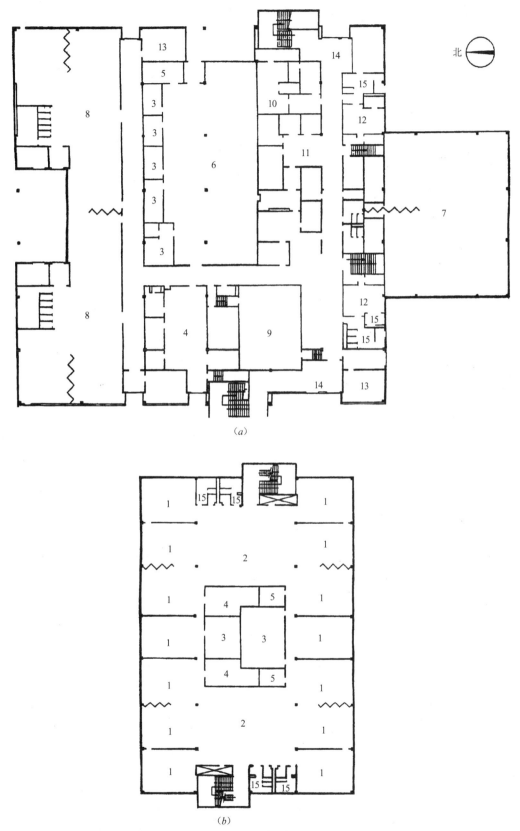

北

(a)

(b)

图 9-4　纳丹小学（加）

(a) 一层平面；(b) 二层平面

1—班级教室；2—多功能开放空间；3—安静空间；4—教师办公；5—讨论室；6—图书中心；7—体育馆；
8—幼儿园；9—音乐教室；10—医疗中心；11—行政办公中心；12—更衣；13—器械；14—入口；15—卫生间

各年级分区（block plan）内各布置一间专用教室，随着入学人数的变化，无论哪个学年班级数量增加，专用教室便可用作普通教室，以此保证各年级分区（block plan）的独立性。另外，由于选用了框架结构，从长远看，室内隔墙可重新自由划分空间，也可创造相对灵活、多功能开放型空间形式。

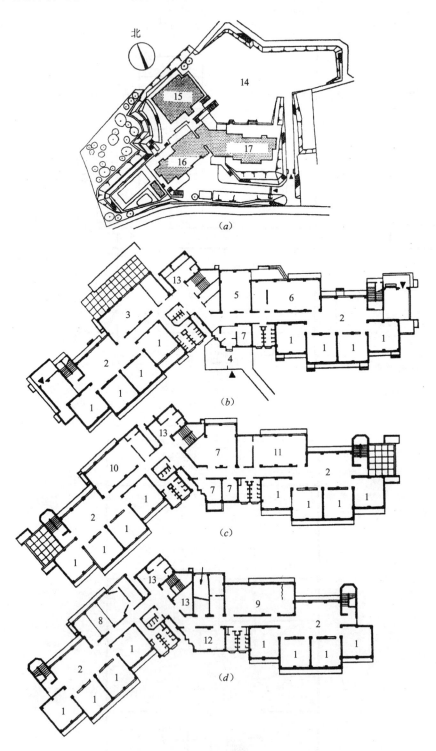

图 9-5　八王子市立小宫小学（日）
(a) 总平面；(b) 一层平面；(c) 二层平面；(d) 三层平面
1—班级教室；2—多功能开放空间；3—低年级专用多功能室；4—入口；5—保健；6—理科教室；
7—办公室；8—音乐教室；9—视听教室；10—图工教室；11—家庭教室；12—会议室；
13——配餐室；14—运动场；15—体育馆；16—低年级校舍；17—高年级校舍

我国在开放校舍方面也有一定的探索，1983 年举行的全国城市中小学建筑方案设计竞赛中，以一等奖（获奖者：田策，西安冶金建筑学院、现西安建筑科技大学）为首的不少提案除使用功能，建筑造型及环境创造等方面都有所突破外，在开放式教学方面也做了积极探索。

与小学相比较，中学进行教育体制改革中更重视课程设置的多样化、综合化，给学生以更多的选择余地。学生可以按各自的实际情况，各自的基础、知识结构等安排自己的选修内容或学习方式。这时，以班级为单位的上课形式在一定程度上仍然存在，所不同的是，班级是一个随上课内容、人员经常变换的学习集团，产生变换的原因在于学习过程中学生自由选择上课内容的比重大；作为学习集团的班级性能减弱，相对稳定的是作为生活集团而存在的班级。按照个人的已有基础、爱好及毕业后的去向（升学、就业、开拓事业等），有目的地选择学习内容，选择授课老师，选择学习方式及场所是中学教改的主要方向。表现在学校建筑室内空间组合上，传统的班级教室在一定程度上予以保留，在此基础增加了开放空间及公共空间。

在英国，二战后推行了次级现代学校（secondary modern school）计划，如图 9-6 所示的屋堤加中学，可以说是这种学校的代表，该校在总体布置上由位于中央的四层教学大楼、西侧的体育馆及东面的专业教室三部分组成。无论是在校生的日常学习活动及生活

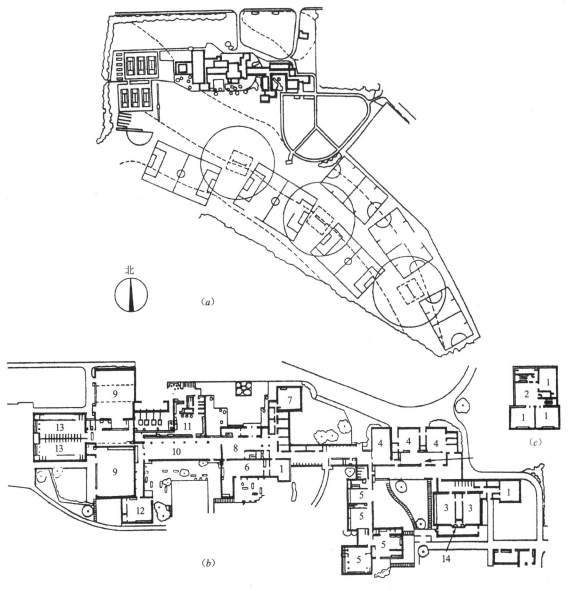

北

(a)

(b)

(c)

图 9-6　屋堤加中学（英）
(a) 总平面；(b) 一层平面；(c) 二三四层平面

1—班级教室；2—多功能开放空间；3—理科教室；4—工艺教室；5—"家"(house)；6—图书；
7—办公室；8—厅；9—礼堂；10—食堂；11—厨房；12—图书馆；13—更衣；14—日光室

行为都能方便、顺利展开，竖向布置的教学楼与单层平铺的专业教室是这种学校典型的空间组合形式。按照教学计划，认真探讨决定的专用教室的面积及数量，既实用又达到了理想的利用率。

到了20世纪五六十年代，英国开始实施的不单按学生的年龄，同时考虑学生的能力、智力、接受理解力等来划分学习小组，实施与之相适应的教学方法。在具体做法上，取消了班级、年级的划分，对每一位学生根据其能力特点，划分成由少数人组成的学习小组，以小组为单位实施教学活动，

为此，传统的以班级为单位的学习集团被取代，引进了以生活集团为单元的"家"（house）的概念，在建筑空间构成上，也以此为依据进行了相应的探索活动。

图9-7所示的中学，就是按照"家"的概念由英国教育部兴建的一所实验性中学。以教室为中心周围配备有若干个以"家"命名的空间，同时为了适合小组学习，构成上还布置了为数较多的小学习室。为了缩短工期及节约经费，该中学兴建时还利用了当时最为先进的大板式结构形式。

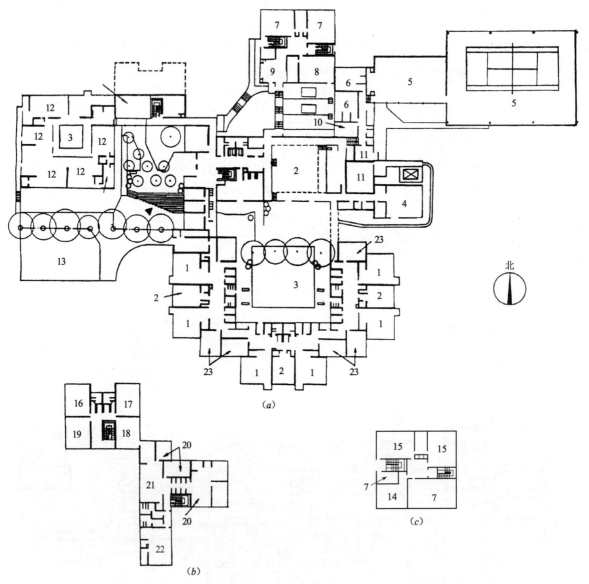

图 9-7　阿露德中学（英）
(a) 一层平面；(b) 二层平面（局部）；(c) 三层平面
1—"家"（house）；2—厅；3—中庭；4—音乐；5—体育馆；6—更衣；7—化学；8—生物；9—资料室；
10—洗衣房；11—仓库；12—工艺教室；13—停车场；14—数学；15—物理；16—地理；17—商业；
18—制图；19—LL教室；20—安静空间；21—图书；22—办公室；23—小组学习室

从传统的以班级为单位的学习集团转向以生活集团为基础的"家"概念式的学校，在英国取得一

定成果后，也影响了美国的中学校，如图9-8所示是位于美国宾夕法尼亚州名为"友人华盛顿"中学，在

校生 1500 人，学校主要由四个"家"构成，其中的生活集团相对形成一个独立的区域，并与体育馆、室内游泳池、艺术教室群以及与这些有机地连在一起的剧场组成了一所功能充实、空间丰富的中学建筑空间。

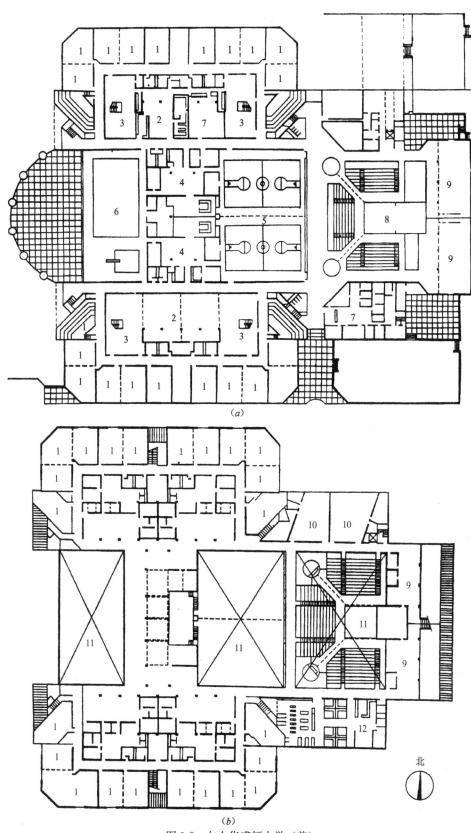

（a）

（b）

图 9-8　友人华盛顿中学（美）
（a）一层平面；（b）二层平面
1—班级教室；2—多功能开放空间；3—食堂；4—更衣；5—体育馆；6—游泳馆；7—办公室；
8—小剧场；9—艺术馆；10—音乐教室；11—小剧场上空；12—家庭教室

在日本，在传统空间的基础上增添开放、灵活的公共空间，如图9-9所示。图9-10也是按"家"的概念设立的中学实例。

其学校共分国语、外语、社会、数学、理科、体育6个"家"，学校共有7个系：人文系、理数系、语学系、体育系、艺术技术系、家庭系、商业系。

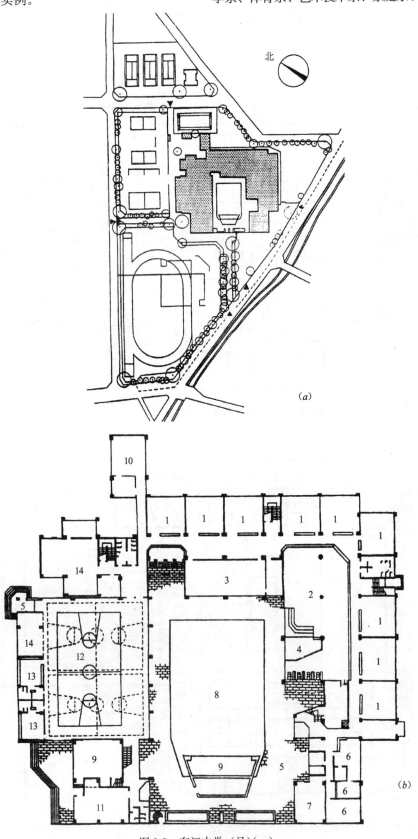

图9-9 东江中学（日）（一）

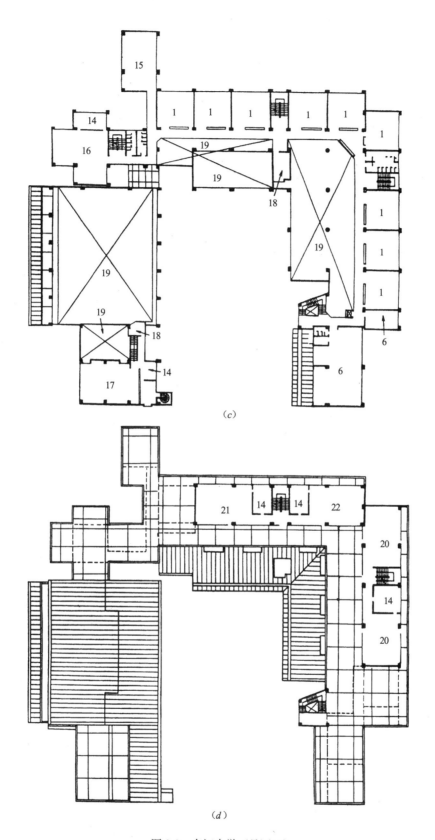

图 9-9 东江中学（日）（二）

(*a*) 总平面；(*b*) 底层平面；(*c*) 二层平面；(*d*) 三层平面

1—班级教室；2—多功能开放空间；3—图书资料；4—学生会；5—入口；6—办公室；
7—保健；8—室外广场；9—舞台；10—特教班教室；11—会议室；12—体育馆；
13—更衣；14—辅助用房；15—多功能教室；16—家庭教室；17—武道馆；18—广播；
19—体育馆上空；20—理科教室；21—音乐教室；22—美术教室

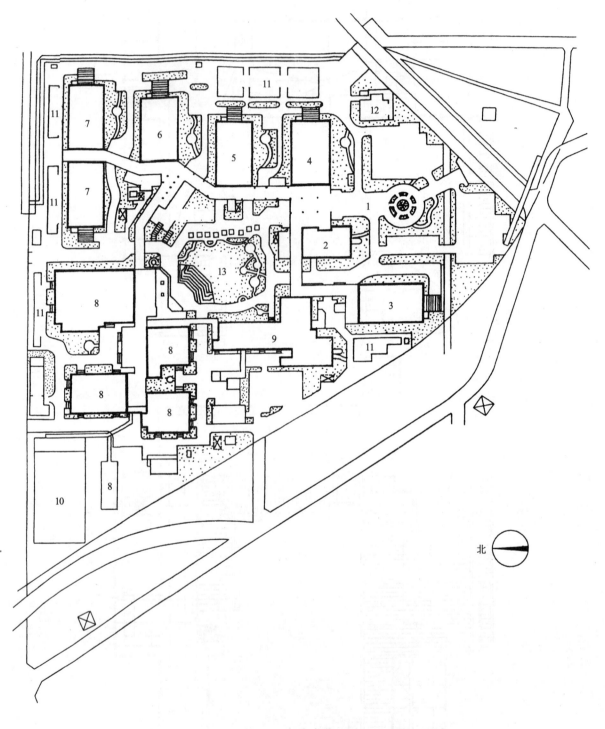

图 9-10　伊奈中学（日）

1—入口广场；2—管理楼；3—国语楼；4—外语楼；5—社会楼；6—数学楼；7—理科楼；8—体育馆；
9—艺术中心；10—游泳池；11—自行车停车处；12—净化槽；13—中庭

北

（二）创造良好的室内环境与气氛

随着教育思想与体制的更新变化，学校建筑在室内环境与气氛创造上也有了新的面貌，主要表现在：室内生活空间及环境的创造；室内柔和亲切气氛的创造；按照学生身材尺度考虑空间及设施等三个方面。

饮水、用餐、盥洗、更衣、休息、交谈、打扫卫生、游戏等都是学生在校生活的主要内容，提供生活上的方便不仅对在校生的学习乃至成长中的青少年身心健康都有好处。柔和、亲切宜人的气氛创造主要指通过建筑用材、室内色彩、外观及小品等的使用，创造的特殊的效果。下面介绍一些调查实例。

如图9-11（一）中（a）所示是某小学图书室，无论是书架还是书桌都尽量考虑到学生的身材尺度，在此学生可以采用各种姿势，学习与休息相结合。某中学的学习角布置如图9-11（一）中（b）所示。这里既能展开各种形式的活动，也成了课间休息及用午餐的好场所。图9-11（一）中（c）所示是日本东京一学分制中学的入口大厅。该校除以学分制学生为主外，还招收定时制、函授制等不同形式的初高中学生。由于管理复杂多样，所以该校采用了较为先进的电脑系统辅助管理，入口大厅成了发布各种消息的重要场所，同时也是学生们休息交流的场所。图9-11（二）中（d）所示是日本福冈县玄界中学的多功能开放空间，也具有相似的功能，课内可进行各种教学活动，课后成了同学们休息、交流、游戏的主要场所。图9-11（二）中（e）所示的中学内走廊，加上采光天井，变暗走廊为明走廊，并配以每位学生自己动手制作的浮雕地砖，使在校学生既感亲切又别有一番情趣。图9-11（二）中（f）所示的外廊，与传统的走廊空间相比，无论空间形式还是细部处理都可谓匠心独到。

图9-11（二）中（g）所示的外廊空间中，大空间中设小空间，仅容得下二个小学生的"小屋"是同学们课间休息及做作业的好去处。图9-11（三）中（h）所示是某小学内设立的地方民俗文化馆，把同学们的学习与地方文化紧密结合在一起。在普通教室里与普遍使用的钢制桌椅相比，选用了木制桌椅，再加上有趣的造型与童心、童趣相适应，深受小学生们的喜爱，见图9-11（三）（i）。图9-11（三）（j）所示的是经师生们自己动手改造的空间，本楼梯间处于走廊的尽端，加上采光不足，原本是小学生不敢单独通过的闹"鬼"空间，经师

生们共同策划及动手改造后，现在变成了课余热闹的校内画廊。图9-11（四）（k）所示的是日本福岛县内三春町小学的多功能大厅，顶棚采用旧校舍的地板木材装饰，加上丰富的空间及采光效果，给人一种亲切、和谐、安静的气氛。图9-11（四）（l）所示的是一小学多媒体学习中心，该中心位于多功能开放空间的一角，自由灵活的布置形式及随时可以使用的功能，为学生课内外提供了方便的环境。

二、学校建筑的室外环境及造型

除了一些特殊的情况外，学校建筑多是以一种群体形象展现在人们面前的，在方案及工程设计中，通过立面设计来表达建筑形象。立面图是用二维投影表达立体形象的一种手段，象学校这类多以群体形象及空间组合构成的建筑物，建成后很难看到一个完整的立面造型效果，人们感知到的是整个空间及环境，这时的立面仅仅是空间与环境的一部分。

下面结合调查结果及工程设计实例从游戏性、自然性、趣味性以及有特色形象的创造、时代性及地方风格创造等方面论述学校室外空间及环境设计问题。

（一）确立室外空间作为游戏空间的位置

长期从事中小学研究的日本九州大学教授青木正夫先生提出的研究结果表明，除学习外，游戏玩耍是在校中小学生生活的重要组成部分，特别是课间的游戏玩耍活动对于调解情绪、振作精神及身心健康都有很大益处，而且老师也鼓励学生充分利用课间休息时间去室外活动。以往的学校建筑中除校舍与运动场被重视外，对室外场地的游戏、玩耍功能考虑得甚少，现行的"规范"、"规定"也很少具体规定这方面的内容。学校建筑设计特别是实际工程设计中，往往由于用地有限，在优先确保运动场和安排校舍用地外，游戏空间及场所常常被忽视或被认为可与运动场合用，这是较为普遍的现象。

在学校总平面布置中，从校舍与运动场的位置关系，大体可以把学校分为纵向布置与横向布置两大类型。如图9-12所示，调查结果表明，两种布置形式中，课间休息时学生利用室外场地的情况有很大的差异。而且，即使是相同类型布置中，中小学校之间也各具特色，下面结合调查实例先介绍小学的情况，然后再在小学基础上论述中学具有特点的部分。

(a)

(b)

(c)

图 9-11　室内环境与气氛（一）

(d)

(e)　　　　　　　　(f)

(g)

图 9-11　室内环境与气氛（二）

(h)

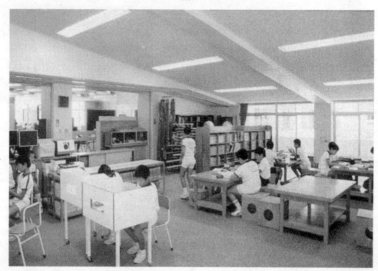

(i)

(j)

图 9-11　室内环境与气氛（三）

(k)

(l)

图 9-11　室内环境与气氛（四）

(a) 图书馆；(b) 学习角；(c) 入口大厅；(d) 多功能大厅；(e) 内走廊；(f) 外廊；(g) 外廊局部处理；
(h) 民俗室；(i) 普通教室；(j) 楼梯间；(k) 多功能厅；(l) 多媒体中心

在小学，尽管学生希望在课间休息时去运动场游玩，但纵向布置的学校里，除直接面对运动场的班级之外，实际上去运动场上度过课间休息时间的同学很少。其原因不单是面向运动场的教学楼挡住了后排班级通向运动场的视线，形成心里阻挡，更主要的是位于教学楼两侧的狭窄空地被附近班级的同学所占用，后排班级的同学想要去运动场必须穿过这些被不同小集团占领的"领地"，从而形成心理及行为上的障碍。纵向布置的学校中，如果在总平面布置上把办公用房布置在面向运动场的中心位置，这种学校的总平面设计可以说是典型的设计失败的实例。由于利用运动场不便，纵向布置的学校中，学生的户外活动主要依靠中庭及教学楼周围。小学生的户外活动具有明显的集团性及"领地"占有意识，如果考虑这一特点，以班级为单位确保各班在教室附近具有安定的户外活动场地是小学设计的要点之一。如果是多层学校建筑，确保二层以上的班级也具有稳定的户外活动场地亦很重要。否则被安排在一层的低年级同学的专用室外场地，往往会受到二层以上高年级同学的侵占或干扰，从而产生不安情绪。在这种情况下，课间休息时留在本班教室的人数较多，特别是女同学。另外，利用教学楼侧面空地专为低年级同学设置的带游戏器具的场地也有被高年级同学占用的可能，除非有老师带领低年级同学一起玩。

纵向布置的学校里，学生的课间活动集中在教室的周围，相当部分同学留在教室或滞留在狭窄的走廊，而宽敞的运动场去课间活动的同学中，从后排教室去的人数寥寥无几，如图 9-13 所示。

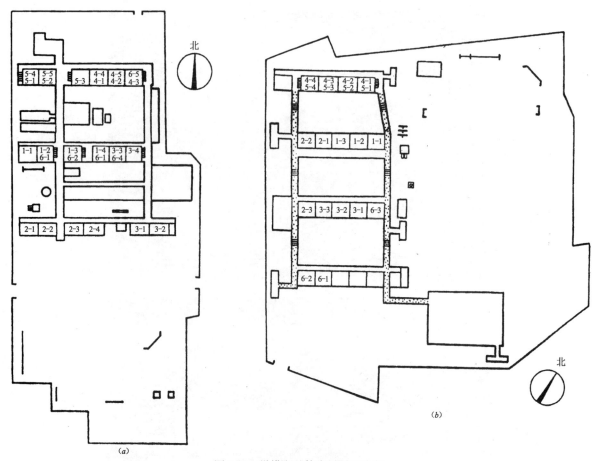

图 9-12　纵横向总体布局学校实例

(a) 纵向总平面布置；(b) 横向总平面布置

注：教室里的数字分别代表年级和班级，如 5-4 代表五年级四班（其他同）。

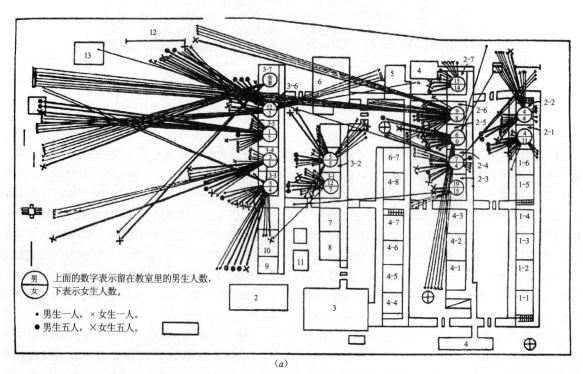

图 9-13　纵向布局学校课间活动分布状况（日）（一）

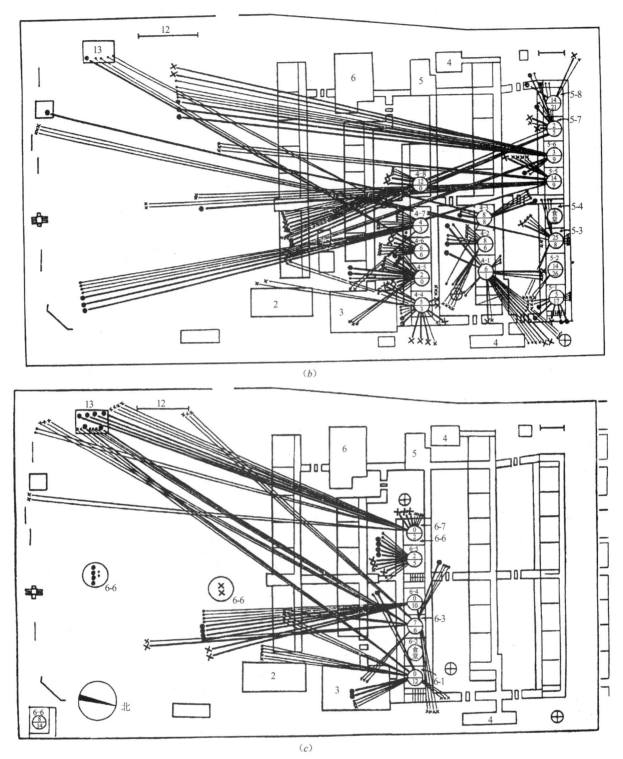

图 9-13 纵向布局学校课间活动分布状况（日）（二）

（a）；二三年级调查结果（b）四五年级调查结果；（c）六年级调查结果

1—图中"3-5"代表三年级五班教室，其他以此类推；2—教师办公；3—礼堂；4—卫生间；5—仓库；6—食堂；
7—理科教室；8—文科教室；9—广播室；10—图书室；11—水池；12—单杠；13—沙坑

与纵向布置相比较，横向布置的学校不必经过几个被占用的"领地"，可以通过走廊方便地到运动场，因而在课间休息时间去运动场的人数明显地多于纵向布置的小学，课间留在教室的学生亦较

少。横向布置的学校中，在教学楼四周争夺游玩"领地"的情况也较少，如图 9-14 所示。但问题在于以运动为目的设置的运动场，作为课间休息时间兼作活动场地，其中从 1 年级到 6 年级一起使用，

而且又是男女同学一起活动，从而不可避免的产生相互影响。首先是相互干扰，这时无论在身体上还是精神上，受到侵占及干扰的必然是低年级同学，如图 9-15 所示。专用场地被高年级同学占领，尽管早下课先占了游戏场，但还是被后来赶到的高年级同学逐渐排挤到场外，加上低年级的专用活动地被置于高年级同学的窥视之下，这时的低年级同学只好在教室前面的走廊上度过课间休息时间。调查中还可以看到，由于受到男同学的排挤，想做单杠游戏的女生只有站立一旁观看男生活动。

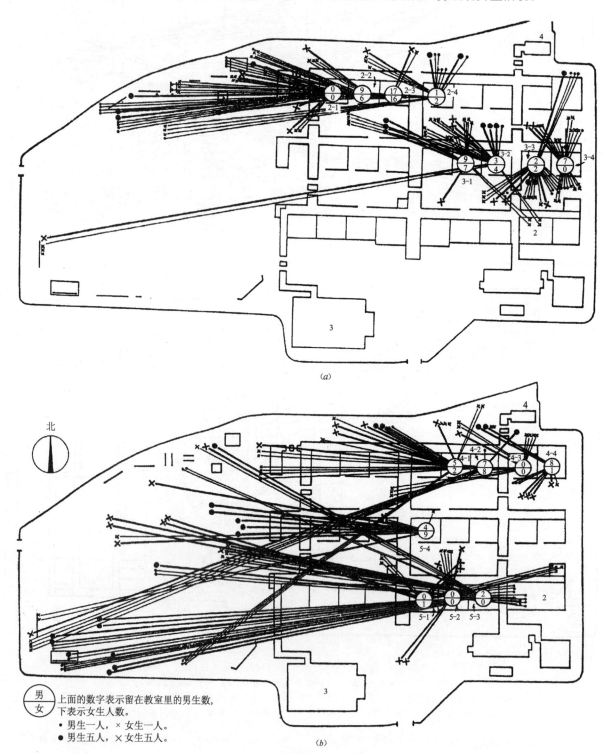

(a)

(b)

图 9-14　横向布局学校课间活动分布状况（日）(一)

150

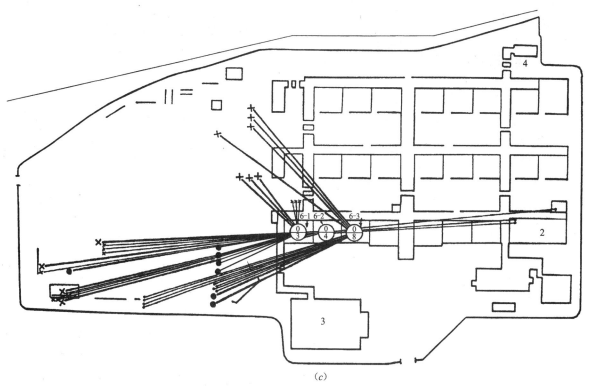

图 9-14 横向布局学校课间活动分布状况（日）（二）

（a）二三年级调查结果；（b）四五年级调查结果；（c）六年级调查结果；

1—图中"6-3"代表六年级三班教室（其他同）；2—图书室；3—礼堂；4—卫生间

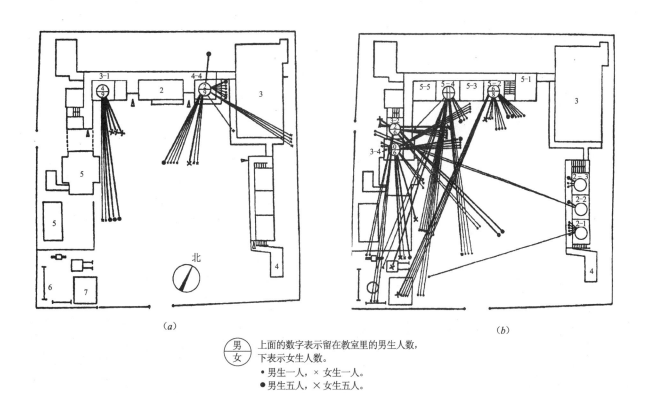

上面的数字表示留在教室里的男生人数，下表示女生人数。

• 男生一人，× 女生一人。

● 男生五人，× 女生五人。

图 9-15 设幼托班的小规模学校课间活动分部状况（日）（一）

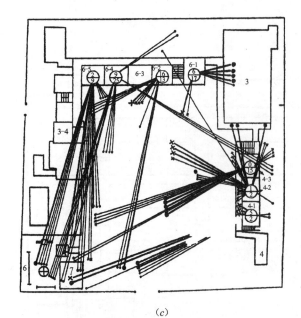

图 9-15 设幼托班的小规模学校课间
活动分部状况（日）（二）
(a)—一层平面；(b)—二层平面；(c)—三层平面；
1—图中"3-4"代表三年级四班教室，其他以此类推；
2—教师办公；3—礼堂；4—卫生间；5—幼托班；
6—单杠；7—沙坑

综上所述，无论哪种布置，尽可能地在教室附近创造活动场地，尤其在小学校设计中较为重要，而且各班活动场所的设置与其行为特征相适合。特别是低年级的同学其行动范围小，除确保在教室附近外，如何保证不受高年级同学的占领乃是设计的要点。

在中学，课间休息时间 10 分钟左右，中学生的课间休息时间主要用在专用教室与普通教室之间的移动及课前课后的学习准备上，学校在课间的时间安排上并未考虑课间户外活动时间。从调查结果看课间户外活动的情况，中学生的主要户外活动时间在上课前及放学后的时间段里，与小学有极相同的情况，即纵向布置的学校以中庭为活动场所者多于横向布置的学校，而且活动范围分布更广泛。还有一点，中学里女同学户外活动明显减少，尤其纵向布置的学校里，女同学户外活动减少的现象更加显著。

（二）学校建筑的室外环境设计

学校室外环境设计占有相当重要的地位，与其他建筑物相比，学校占地面积大，不仅为学校本身，也作为社区的一个重要组成部分。室外环境设计占有重要位置，而且室外环境中象花坛、绿化、树木、小品等内容对成长中的学生们未来人格形成影响极大。

包括体育运动设施在内，学校的室外环境所包含的内容很多，这里主要结合实例，就方案设计中涉及到的绿化、校庭及小品、入口与围墙等问题作一阐述。

1. 绿化

在室外空间划分、校舍造型及室外气氛创造上，绿化起着极其重要的作用。通常，学校建筑外部形象显得单调或杂乱无章，其根本原因在于缺乏统一的规划设计。结合校内道路、室外设施及室外空间划分等统一进行规划设计，并充分发挥绿化造型设计上的作用，注意运用重复、渐变、对比、韵律等设计方法，用绿化丰富环境，如图 9-16 所示。对具有历史性的古树木进行保护也是绿化设计中必须注意的问题。

布置绿化除增加自然感，烘托校园自然气氛外，校园中绿化的实用功能也不可低估。沿运动场地周边种若干棵落叶树，可以成为夏日运动后乘凉休息的好去处；运动器械与建筑物之间种植一些低矮的灌木，既美观，又可以起到缓解运动中万一失衡而出现冲击造成受伤的程度。另外，从安全角度上，必须避免带刺、有毒的植物在校园绿化中出现。

2. 校庭及小品

总平面设计中，除运动场及校舍外，室外空间的主要内容是校庭，校庭有前庭、侧庭、中庭、后庭及校园周围之分，如图 9-17 所示。前庭指入口与教学楼之间的部分，是学校的象征性场所，在校园景观构成上起着重要的作用。通常前庭布置有叠石、水池、花坛、小品等。从突出重点角度出发，对起配衬作用的部分进行简单化处理效果更好。

侧庭是指利用校舍两侧与外墙之间的用地创造的庭园空间，一般情况下，侧庭面积小，日照等条件较差，除安排低年级同学专用活动场地外，通常用作饲养小动物，栽培种植花草树木。侧庭应避免种植高大植物或布置过多的内容，以免产生空间过分压抑、封闭的感觉。

中庭原本是为解决校舍之间通风采光等空出来的用地，由于它是最接近学习环境的场所，创造安静、明快的中庭环境，为学生提供休息、放松情绪的场所将起重要作用。中庭内的活动往往处于来自四周建筑物的窥视之下，如何在环境处理上尽量避免中庭内的活动过分显露在被窥视之下，是设计中下功夫之处。

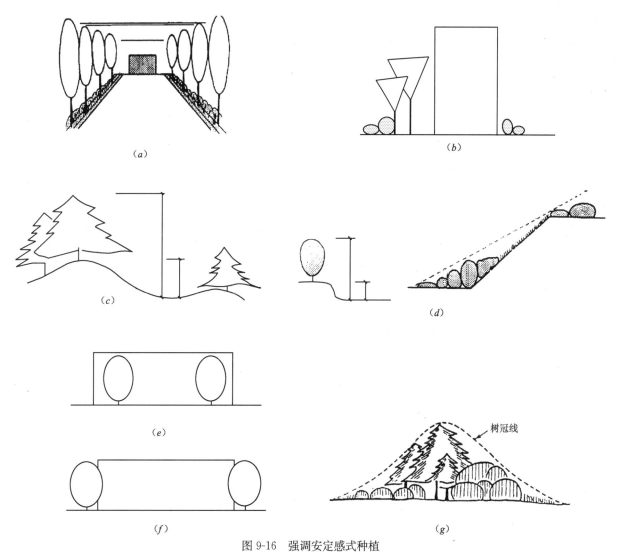

图 9-16 强调安定感式种植

(a) 引导式种植（重复）；(b) 缓解地面与建筑物的种植（渐变）；(c) 强调地形高差式种植（对比）；
(d) 缓解地形高差式种植（缓冲）；(e) 减小建筑物体量式种植；(f) 增大建筑物体量式种植；(g) 强调安定感式种植

后庭位于运动场与校舍之间，通常后庭有良好的日照条件，在后庭中充分布置绿化，既能美化校园，又可以减少来自运动场的噪声干扰。

校园周边地段通常以绿化为主，而且以种植不需修剪的树木种类为宜。

校园绿化除在重点部位与小品结合进行整块绿化处理外图 9-18（一）中（a），应尽量利用房前屋后的小块地段进行绿化图 9-18（一）中（b）所示，这样既可以改善局部环境，也能提高校园的绿化率。

结合校庭规划构思，安排一定内容的小品对于美化环境，用艺术形式陶冶学生的情操是常用手法。结合学生特点，启发学生自己动手创造环境欲望的方法也是一种新的尝试。如图 9-18（二）中（c）所示的是某中学的中庭，为了满足学生们创作的欲望，设计人员在此设计了一个可供学生们自由创作的沙庭，沙庭如一幅巨大的画纸，每周由一个班级将本班的代表绘画作品描绘在此沙庭，这样既可以激发同学们的创作热情，也减少了校内墙面上的胡写乱画现象。图 9-18（二）中（d）所示的布置与入口处的校训卧石及其周围环境，无论对美化校园还是加强对在校生教育都起到了积极的作用。

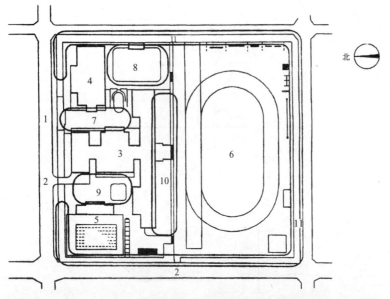

图 9-17　校庭

1—主要入口；2—辅助入口；3—教学楼；
4—体育馆；5—游泳池；6—运动场；
7—前庭；8—侧庭；9—中庭；
10—后庭；11—周边

北

(a)

(b)

图 9-18　校庭内绿化、小品设计（一）

(c)

(d)

图 9-18 校庭内绿化、小品设计（二）
(a) 沙庭；(b) 绿地；(c) 可供创作的沙庭；(d) 校训卧石

3. 入口、围墙

校门常被称为学校的"脸面"，与之相连接的入口更是学生、来访者出入的必经之处，也是学校管理上的要点所在。安全性、标志性、象征性是校门设计考虑的要素。在城市中小学，校门又是管理整个校园并与外部联系的据点，满足收发、传达、保卫三大使用功能也是入口设计上常常要求的。近年来，随着新型学校的探索，一种被称为"没有"校门的学校开始出现，这种学校里，校门只是一种标志，收发、传达、保卫等功能已不存在了。

围墙起着划分学校内外空间的作用，传统的高楼深院式的校园围墙已不多见，代之而来的是花格墙、金属网隔墙，甚至是绿篱墙的出现。

（三）建筑形象的创造（实例分析）

1. 盈进学园东野中学（图 9-19）

该学校由美国著名建筑师库斯德及他的环境构成中心共同规划设计，在建筑形象创作上具有明显的后现代派的特征，采用这些极端的造型及反常的分散式总体布局并非设计者个人的喜好，而是经过与学校主管部门、学校的经营管理者、教师以及其他有关人员反复、深入的交换意见，并对这些意见进行归纳、抽象、概括，最后反映在设计上。可以说该校是设计者与使用者共同合作的结果。

采用分散式总体布置形式，结合人工小河、木桥，加上别致的单体造型及丰富宜人的环境气氛，使整个校园宛如一座电影城，置身校内犹如来到了江户时代的民俗村。整个校园占地面积 91851m²，总建筑面积 10949m²，由于采用了分散式布置形式，各栋建筑物采用了不同的结构形式，其中包括钢、木、混凝土在内的各种结构。

(a)

(b)

(c)

图 9-19　盈进学园东野中学（日）（一）

(d)

(e)

图 9-19　盈进学园东野中学（日）（二）
(a) 礼堂；(b) 校内一角；(c) 校舍造型；(d) 校庭一角；(e) 学校全景

2. 那霸市立城西小学（图 9-20）

该校位于冲绳的名胜守礼城附近。在城市规划上，该校与守礼城同属"风景名胜区块"内，建筑师在进行造型及环境处理时尽量吸取当地传统民居的形式：四锥坡屋顶造型、红筒瓦白灰勾缝、极具地方特色的兽吻、鬼瓦等手法把学校与名胜守礼城协调起来。校舍全部按一、二层设置，校舍之间的内庭采用传统民居的空间尺度，庭院内布置有小亭、绿化、小池。整个校园如同一个传统的渔村一样和谐自然。

在造型、风格统一的前提下，尽可能的创造了各班级、各学年区块特色形象、如吊顶、教室入口、班级牌等细部处理上各具特色。该学校由著名建筑师原广司规划设计，学校用地面积 $17366m^2$，总建筑面积 $5631m^2$，校舍全部采用混凝土结构。

(a)

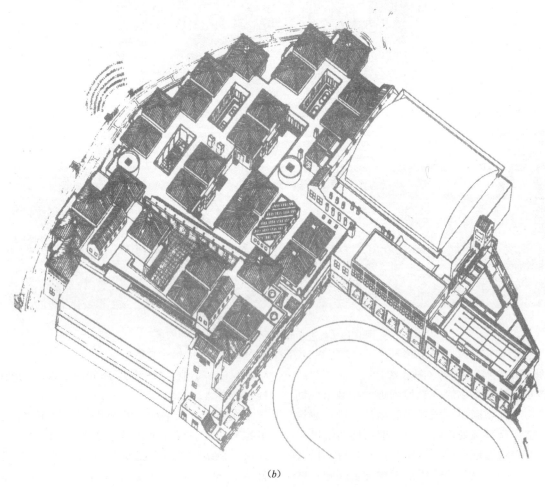

(b)

图 9-20　那霸市立城西小学（日）（一）

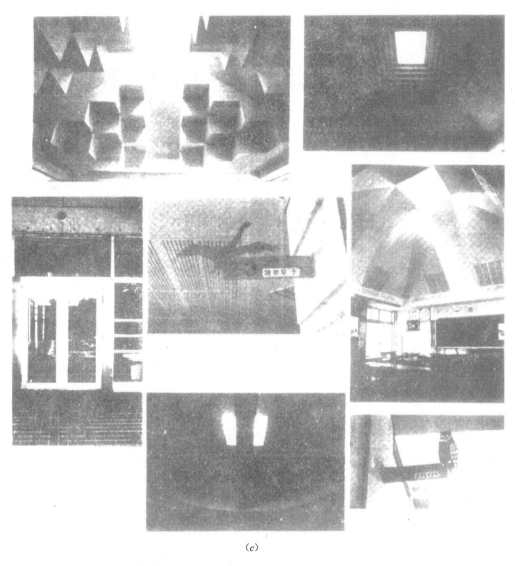

(c)

(d)

图 9-20 那霸市立城西小学（日）（二）

(e)

(f)

图 9-20　那霸市立城西小学（日）（三）

(a) 大礼堂内景；(b) 鸟瞰透视；(c) 各具特色的普通教室吊顶；(d) 校庭；(e) 屋顶造型；(f) 屋脊兽吻

3. 笠原小学（图 9-21）

从空间形式上该校属开放式新型学校，但也保留有以生活集团为主的班级教室。这些班级教室南面布置有开放式灰空间，它的造型会使人联想到当地居民传统的形式。在使用功能上，这些开放式的半室外空间夏日可以产生阴影，并可增强通风性能。冬日充足的日照可以减弱西北风直入室内。这些开放式空间成了理科实验及雨天活动的多功能场所。

除此之外，该校丰富多彩的空间处理、充满情趣的环境气氛及细部处理上都是成功的。该校占地面积 29562m²，建筑面积 7129m²，校舍全部采用钢筋混凝土结构。

4. 英国尼努姆德小学（图 9-22）

在进行设计前，由州政府，设计研究人员及校方组成的调查团先后对全国有代表性的 34 所小学进行了调查，设计中尽可能将其成功的部分反映在该校空间创造上。

在外形处理上采用单层、平层顶，外饰以近似清水砖墙贴面，校舍四周到处可见绿化及草坪，从周围住宅区中很难感觉到它的体量。

该校是近年来英国小学校建筑中具有代表性的之一。

5. 法国巴黎19区小学（图9-23）

如同在现代建筑中追求有魅力、带刺激一样，法国在学校建筑创作上也具有同样的倾向。与英国在探索开放式空间的新型学校相比较，法国更多地追求形态、观念上的新型学校。巴黎19区小学就是其中的代表，该校位于巴黎老街区内，是与公寓楼结合在一起的复合式建筑，从外观上很难确认出它是一所学校。

该校是带幼儿班的小学，有3～12岁的在校生250名，如图9-23所示，整个校舍处处体现建筑的造型特点。从入校开始直线玻璃长廊，其两侧布置有普通教室，走廊的尽端是一圆形的体育馆和教室楼，每个班级还设置了专用的室外活动场地。室内

从装修到家具布置充分考虑到在校学生的身高、年龄及心理特征。

6. 加拿大波里塔尼亚交流中心（图9-24）

该中心是满足本地区36000多居民社会教育、社会福利等功能的综合性公共设施，除了保育园、幼儿园、小学、中学、高中之外，还具备社区居民的成人教育中心，图书资料中心，退休、老年人救济中心、青少年活动中心、游泳馆、冰上运动馆、球技运动场馆及四个体育馆等内容。交流中心所在地区居民的国籍、文化背景较为复杂，母语非英语的家庭占近半数，为了适应来自各种母语系入学儿童的教育，这里无法采用常规的教育方式，必须按照不同情况划分小组展开教育活动。

为了配合多样化的教育方式，室内采用自由、开放式空间，以适应不同形式的教学之需；而室内外环境及建筑造型尽可能做到亲切宜人，自然大方，为在校生及利用频繁的社区中老年人提供安静、舒适的场所。

（a）

（b）

图9-21 笠原小学（日）（一）

(c)

(d)

(e)

图 9-21 笠原小学（日）（二）
(a) 室外活动空间；(b) 教学楼入口；(c) 校舍造型；(d) 屋顶活动平台；(e) 半室外空间

(a)

(b)

(c)

(d)

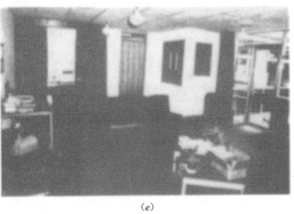

(e)

图 9-22　尼努姆德小学（英）

（a）小组学习；（b）开放空间自学情景；（c）食堂兼图书中心；（d）校舍造型；（e）室内

(a)

(b)

(c)

(d)

图 9-23　巴黎 19 区小学（法）(一)

(e)

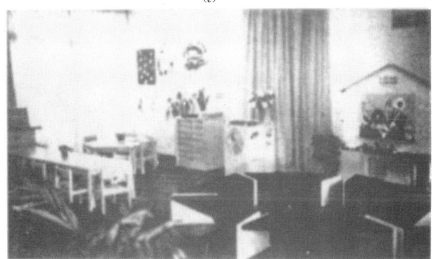

(f)

(g)

图 9-23　巴黎 19 区小学（法）（二）

(a) 学校入口；(b) 局部造型；(c) 连廊空间；(d) 沿街造型；(e) 普通教室；(f) 低年级教室；(g) 低年级室外活动场地

(a)

(b)

(c)

(d)

(e)

(f)

图 9-24　波里塔尼亚交流中心（加拿大）(一)

(g)

(h)

(i)

(j)

图 9-24 波里塔尼亚交流中心（加拿大）（二）
(a) 社区居民入口；(b) 小学部开放空间；(c) 室外活动场地；(d) 校庭；
(e) 学生入口；(f) 多功能教室；(g) 资料中心；(h) 老年人活动室；(i) 体育馆；(j) 幼儿园入口

第十章　学校建筑的发展及其动向

现在的在校学生将会在 21 世纪祖国建设中发挥聪明才智。虽然我们国家的学校建筑有很大的发展，但由于种种原因还停留在传统教学模式的水平，随着信息化社会的逐步到来及国民经济的进一步发展，必将带来教育体制、教育方法的大改变，国外一些国家已有近半个世纪的探索及实践。国内一些师范院校及中小学校也在研究、探索、实验今后的学校建筑如何适应新的教育体制及方法，本章将重点介绍国外学校建筑的发展过程与现状，通过调查及典型实例分析予以阐述。

第一节　学校建筑的发展及趋向

从介绍新学校建筑的杂志、论文中，我们会发现这些学校建筑在形象上与以往的学校有很大的变化，在空间处理上，教室与走廊连到了一起；教室与教室之间的隔墙设计成可以灵活拆装的隔板，需要时打开隔板，小空间可变成大空间；室内地面开始铺地毯，木质内装修开始取代白色的灰粉墙等，以此创造一种安静亲切的环境气氛；在外形上，或借用传统民居的斜屋顶，或类似后现代风格的极端造型，以此形象表达该学校的特点。

学校建筑在形式上发生的这些变化只是教育思想、教育体制及教学方式产生深刻变化的表现形式，这与之前论述的建筑师为了形式的变化而追求形式改观的现象有着本质的不同，下面论述新型学校建筑产生的背景及有关教育体制改革问题。

一、高度统一的教育体系促使学校建筑的定型化

近代形式的教育制度及教育方式在欧美定型并取得成效后，开始影响世界范围内的其他国家，我国从民国初年，全面接受西式的教育体系，以城市为中心的近代教育体系开始扎根，并逐步向农村扩展延伸，学校建筑从无到有并逐渐形成一定格式，电影《早春二月》里的芙蓉镇小学就是典型例子。建国后，国家办教育得到了进一步实施，教育作为基本国策，国家统一组织并加以实施，其结果与世界其他国家和地区有惊人的相似之处，即由国家办教育，在国家或地区范围内的教育体制、指导思想及教学方式形成高度的统一。

这种统一不仅表现在全国范围内实施统一教学计划、教学大纲，甚至统一了教材，统一了教学进度，有的地方连考试内容及评价标准也做到了统一。还表现在教育体系的高度统一，即一个班级、一位讲课老师、一节课时，这些构成了教育体系的核心内容，这种形式从小学到初中，直到高中毕业一成不变地进行着。从私学到公学，这种高度统一的教育体系经过工业化时代的发展，曾经起到了积极的作用、特别是按工业化大生产精神，使学校教育实现人人有均等的受教育机会、在大量培养同等水平的人才方面起到了积极的作用。

随着社会背景的变迁，这种传统教育方式所带来的种种问题也日渐显现，近年来国内外研究结果更加证明这一点，教改的呼声及实践在国内外逐步展开，并取得了一定的成果。

二、新型学校的理论基础及在各国的实践

从"教"到"学"，从"单一"到"多样化"是新型学校改革的目标。作为这种教育改革的理论背景，一方面，由工业化时代向信息化时代的转变，信息传播的手段、速度及信息量都发生了飞跃性的发展，而另一方面，学校每年能够用于上课的时间大约为 1000 小时，这与过去相比没有什么变化，而且随着五日制的实施，如果不计周六、日及课外的补习班，实际上学校能安排在课表中的时间较以前有所减少，如果仍采用传统的教学方式，教学进度只能加快，其结果，赶不上学习进度的学生与以往相比有明显的增加。在国外，出现校内暴力行为及欺诈、逃学、甚至出现在校生自杀等情况。以上这些社会问题与学校教育方式不无关系。

新型学校的探索与革新在建筑领域内并不是一种单一的现象，在信息化社会的大潮中，以开放式空间为代表的建筑空间形态不断涌现，如开放式办公楼、开放式医院、开架式图书馆等，这些都是在新的时代条件下，由管理、经营体系发生变化后进而引起的建筑空间及形式改进的结果。

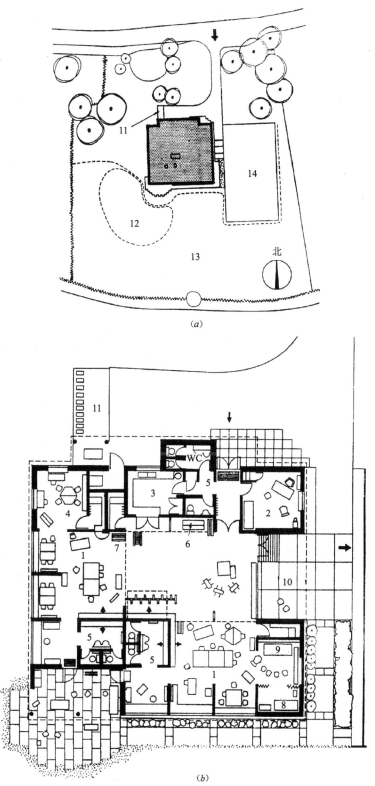

图 10-1 法迈鲁小学（英）

(a) 总平面；(b) 平面图

1—普通教室；2—校长室；3—厨房；4—图书角；5—卫生间；6—钢琴角；7—幻灯学习角；

8—床；9—暖炉；10—阳台；11—自行车停放；12—小山丘；13—活动场；14—铺面地面

　　随着信息化社会的进展，希望每一位在校学生发挥自身的优势及特点，自觉、自主、积极、主动地学习进取，并使其学有所长，这是进行教学改革的指导思想。工业化时代的思维模式是少品种、定型化、大量产生。与之相比较，信息化时代要求多品种、个性化、小批量生产。在教育界，信息化社会思维模式体现为：让学校从"教育"的场所向"学习"的场所转换，并通过新的教学方式的实施，促使学生自主、自发地学习，同时在学习中掌握自主、自发的主宰自己行为及前途的生存方式。

最早进行教育改革及新型学校建筑空间探索的当属英国。19世纪以来，定型化的近代教育方式及学校建筑在二战后得以改进，以珍惜每位学生成长为目标的教育改革，对以黑板、讲台为中心的教学形式予以否定，以启发学生自主学习为基础，培养动手能力及小组学习讨论为主的学习形式开始实施，进而发展到取消以固定级、年级单位的施教体系、实现学习方式、学习集团组织灵活多样的新型教学体系。与新型的教学体系相对应，学校建筑也开始了新型空间及环境的探索，在新的学校建筑空间环境中实施新的教学内容，如图10-1所示。

在美国，20世纪60年代，当前苏联在宇宙开发领域领先美国一步取得了惊人成绩时，美国开始反省自己的教育，这也成了开展开放式教育，实施开放式学校建设的契机。大规模地实施教育体制改革，并彻底推行个别化教育。与此相呼应，大量建设带有开放式、多功能灵活空间的新型校舍不断出现。还在一定范围内开发建立了以大工业化生产为主的新型学校建设生产体系。那些室内如运动场一般大小的开放式空间中，除了地面与屋顶固定不变外，由装配式构件组成的可以自由划分的空间形式，为多样灵活性的教学方式提供了方便。

在日本，新型学校建设实践起步较晚，但由于是建立在总结欧美经验的基础上的，新型学校建筑很大程度上保留了普通教室与长外廊空间组合的原形，而加宽外廊空间，并使外廊与教学空间成为一体。这样，既可按传统的方式分班上课，也可以展开多种形式的灵活教学活动，并在通风、采光、节能等方面有一定的优点，如图10-2所示。

(a)

(b)

图10-2 福光东部小学（日）
(a) 室外环境；(b) 室内空间（教室与多功能空间）

在我国，由于受校舍数量不足及危房大量存在等压力，国家规模的开展新型学校建设实践还未提到议事日程上。据调查，在一些沿海及经济发达地区已开始着手小班化，个别化教育的试点。与此相对应，为开创能够满足这种新型教学方式的建筑空间的努力也在积极进行。另外，尽管存在一些问题，近年来出现的私立学校已从格局上冲破了单一的办学模式，可以预见，私立学

校的特色教育必将引发新型教育方式及新型学校在我国的出现。在建筑创作领域、探索开放式教

育及新型学校建筑的活动也在积极地进行着（图10-3）。

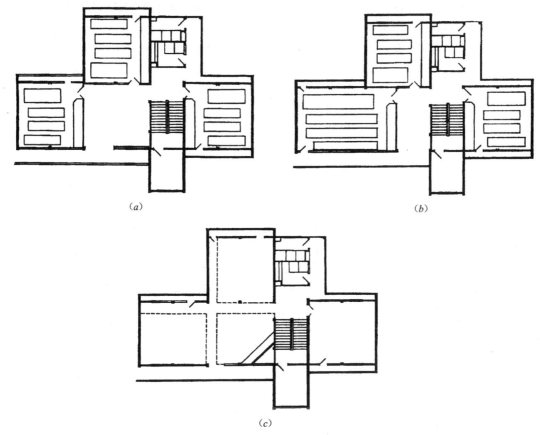

(a)　　　　　　　　(b)

(c)

图 10-3　1985 年设计竞赛获奖方案年级单元设计
(a) 满足目前使用；(b) 考虑教学方式发展；(c) 考虑开放教学使用

三、新型学校建筑的特征

1. 具有满足各种学习活动开展的学习空间

新的学习空间应能满足新的教学体系，而这种教学体系是以适应学生的爱好、兴趣、特点，适合每一位学生的学习欲望为基础建立起来的。新的学校教育体系中，学习内容及学习进度由学生自由安排，授课内容有一定的可选择性，学科趋向综合化并具有一定的可塑性。当然，所谓的自由选择是在老师的指导下进行的，只是学生有充分的选择学习内容、选择学习方式、选择学习场所的可能性，甚至包括利用校外的学习场所及设施。新型学校的学习环境中配备有教材、教具，甚至连计算机这样的设备也可供学生随时方便的使用。也就是说，在日常活动中，校舍环境具有到处可以激发学生学习热情的作用，设计上，空间的连续与贯通相当重要，学习方法上，学习小组可大可小，与之相对应学习空间大小划分的灵活性尤为重要，而且对大小空间的转化速度要求顺畅，这就是开放空间，灵活空间在新型学习中出现的必然性或必要性的结果。在开

放、灵活空间中创造相对安静、坦然学习的个人学习领域的学习角（corner）是常见的做法。另外与一起上课的传统形式相比较，新型学校中个人的走动明显增加，为此，除了相应地增加活动面积（3~4m²/人）外，增强室内材料的吸声性能亦很重要。

2. 创造具有生活情趣的学校环境

传统的学校建筑是站在"教育者"施教的立场上建立起来的，无论是空间构成、场所大小及室内外的一切设施，优先考虑到老师展开教育活动之需。新的学校建筑是为满足"学习者"展开学习活动创造的环境，从时间上讲，学生整天或者终年生活在学校环境中，学生在校期间除正常学习行为外，休息、游戏、交往等都是正常的活动内容，而且这些活动对学生的成长及未来生活都将产生重要的作用。把学校作为具有生活情趣的环境进行设计处理，是新型学校建筑构思的一个重要方面。设计中注意入口、门厅、餐厅、交往空间、游戏空间及其环境的创造，并使其具有浓厚的生活情趣，把这些看得与教室同等重要。

除了具有上述空间环境外，在有条件的地方，设计上尽可能创造宽敞的面积及灵活多变的开阔空间，丰富多彩的感观及气氛是在设计上下功夫的着眼之处。另外在外部空间环境及造型处理上创造具有地方特色、具有文化内涵、具有显明个性特征及具有时代感的学校建筑也是相当重要的。

3. 面向社区开放的场所

学校面向成人教育、夜校、培训班等开放的做法，传统的学校也已有之。学校站在施教者立场上，把多余的校舍或空闲的空间、场所借与地区使用者，以提高校舍及设施的利用率。新型学校在对待与地区社会关系中，希望学校与社区互成一体，如同新型学校变"教育"场所为"学习"场所一样，面向社区"学习者"开放，把那些以学习为目的社区居民与学生放在同等地位，学校不单是为在校学生的专用领地，凡是以学习为目的，希望参与学校学习的社区成员都能及时、方便地利用学校的学习环境，像在校生一样参与学习活动。对在校学生而言，社区也是学校的一部分。

这样，开放式新型学校建设中对空间及其设施有了更高的要求，除了增加必要的内容外，管理、动作方面对空间也有一定的具体要求。除了向地区"学习者"开放以外，新学校还应成为社区文化交流、福利及体育活动的据点，成为增强地区凝聚力的核心。学校向社区开放，本身对在校学生的学习生活以及增强家长与孩子的相互理解都将起到有益的作用。

4. 利用现代化教学手段增强学校建筑的性能

近年来，智能化学校的研究与实践成了智能建筑的重要组成部分，智能化建筑是指以充分利用计算机、程控电话交换机等高效信息处理功能为中心，使用办公自动化（高效、自动化）设备，确保省时省力、节能、安全性，创造轻松、舒适的办公环境的建筑。在计算机大量进入工作场所，进入百姓家庭的时代中，学校却差不多成为计算机的盲区、偶尔有几台电脑，也是被放进计算机房，不到上机时间学生休想摸到它，这也许就是单一化、封闭式教学方式的表现形式之一。以追求"学习形式的多样化"，"开放式教学"，"学校环境生活化"等为目标的新型学校，只有使学校达到智能化，才能最终达到理想的信息化时代的学校标准，自然，计算机的设置及办公自动化设备的配备，数量只是一方面，管理方式能否达到便于学习者随时方便的使用亦成为其要点之一。以多功能开放空间为中心，结合学习角布置的计算机及其他设备，除考虑地板配线、室内开窗照明、家具布置及空气调节等与之相匹配外，还需保证有充足的电源。当然，健康、安全、节能、省电等措施也是设计中必须注意的问题。

以上四个方面论述了新型学校建筑的特色，必须说明的是，这四个方面只是迄今为止新型学校实践过程中探索总结出来的几点，并非教条，新型学校建筑设计中借鉴别人的做法固然必要，按照新时代的教学要求，创造适合所在学校新型教学要求的空间及环境将是至关重要的。

第二节 学校与社区合作

今天，可持续发展成为人类行动的共同纲领，对现有资源的充分利用已经成为人们的共识。信息时代伴随着终身学习社会的来临，对教育资源的需求将大大增加。

一直以来，学校封闭、隔绝于社区之外，学校设施通常会在学生放学之后关闭。近年来允许当地社区使用校内设施进行成人进修教育或者体育锻炼，已成为一种趋势。学校社区共享一部分教育设施，可以加强学校与当地社区的联系，也可以节省费用，节约资源。

（一）与社区互动的开放式小学校的定义

与社区互动的学校是将学校设施向家庭和社区开放，将原来封闭的学校变成一个学习的共同体，学校积极为家庭和社区服务，同时学校也可广泛利用家庭和社会的学习资源。学校成为学习型社区的学习中心，成为社区成员的再教育场所。

（二）与社区互动的小学校建筑设计方法

1. 设计的过程：学生、社区成员参与设计

学校的功能已不仅仅局限于为在校学生提供教学计划规定的课程学习，还为当地的社区成员提供业余教育的功能。由于使用对象的多样化，就要求这些学校的部分或公用建筑空间具备多功能的特点。因此，在设计的过程中，建筑师有必要和投资方、教师、学生及社区成员共同参与到设计的过程中来。

2. 小学校的整体平面布局的开放性探讨——安全性考虑及与社区有效的通达

开放式的小学校的设计从总平面的选址就应该考虑在社区中的位置及对社区的影响；在学校的整体布局中，还要考虑哪些设施可以向社区开放，及这些设施对总平面布局产生的影响，应该尽可能的满足开放的需要及相应的便于学校的管理，而不干

扰正常的教学活动。

在社会要求学校努力向社区开放的同时，学校的安全问题成为当今学校设计的一个重要方面。孩子们具有自由奔放的天性，而现实又强烈地要求严密的安全措施来保护。因此，在校园的总体规划中，既要体现开放的思想，满足孩子们活泼开放的天性以及社区的使用要求；还要兼顾安全措施，这给校园规划提出新的要求。

3. 小学校的建筑设计应考虑如何配合学校的管理

学校建筑要实现与社区资源共享，必须考虑到建筑设计应为管理提供方便。在学校的经营中，学校、家庭和社会在学校的地位产生了变化。家长作为学校办学的有生力量，不仅具有服务的义务和权利，而且还有管理学校的知情权和参与权。家长通过家长管委会等，列席学校的各项会议，参与学校决策和活动，通过校际活动观摩，交流信息、交换意见，找回并执行家长的教育权利。社区可以利用学校资源，同时也为学校提供教育设施和人力资源。如此，开放的经营管理模式需要与之对应的建筑设计模式。例如公共用房靠近社区设置，设立专供社区及家长的出入口及家长办公室等。

4. 小学校的设计应考虑到社区的性质，体现社区的价值取向

每个场所都有自身的价值取向，而且被赋予地域的特征。学校的设计应能体现社区文化及地域风格。让学校充分发挥社区的教育中心的作用，做到"可见性、可达性"。

综上所述，向社区开放的小学校的空间层次依次分为：城市——社区——街巷——小学校校园——教室。随着"开放式可持续社区"的建设，社区、街巷空间都将成为孩子们可以学习的场所，成为校园空间的外部延伸；而居民对整个教育空间的参与和维护将对小学校的建设起关键作用。同时，小学校的规划要考虑社区居民的行为活动规律，使社区居民、儿童的使用互不干扰。

第十一章 实   例

1. 1984年全国城市中小学校建筑设计竞赛一等奖方案

设计单位：西安建筑科技大学（1984年应届毕业生的毕业设计）

设计人：田策

学校规模：18班小学

用地面积：9500m²

建筑面积：2880m²

主要教学用房的规格与尺寸：

普通教室　46.35m²；

自然教室　72.80m²；

多功能教室　149.53m²。

本建筑方案简介请见第二章。

学校总平面图见图2-15。

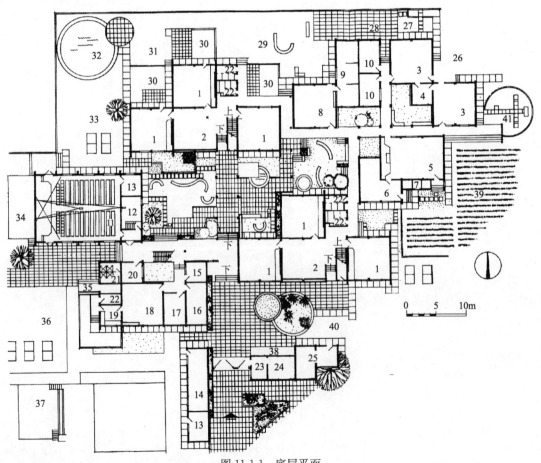

图11-1-1 底层平面

1—普通教室；2—活动敞厅；3—音乐教室；4—乐器室；5—自然教室；6—标本仪器室；7—温室；8—阅览室；9—书库；
10—科技活动室；11—多功能教室；12—放映室；13—贮藏室；14—体育器材室；15—少先队部；16—校长党支部室；17—教务室；
18—餐厅；19—厨房；20—医务室；21—浴室；22—厕所；23—传达室；24—卧室；25—木工室；26—演出场地；27—小动物饲养场；
28—科技活动场地；29—室外阅览场地；30—一年级活动场地；31—游戏场；32—游泳池；33—小体育器械场地；34—室外小舞台；
35—开水台；36—体育器械场地；37—主席台；38—自行车棚；39—植物园地；40—二年级活动场地；41—气象园

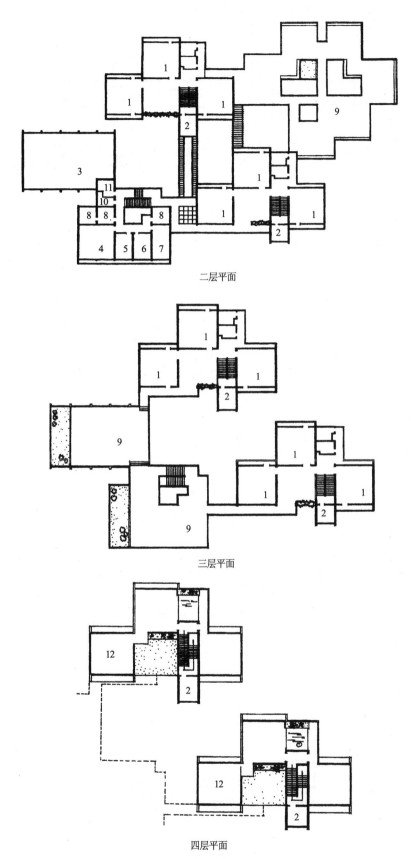

二层平面

三层平面

四层平面

图 11-1-2 二、三、四层平面

1—普通教室；2—教师休息室；3—多功能教室；4—会议室；5—广播室；6—工会办公室；
7—总务室；8—教工单身宿舍；9—班级活动单元；10—男厕所；11—女厕所；12—科技活动用平台

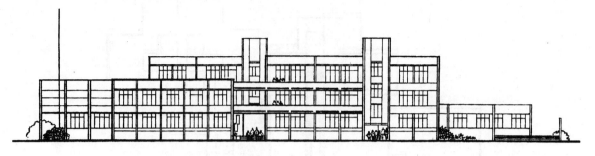

图 11-1-3　南立面

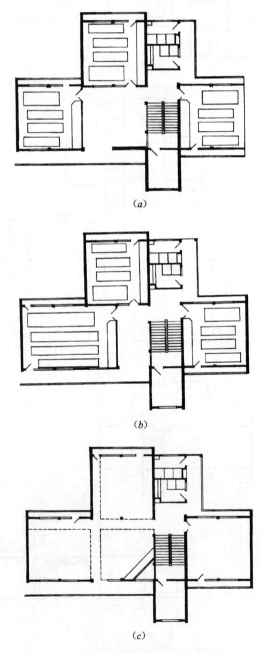

(a)

(b)

(c)

图 11-1-4　教室单元多种活用的可能性

(a) 适应于目前班级上课的需要；(b) 利用活动敞厅改造为大教室；(c) 适应于开放教学需要的学习空间

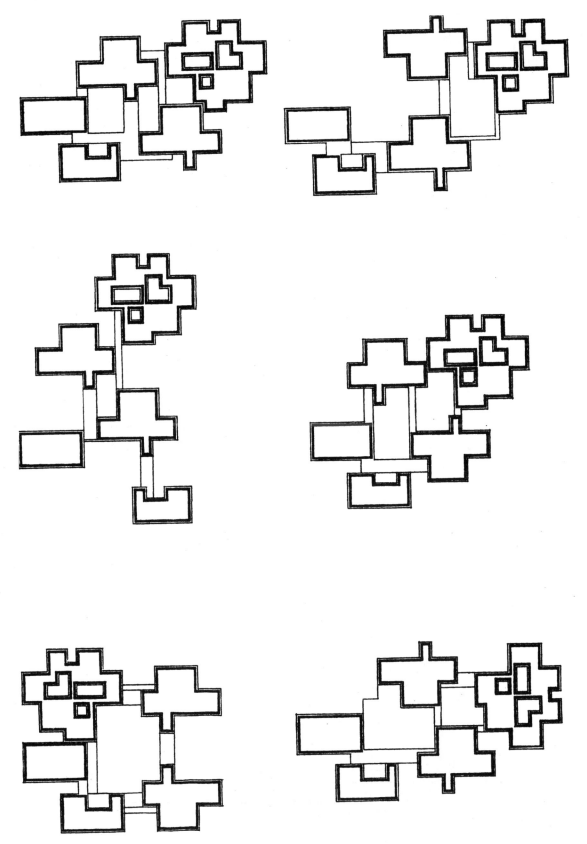

图 11-1-5　学校校舍各单元的多种组合形式

2. 江苏锡山市东埠镇实验小学

设计单位：南京市教育建筑设计所

主要设计人：王珏、徐迎春

竣工时间：1996年5月

学校规模：44班

总用地面积：52800m²

总建筑面积：21500m²

学校教学区规划按组团式（单元式）组合方式，分教学综合一楼、教学综合二楼、艺术楼、综合办公楼等组合单元，以廊连接，形成诸多室外庭院，各庭院种植草坪、雕塑、树丛、花木、丰富了室外空间。各教学单元的层数、平面组合形式相近，但各具特色，故整体效果既统一又有变化，形成一完整的、并富有活泼气氛的花园式校园。

学校设施齐全，运动设施有400m环形跑道运动场、风雨操场、游泳池；在综合楼顶层设天文馆；学校设艺术楼，主要安排音乐教室、舞蹈教室等。其他各种专用教室分别设于教学综合一楼及教学综合二楼之内。

各教学单元体，一般为三层外廊式建筑。由于房间组成数量少，教室间的干扰甚小，故而创造良好的学习环境。

在建筑物外观上，以体形、色彩、图案的多种组合，形成绚丽多彩、轻快活泼的建筑组群。

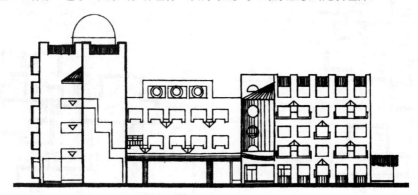

图 11-2-1　综合楼　南立面

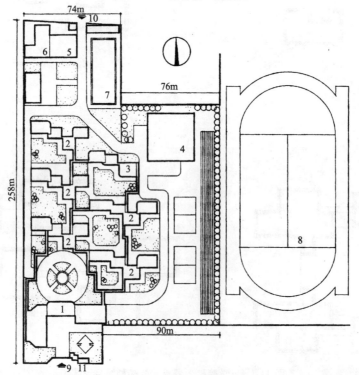

图 11-2-2　总平面

1—综合楼；2—教学楼；3—艺术楼；4—风雨操场；5—宿舍；6—食堂；7—游泳池；
8—400m环形跑道田径场（与中学合用）；9—主要出入口；10—次要出入口；11—传达室

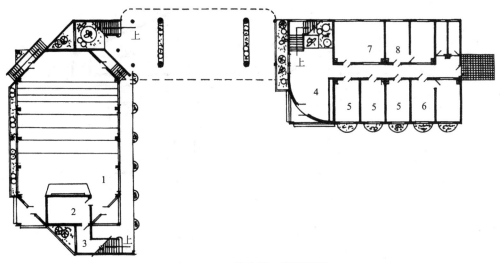

图 11-2-3　综合楼　底层平面
1—阶梯教室；2—仪器存放；3—贮藏室；4—门厅；5—办公室；6—卫生室；7—少先队活动室；8—队部

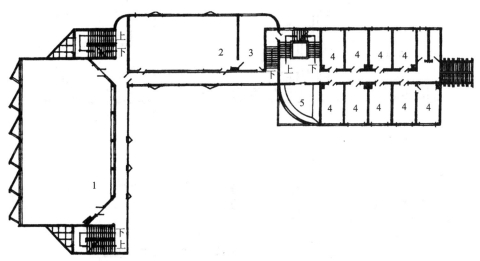

图 11-2-4　综合楼　二、三层平面
二层：1—大会议室；2—学生阅览室；3—编目；4—办公室；5—休息室
三层：1—书库；2—教师阅览室；3—管理编目；4—办公室；5—休息室

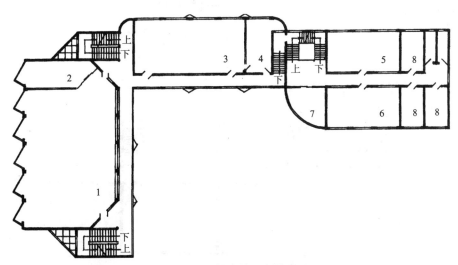

图 11-2-5　综合楼　四层平面
1—书库；2—管理编目；3—教师阅览；4—管理；5—小会议室；6—会客室；7—休息室；8—办公室

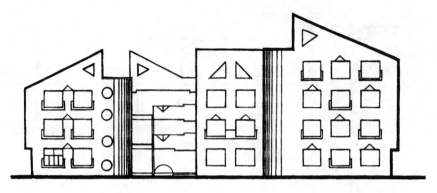

图 11-2-6　教学综合一楼　北立面

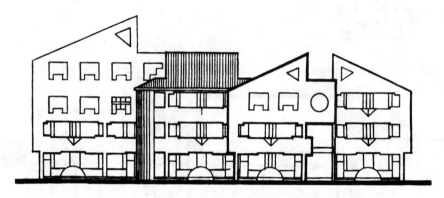

图 11-2-7　教学综合一楼　南立面

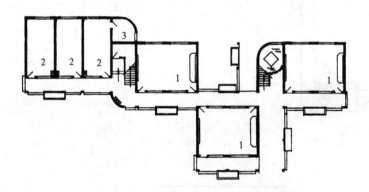

图 11-2-8　教学综合一楼　底层平面
1—普通教室；2—办公室；3—贮藏室

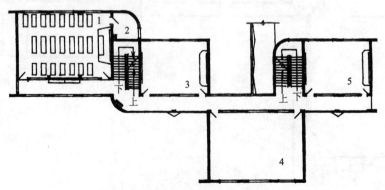

图 11-2-9　教学综合一楼　三层平面
1—语言教室；2—准备室；3—科技活动室；4—美术教室；5—普通教室

图 11-2-10　教学综合二楼　南立面

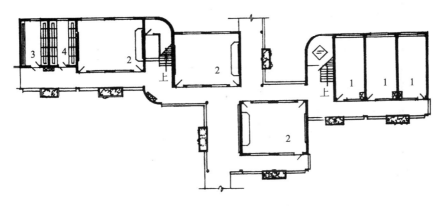

图 11-2-11　教学综合二楼　底层平面
1—办公室；2—普通教室；3—男厕所；4—女厕所

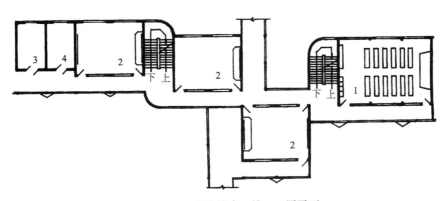

图 11-2-12　教学综合二楼　二层平面
1—自然教室；2—普通教室；3—男厕所；4—女厕所

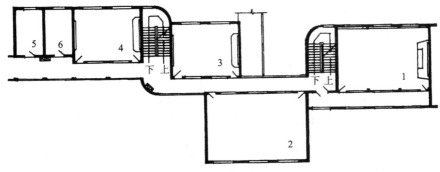

图 11-2-13　教学综合二楼　三层平面
1—语言教室；2—美术教室；3—科技活动室；4—普通教室；5—男厕所；6—女厕所

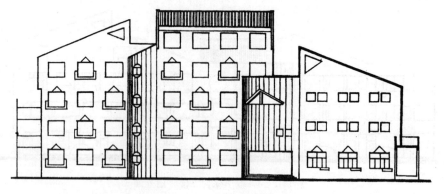

图 11-2-14　艺术楼　南立面

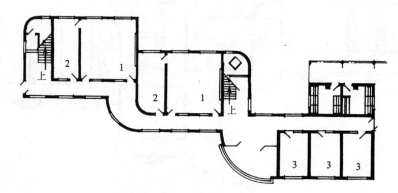

图 11-2-15　艺术楼　底层平面
1—音乐教室；2—乐器室；3—办公室

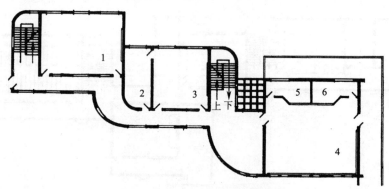

图 11-2-16　艺术楼　二层平面
1—音乐教室；2—乐器室；3—音乐训练；4—舞蹈训练；5—男更衣；6—女更衣

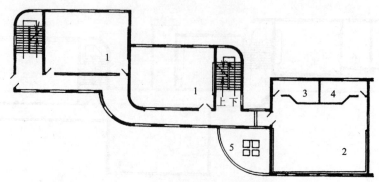

图 11-2-17　艺术楼　三层平面
1—音乐教室；2—舞蹈训练；3—男更衣；4—女更衣；5—过厅屋面

3. 河南洛阳市洛阳石化总厂化纤生活区小学综合教学楼

设计单位：西安建筑科技大学建筑学院

设计人：周文霞、赵宇

建设地点：洛阳市吉利区洛阳石化总厂化纤生活区

竣工时间：1998年7月

用地面积：24.56亩（16381m²）

建筑面积：4786.25m²

学校规模：18班小学

学校主要用房规格与面积：

普通教室　6900mm×9000mm；

自然、计算机教室等　6900mm×11100mm；

阶梯教室　11400mm×17700mm；

体育馆　18000mm×24000mm（不包括辅助用房）。

学校总平面布置紧密结合地形，合理地进行功能分区，有效地组织和利用室外庭院空间、校门内的前庭广场及校门外的缓冲空间，创造了良好的学习、生活及提高素质教育的环境。

在平面组合中，利用门厅、交往空间、走廊等将各种用房组织在一起；设置的交往空间为学生提供了一个交往、展览、全天候的游戏场所。同时交往空间的内天井空间可上下渗透，也增加了空间的趣味性。

造型设计考虑到儿童的心理特点，以重复的三角形为母题多次运用，使造型活泼、大方，同时，考虑到洛阳盛产陶画，在主立面上设置了体现学校特点的陶画，以烘托学校的学习气氛。

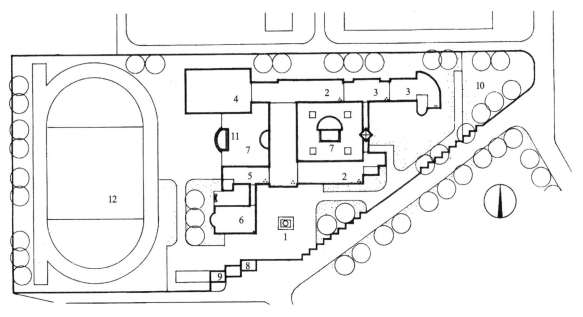

图 11-3-1　总平面

1—前庭广场；2—教室区；3—专用教室区；4—体育馆；5—办公区；6—阶梯教室；
7—内庭；8—传达值班；9—开水房；10—植物园；11—领操台；12—200m环形跑道田径场

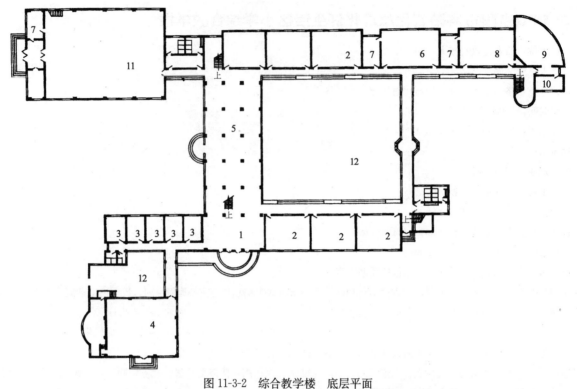

图 11-3-2　综合教学楼　底层平面

1—门厅；2—普通教室；3—办公室；4—阶梯教室；5—交往空间；6—自然教室；
7—准备室；8—劳作教室；9—音乐教室；10—器材室；11—风雨操场；12—庭院

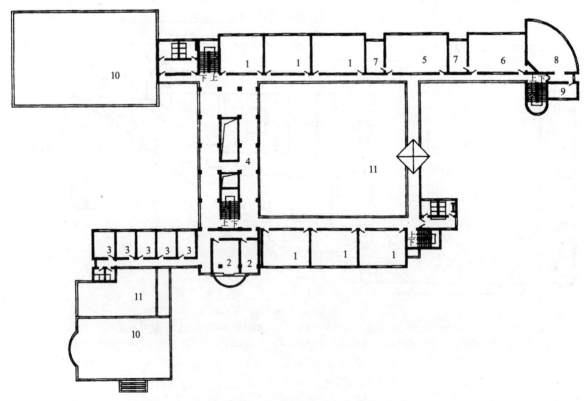

图 11-3-3　综合教学楼　二层平面

1—普通教室；2—备课室；3—办公室；4—交往空间；5—计算机教室；
6—美术教室；7—准备室；8—舞蹈教室；9—器材室；10—底层屋面；11—庭院上空

图 11-3-4 综合教学楼 南立面

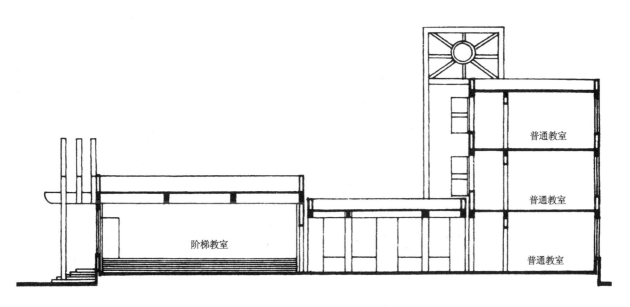

图 11-3-5 剖面

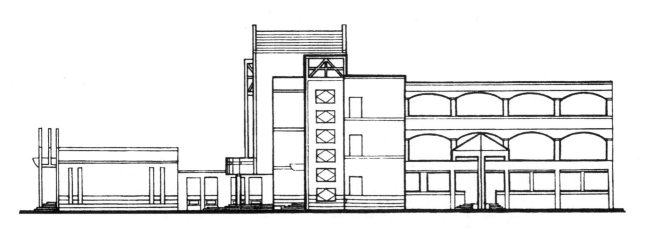

图 11-3-6 东侧立面

185

4. 成都市盐道街中学综合楼

设计单位：成都市教育建筑设计院

主要设计人：牟子元、刘洪

学校规模：30班（初中12班、高中18班）

用地面积：15341m²

教学综合楼建筑面积：5000m²

综合楼包括普通教室、图书室及办公用房。

总平面布置 学校为南北长、东西短不规则地段，校舍前部为教学区，并规划出前庭广场，后部为运动场地区，东北侧为生活区，有独立出入口。这样的布局，突出了学校功能关系，创造了良好的学习环境。

综合楼前部为底层架空层，既起到通透、增加层次效果外，又为学生交往、活动创造了条件。在前楼的屋面上设一200m²的游泳池，既解决了屋面隔热，又合理地利用空间，节省用地。

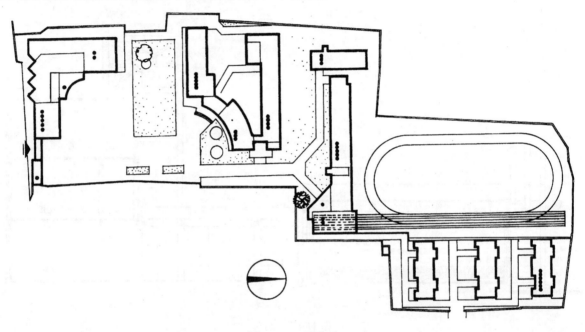

图 11-4-1 总平面

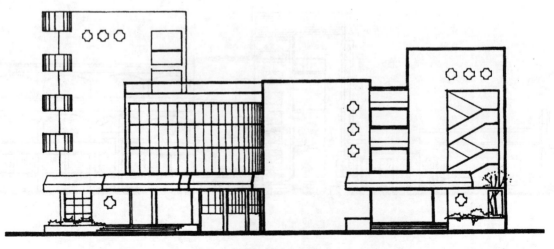

图 11-4-2 东立面

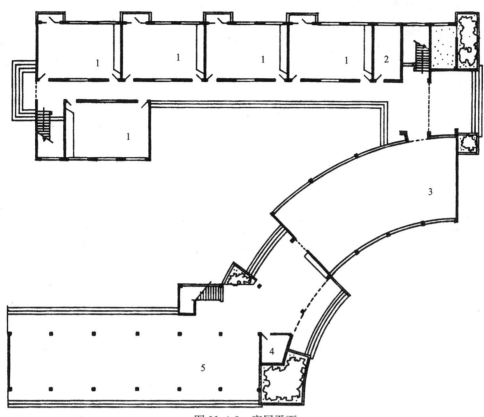

图 11-4-3 底层平面
1—普通教室；2—办公室；3—学生阅览室；4—值班室；5—架空层

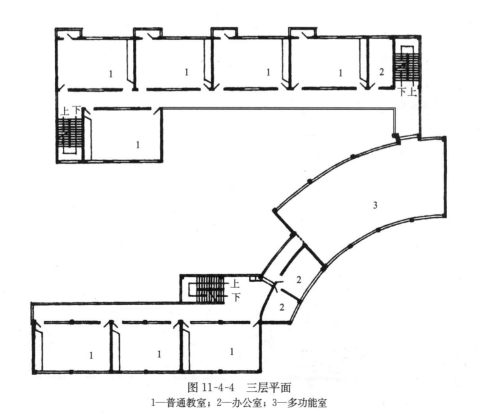

图 11-4-4 三层平面
1—普通教室；2—办公室；3—多功能室

5. 上海行知中学教学楼

设计单位：上海华东建筑设计院

主要设计人：王时

竣工时间：1993 年 8 月

学校规模：24 班

用地面积：41360m²

建筑面积：11188m²

学校主要教学用房规格与面积：

普通教室　6600mm×9000mm；

实验室　7800mm×12000mm；

体育馆大厅　24000mm×30000mm。

学校教学区（校园）与宿舍区分设两地段，距离甚近。校园总平面分三个部分，西北部为教学区，西南部为生活区、东部为体育运动区。师生来校路线基本为西侧，故校门设于西侧中部。教学区与生活区之间为校园中心广场，在校门的中轴线上安排八边形阶梯教室。后部为标准 400m 环形跑道田径场。在中心广场设一大喷水池，配合地面铺地及周边绿化，形成生机勃勃的中心庭园。

教学楼的组合形式基本为廊式组合。整栋校舍的组合形成三个庭院，各主要用房均为南北向，构成一分区明确、独立性强、联系方便、内庭优美的校舍区。

教学楼采用高低错落的体部组合，并配以通透的联廊及庭院内的建筑小品，使建筑富有变化。在立面处理上及色彩安排上显示出简洁、明快、和谐、新颖的效果，体现学生朝气蓬勃、努力向上的精神风貌。

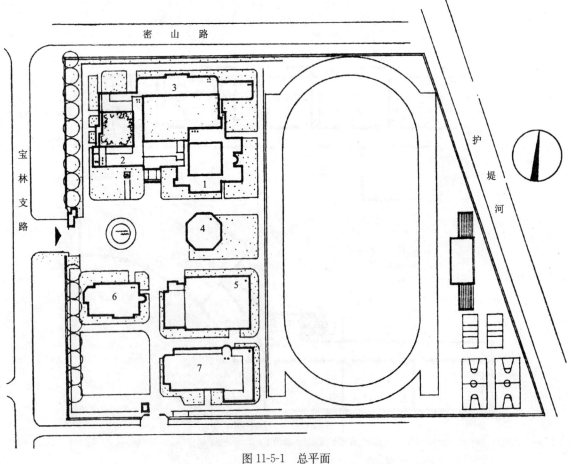

图 11-5-1　总平面

1—教学楼一；2—教学楼二；3—教学楼三；4—阶梯教室；5—风雨操场；6—图书馆；7—食堂

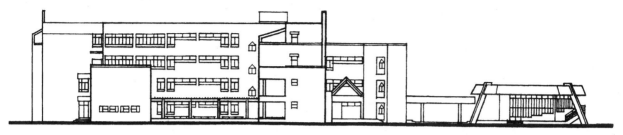

图 11-5-2　教学楼　西立面图

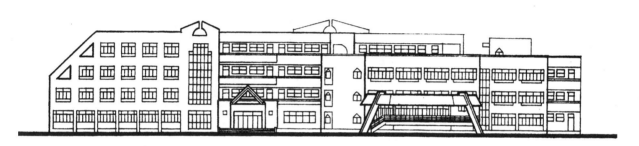

图 11-5-3　教学楼　南立面图

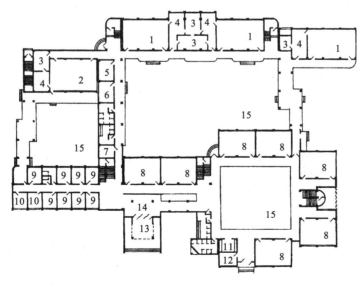

图 11-5-4　教学楼　底层平面
1—化学实验室；2—生物实验室；3—仪器；4—准备；5—水泵；
6—科技；7—配电室；8—普通教室；9—办公室；10—医务室；
11—饮水间；12—教师休息室；13—敞厅；14—门厅；15—庭院

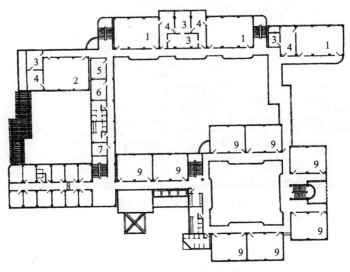

图 11-5-5　教学楼　二层平面

1—物理实验室；2—生物实验室；3—仪器室；4—准备室；5—贮藏室；6—科技活动室；7—配电室；8—办公室；9—普通教室

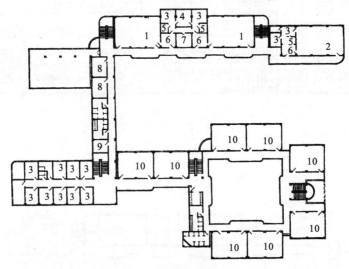

图 11-5-6　教学楼　三层平面

1—语言教室；2—计算机教室；3—办公室；4—资料仪器室；5—风机；6—换鞋间；7—录间室；8—科技活动室；9—配电室；10—普通教室

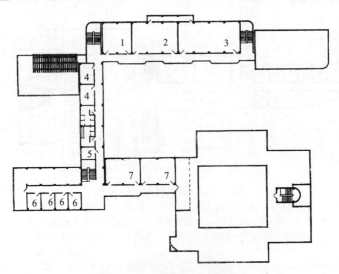

图 11-5-7　教学楼　四层平面

1—教师阅览室；2—藏书室；3—学生阅览室；4—科技活动室；5—配电间；6—办公室；7—普通教室

6. 广东东莞市厚街中学

设计单位：广东省教育建筑设计所

竣工时间：1998年

建造地点：广东东莞市厚街镇

用地面积：69336m²

建筑面积：48669m²（其中：教学楼10843m²，实验楼8616m²，艺术楼1818m²，体育馆2548m²，学生食堂、厨房2473m²）

主要教学用房规格及面积：

普通教室　8100mm×10000mm；

阶梯教室　13500mm×20000mm；

实验室　8700mm×13200mm；

美术、音乐、书法教室　12000mm×18000mm。

学校总平面布局清楚、分区合理，教学用房区以教学楼为主体形成一完整建筑组群，基本形成以中轴线为中心对称式布局方式。进校门后为一开阔的前庭广场。校舍北侧为体育场（400m标准运动场）及体育活动场地，偏西侧为生活区。

教学用房分若干栋建筑，各栋以廊相连接。教学楼的前面体部底层为支柱层，为学生课间活动提供良好场所，也扩大了前庭的空间，增加层次感，创造良好视觉效果。教学楼的外廊面向中庭，外廊有规律地设置半圆形休息空间，极大丰富了庭院的空间效果，也为学生创造了丰富多彩的休息和交往环境。

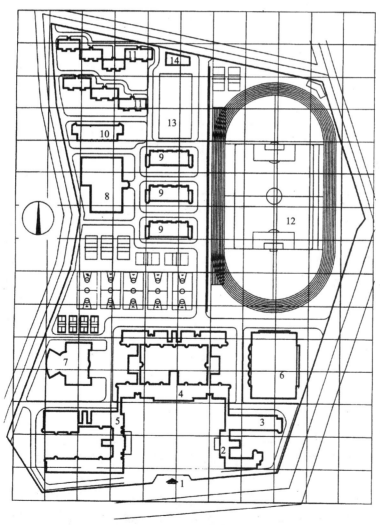

图 11-6-1　总平面

1—主要入口；2—办公楼；3—图书馆；4—教学楼；5—实验楼；6—体育馆；7—艺术楼；8—食堂、厨房；9—学生宿舍；
10—教师宿舍；11—住宅；12—400m环形跑道田径场；13—游泳池；14—更衣间

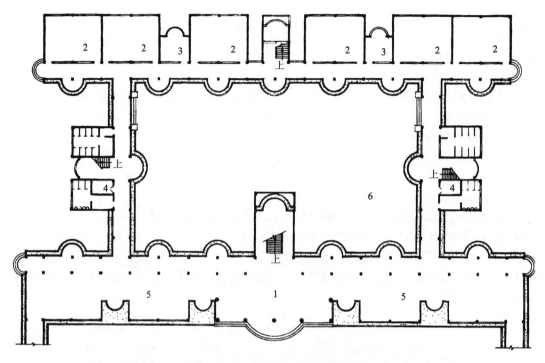

图 11-6-2　教学楼　底层平面

1—入口敞厅；2—普通教室；3—教师休息室；4—泵房；5—课间活动；6—庭院

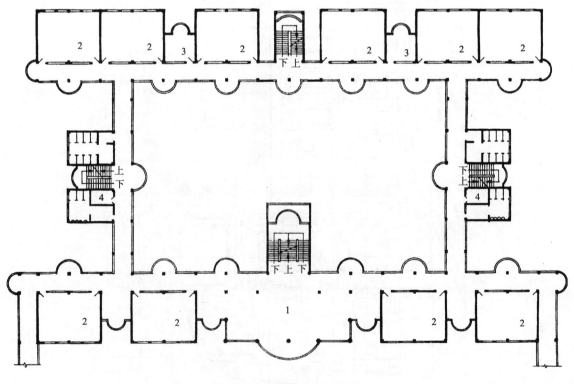

图 11-6-3　教学楼　二层平面

1—课间活动敞厅；2—普通教室；3—教师休息室；4—卫生间

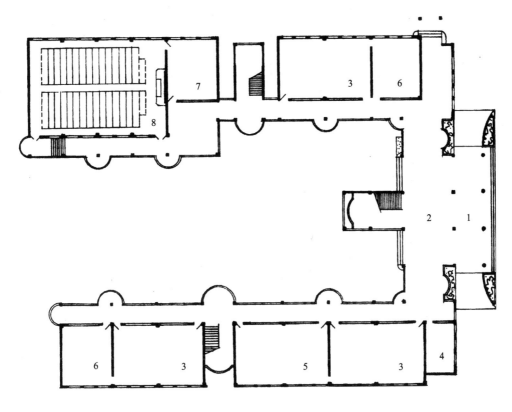

图 11-6-4　实验楼　底层平面

1—柱廊；2—门厅；3—化学实验室；4—实验员室；5—药品；6—仪器准备；7—器材；8—阶梯教室

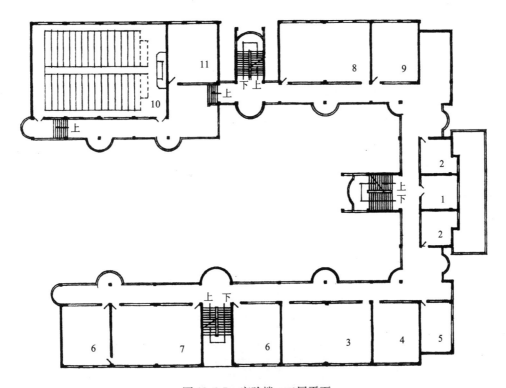

图 11-6-5　实验楼　二层平面

1—教师休息室；2—实验员室；3—生物实验室；4—模型室；5—标本室；
6—仪器准备；7—备用实验室；8—电化教室；9—控制室；10—阶梯教室；11—器材室

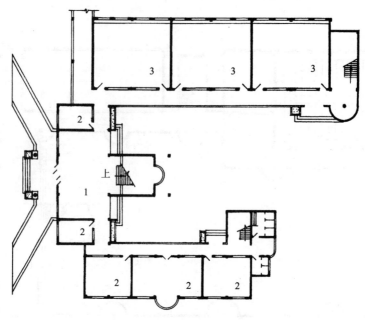

图 11-6-6　办公综合楼　底层平面
1—门厅；2—办公室；3—高中科组室

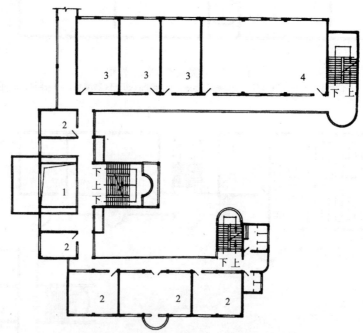

图 11-6-7　办公综合楼　二层平面
1—门厅上空；2—办公室；3—初中科组室；4—教师阅览室

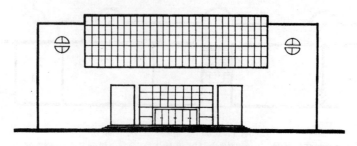

图 11-6-8　体育馆　北立面

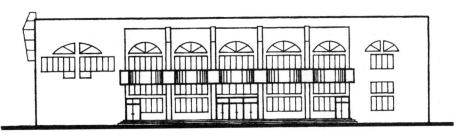

图 11-6-9　体育馆　西立面

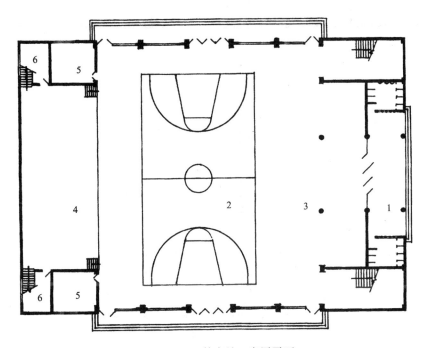

图 11-6-10　体育馆　底层平面

1—门厅；2—篮球场；3—体操场；4—舞台；5—体育器材室；6—化妆室

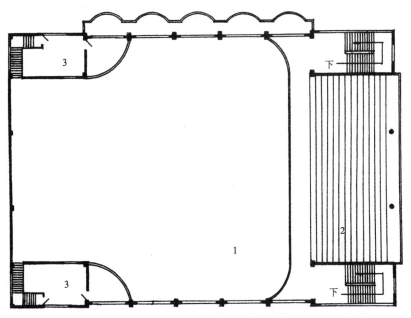

图 11-6-11　体育馆　二层平面

1—体育馆球场上空；2—看台；3—设备及音响

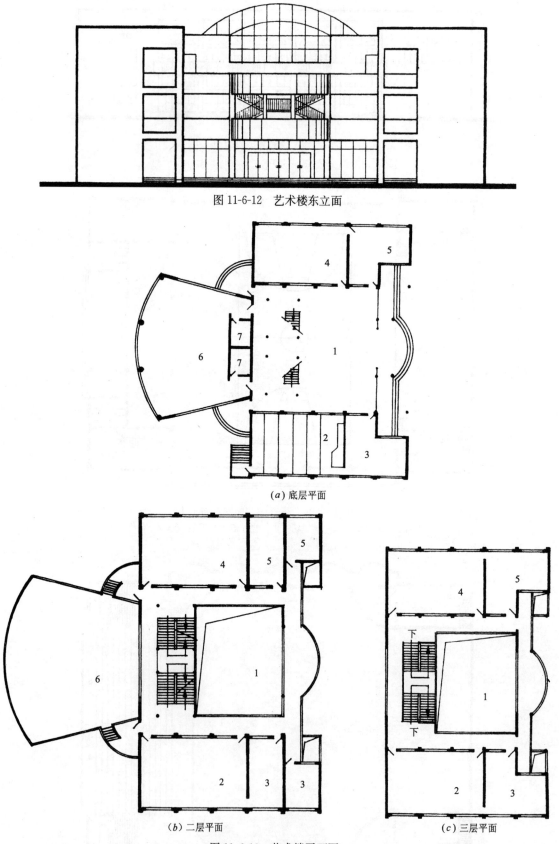

图 11-6-12　艺术楼东立面

（a）底层平面

（b）二层平面

（c）三层平面

图 11-6-13　艺术楼平面图

1—中庭；2—音乐教室；3—乐器室；4—美术教室；5—作品展览室；6—舞蹈室；7—更衣室

二层平面：1—中庭上空；2—音乐教室；3—乐器室；4—美术教室；5—模型室；6—天台

三层平面：1—中庭上空；2—电子琴室；3—教师办公室；4—书法室；5—书法展览室

7. 北京陈经纶中学

设计单位：北京住宅建设总公司设计院

设计人：成志国、李慧仁

学校主要用房规格及面积：

实验室等专用教室　8000mm×12000mm

阶梯教室　9000mm×15000mm；

游泳馆　26000mm×60000mm，（池规格 20m×50m）；

风雨操场　21000mm×36000mm；

会堂　24000mm×54000mm（包括舞台）。

学校总平面布局紧凑，功能分区清楚。校园西侧安排400m环形跑道田径场，东部建筑用地区域内：南端设体育馆、游泳馆、食堂及会堂，北部为教室单元及实验图书楼，建筑组群的中部设开阔的中心广场，内有喷水池、纪念雕塑，使校园形成向心较强的有机整体。

教室楼采用单元式组合体，共四栋，分布在中心广场东北部。实验图书楼则位于广场西部。为节省用地及有效利用空间，几个较大的空间集中设于广场南端。半地下室作自行车停放场地，上设餐厅，二层为体育馆；另一组的底层为游泳馆、二层设会堂，两组用房邻接布置。

由于建筑物的紧凑组合及布置，才有可能以学校用地1/2强的面积设置400m环形跑道标准田径场，为学生提供足够的体育活动场所。

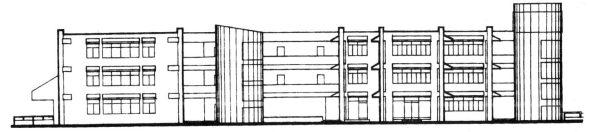

图 11-7-1　实验楼　东立面

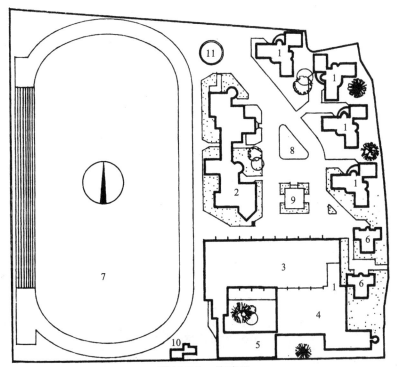

图 11-7-2　总平面

1—教学楼；2—实验楼；3—游泳馆、会堂；4—食堂、体育馆；5—校办工厂；6—学生宿舍；
7—400m标准运动场；8—喷水池；9—纪念碑；10—室外厕所；11—传达值班

图 11-7-3　实验楼　西立面

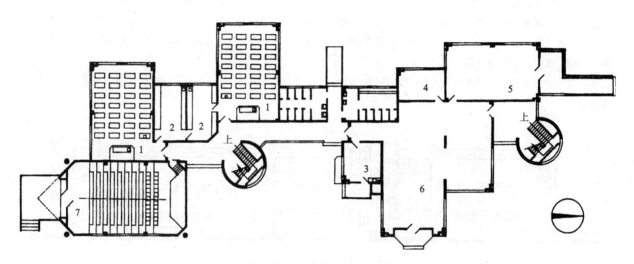

图 11-7-4　实验楼　底层平面
1—化学实验室；2—准备室；3—医疗室；4—主任室；5—接待室；6—行政办公；7—合班兼音乐教室

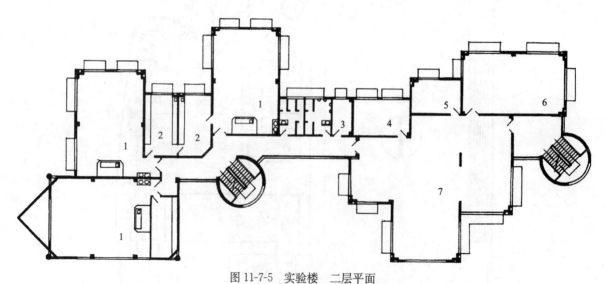

图 11-7-5　实验楼　二层平面
1—实验室；2—准备室；3—暗室；4—资料室；5—校长室；6—会议室；7—教务处

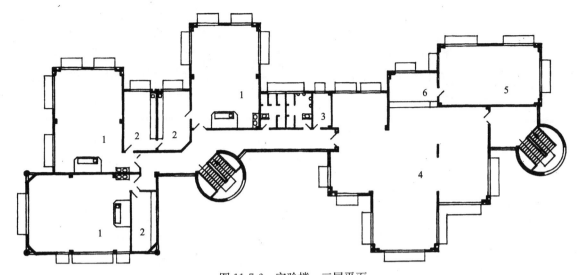

图 11-7-6　实验楼　三层平面
1—实验室；2—准备室；3—广播室；4—图书阅览；5—书库；6—借书处

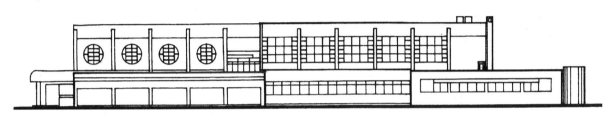

图 11-7-7　体育馆会堂　南立面

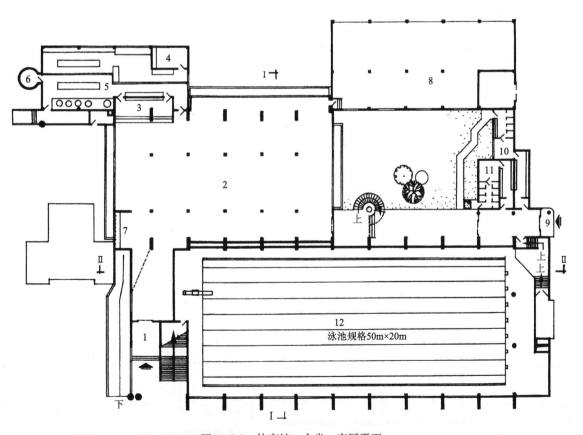

图 11-7-8　体育馆、会堂　底层平面
1—食堂入口；2—学生食堂；3—配餐间；4—办公室；5—厨房；6—存物间；
7—洗手处；8—校办工厂；9—游泳馆入口；10—男更衣；11—女更衣；12—游泳馆

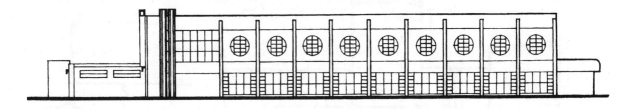

图 11-7-9 体育馆、会堂、北立面

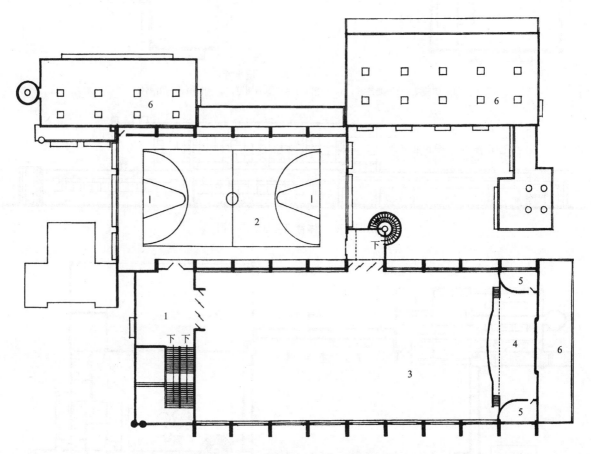

图 11-7-10 体育馆、会堂、二层平面
1—体育馆、会堂入口门厅；2—体育馆；3—会堂；4—舞台；5—准备室；6—底层屋面

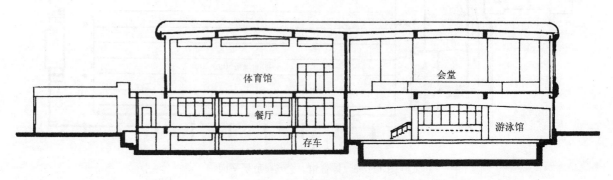

图 11-7-11 I—I剖面

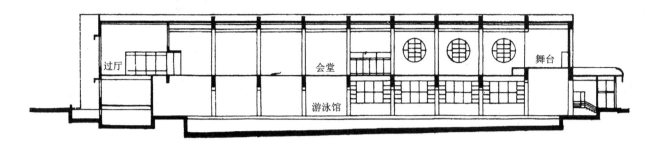

图 11-7-12　Ⅱ—Ⅱ剖面

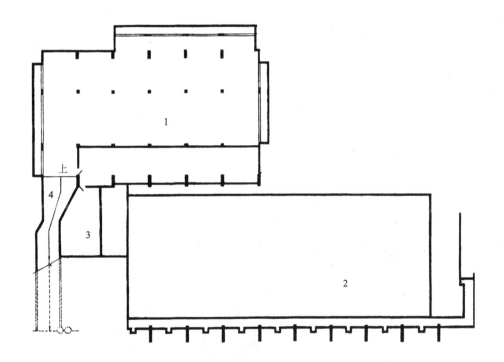

图 11-7-13　地下层平面
1—自行车库；2—泳池；3—泵房；4—坡道

8. 日本东京都板桥区金泽小学校

设计单位：日本大学理工学部建筑学科関关泽研究室、建筑综合计划研究所、协建筑研究所

设计人：関泽腾一

用地面积：12519m²

建筑面积：5806m²

学校规模：18班小学

覆盖率：0.22

容积率：0.42

金泽小学校是引进西欧开放式教学在日本兴建最早的学校之一，采用加宽走廊扩大走廊空间方式，构成学生学习活动场所。这一开拓设计构成目前开放式学校设计的基本模式。

学校校舍集中于校园北侧，由学校出入口经林荫路直达校舍出入口，校舍西侧为体育馆。校舍前后两排教室中部，设一游戏庭院（有良好铺面地面）及多功能教室（平房）。

教学楼的组合是按一个年级三间教室为一基本单元，每一单元除三间教室外有一加宽为4.35m的内廊、一套卫生间、楼梯及两个教室单元连成一个条形体部，中部设门相通。每三间教室的加宽内廊形成一学习、作业空间，供一个年级学生使用。其中设置适于不同学习方式需要的家具、教材、教具、教学器材等，为学生学习提供宽敞、舒适、灵活安排的多种学习活动空间，为开放教学创造良好的环境。

教学楼中部设置的庭院，为学生提供休息、游戏、相互交往的空间、增添了生活情趣。

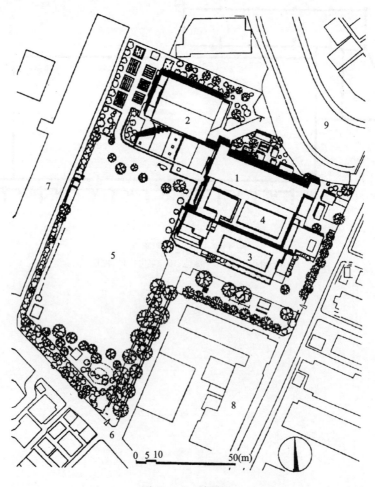

图 11-8-1 总平面

1—校舍；2—体育馆；3—屋顶游泳池；4—游戏场地；
5—运动场；6—学校主入口；7—相邻用地的住宅楼；8—相邻用地的医院；9—石神井河

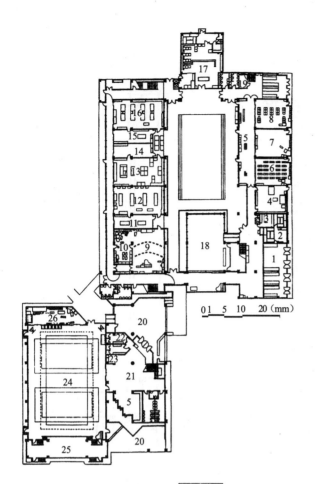

图 11-8-2　底层平面

1—入口、换鞋；2—值班；3—第一会议室；4—保健室；5—作业空间；6——年一班；7—空教室；8——年二班；9—音乐教室；10—乐器库；11—家庭课备室；12—家庭教室；13—图工教室；14—图工准备室；15—理科准备室；16—理科教室；17—厨房；18—多功能室；19—仓库；20—过厅；21—门厅；22—更衣室；23—开水房；24—体育馆；25—舞台；26—器材库

01 5 10 　20（mm）

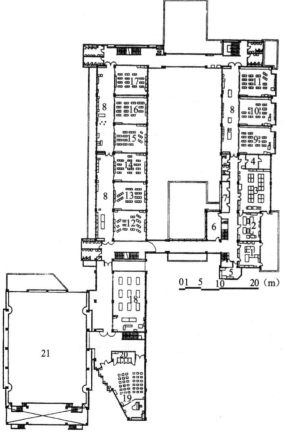

01 5 　10 　20（m）

图 11-8-3　二层平面

1—事务室；2—校长室；3—职员室；4—咖啡室；5—广播室；6—第二会议室；7—更衣室；8—作业空间；9—二年一班；10—二年二班；11—二年三班；12—四年一班；13—四年二班；14—四年三班；15—三年一班；16—三年二班；17—三年三班；18—第二开放空间；19—新音乐室；20—乐器库；21—体育馆上空

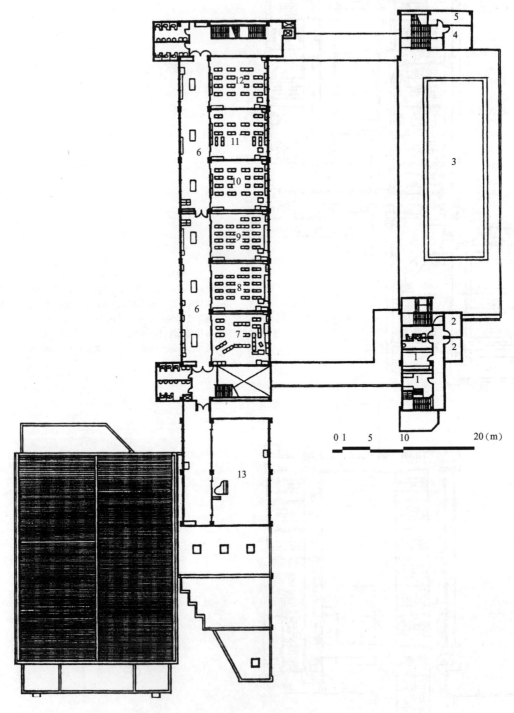

图 11-8-4　三层平面

1—更衣室；2—淋浴室；3—游泳池；4—机房；5—仓库；6—作业空间；7—六年一班；
8—六年二班；9—六年三班；10—五年一班；11—五年二班；12—五年三班；13—第三开放空间

9. 日本大阪市立関平小学校

设计单位：大阪市都市整备局营缮部设计处

竣工时间：1992年1月

用地面积：3686m²

基底面积：1325.61m²

建筑面积：5255.57m²

学校规模：6班

普通教室：8200mm×7800mm；临接教室的学习空间进深为6100mm；

音乐教室：117.93m²

理科教室：112.9m²

体育馆：649.84m²

多功能厅：383.33m²

学校主要用房规格及面积：

关平小学是由具有120年历史的爱日小学及集英小学合并在集英小学校址新建的小学。

在狭小的用地面积内，设计一结合地形的教学楼及运动场地。体育馆及游泳池在教学楼中设置。为使校舍不形成高密度的效果，临运动场一侧的体部设计为三层；在校舍中部设有一至四层的窄条的采光井，上部的光线可通过设于底层地面的玻璃砖直至地下室。

建筑物的平面组合基本为一块状体，由两片夹一通高天井组成。其中一片基本为大空间房间，如多功能厅、体育馆及开放式教学空间。另一片为小房间组成的房间。校舍形成一紧凑、高效，设施齐全，布局合理的建筑。

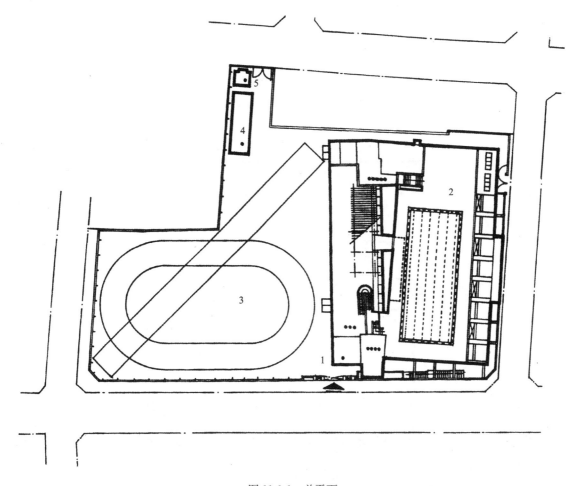

图 11-9-1　总平面

1—主要出入口；2—学校教学楼；3—田径场；4—体育器材室；5—垃圾间

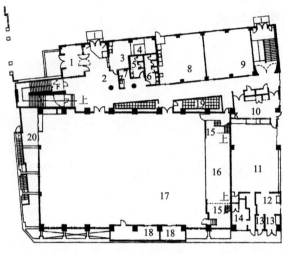

图 11-9-2　底层平面

1—内门廊；2—主要门厅；3—管理人员室；4—值宿室；5—男厕所；6—女厕所；7—残疾人厕所；8—保健室；9—普通教室；10—过厅；11—餐厅；12—准备工作室；13—食品库；14—更衣、淋浴；15—休息室；16—讲台；17—体育馆；18—仓库；19—中庭；20—采光井上空

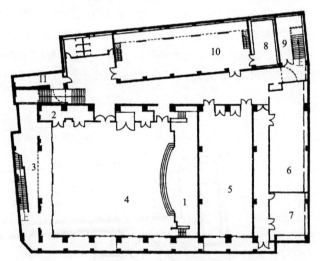

图 11-9-3　地下层平面

1—讲台；2—仓库；3—采光井；4—多功能厅；5—纪念室；6—泵房；7—供电室；8—贵重书库；9—贵重书机房；10—展览室；11—通风机房

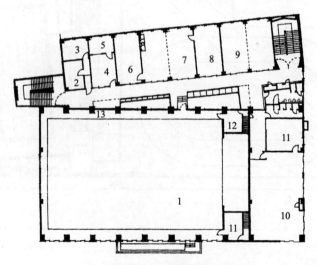

图 11-9-4　二层平面

1—体育馆上空；2—男更衣室；3—女更衣室；4—演播室；5—广播室；6—事务管理室；7—教职员室；8—校长室；9—会议室；10—理科教室；11—准备室；12—体育馆广播；13—回廊

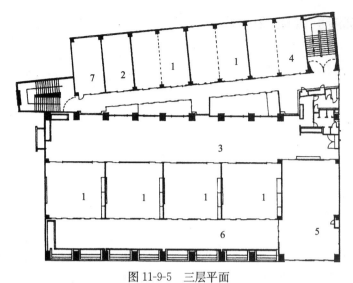

图 11-9-5　三层平面

1—普通教室；2—仓库；3—作业空间；4—日本式房间；5—图书阅览室；6—阳台；7—教材室

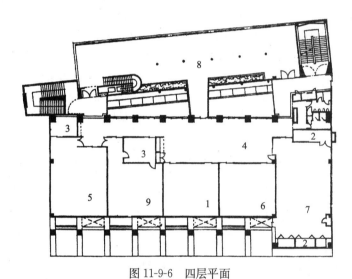

图 11-9-6　四层平面

1—普通教室；2—仓库；3—准备室；4—作业空间；5—图画工作室；6—微机教室；7—音乐教室；8—屋顶平台；9—家庭科教室

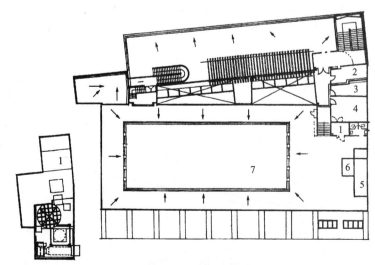

图 11-9-7　五层平面及屋顶平面

1—仓库；2—男更衣室；3—女更衣室；4—净水机房；5—洗涤槽；6—淋浴；7—游泳池

10. 日本东京都港区御成门小学

学校规模：12 班

总用地面积：7552.18m²

基底面积：3136.06m²

建筑面积：8171.57m²

学校主要教学用房规格及面积：

普通教室：7500mm×7500mm

（两排教室间的开放空间进深7500mm）；

专用教室：7500mm×11250mm；

体育活动室：19500mm×32000mm（地下一层）；

家庭科教室：19500mm×7500mm。

在仅为 7552m² 的学校用地上，由于充分利用空间及采用最为紧凑的校舍布局，并将校舍布置在用地的西北角，创造了近 7/8 面积的体育活动场地，并使学生活动场地面向无阳光遮挡的公园绿地。

教学楼呈一字形，南北向为普通教室及专用教室等。中部为与教室等宽的开放学习空间。每年级为两个班。两个班构成一个学习组。第一学习组有 7500mm×7500mm 的两个教室及与此面积相同的开放学习空间。教学楼的房间设置：地下层为体育馆（占两层）、机房、贮藏用房等；底层设门厅及具有独立区域的特殊教育班、学生餐厅、厨房及低年级教室等；六层为 25m×11m 的露天游泳池；五层为游泳池的各种辅助用房及专用教室。

教学楼为 7500mm×7500mm 柱网的框架结构。由于合理地利用空间，解决了用地面积少与学校设施多的诸多矛盾。如将体育馆设于地下，层高占两层，在其上面做室外第二运动场，这一构思既解决了体育馆的采光通风，又设置了较宽大的餐厨用房，此外，将游泳池设于教学楼的屋面等，合理地利用了空间（参见纵剖面图）。

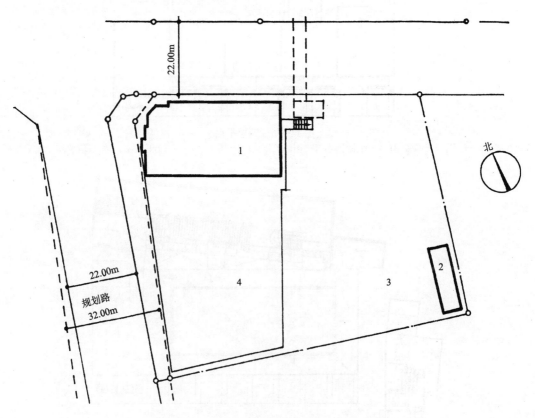

图 11-10-1　总平面
1—教学楼；2—体育器材库；3—第一运动场；4—第二运动场

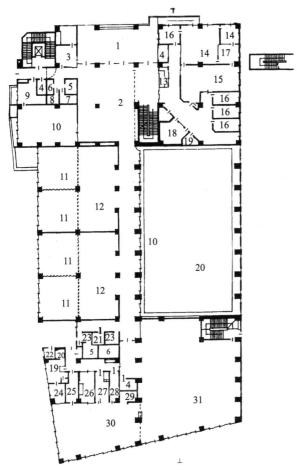

图 11-10-2　底层平面

1—外门廊；2—换鞋、门厅；3—传达收发室；4—仓库；5—男厕所；6—女厕所；7—男职工厕所；8—女职工厕所；9—图书阅览室；10—图书准备室；11—普通教室；12—开放空间；13—特教班入口；14—游戏室；15—教师办公室；16—个别学习室；17—学习观察室；18—听力检查室；19—更衣室；20—体育馆上空；21—残疾人厕所；22—锅炉室；23—淋浴室；24—休息室；25—食品库；26—初处理室；27—面包牛乳室；28—餐厅用洗涤车间；29—杂品库；30—厨房；31—餐厅

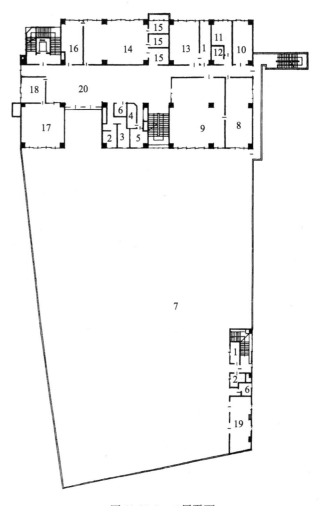

图 11-10-3　二层平面

1—仓库；2—男厕所；3—女厕所；4—男职工厕所；5—女职工厕所；6—残疾人厕所；7—第二运动场；8—校长室；9—教职员室；10—小会议室；11—印刷室；12—开水房；13—事务室；14—音乐教室；15—个人练习室；16—音乐准备室；17—保健室；18—咨询室；19—体育仓库；20—入口门厅

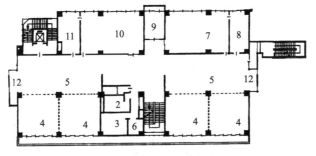

图 11-10-4　三层平面

1—仓库；2—男厕所；3—女厕所；4—普通教室；5—开放空间；6—残疾人厕所；7—图画工作室；8—图工准备室；9—学年准备室；10—理科教室；11—理科准备室；12—教师角

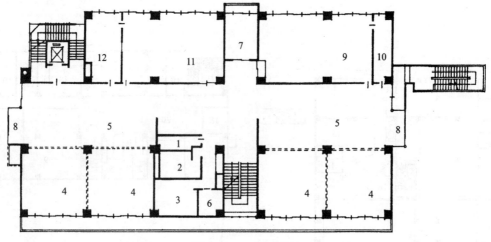

图 11-10-5 四层平面

1—仓库；2—男厕所；3—女厕所；4—普通教室；5—开放空间；6—残疾人厕所；
7—学年准备室；8—教师角；9—微机教室；10—微机准备室；11—电教室；12—电教准备室

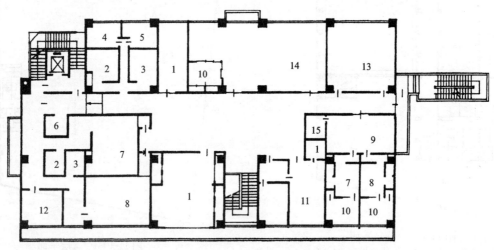

图 11-10-6 五层平面

1—仓库；2—男厕所；3—女厕所；4—男职工厕所；5—女职工厕所；6—残疾人厕所；7—男更衣室；8—女更衣室；
9—职员休息室；10—日本式房间；11—广播室；12—残疾人更衣；13—会议室；14—家庭科教室；15—开水间

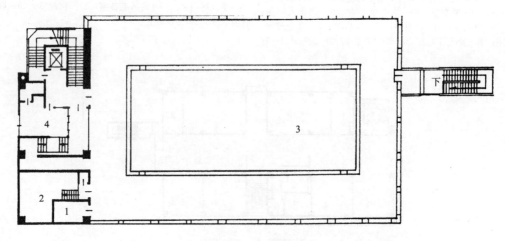

图 11-10-7 六层平面

1—仓库；2—机房；3—25m×11m游泳池；4—监视室

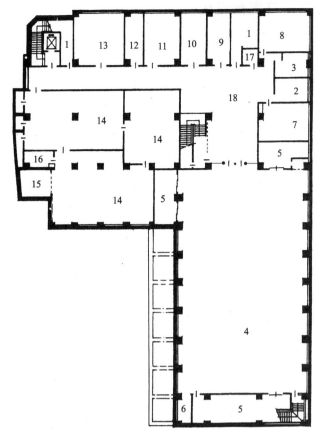

图 11-10-8 地下层平面

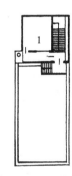

图 11-10-9 顶层平面
1—电梯机房

1—仓库；2—男厕所；3—女厕所；4—体育馆；5—器材库；6—广播器材室；7—男更衣室；
8—女更衣室；9—工作室；10—贮备仓库；11—保管仓库；12—发电机室；13—供电室；
14—机房；15—机械维修间；16—消防泵房；17—残疾人厕所；18—过厅

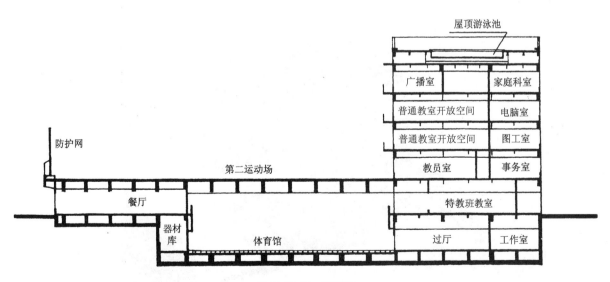

图 11-10-10 纵剖面

11. 日本东京都千代田区外神田三丁目复合设施①

学校地址：千代田区外神田三丁目 78 号

基底面积：2120.38m²

建筑面积：15007.22m²

用地面积：3407.35m²

结构与层数：框架结构，地上六层、地下二层；

最高高度：31m

本设施内容：昌平小学校（12 班）、昌平幼儿园（3 个班），儿童馆，街角图书馆共四个单位组成。

本设施设计的指导思想：

1. 设施的复合化有利公共用地的有效利用；

2. 提高教育环境，适应新的教育发展；

3. 适应于终身教育；

4. 作为社区——公共活动的核心；

5. 适应儿童的健康成长。

本设施的安排：

小学校：地下二层设 25m 长 4 条泳道的温水游泳馆，地下一层设餐厅等辅助用房，二三四层安排各种教学用房，六层为屋顶校园，设可开闭的活动屋面；

幼儿园：安排在底层；

图书室：安排在底层；

儿童馆：安排在 5 层。

本设施的特点：

1. 在用地面积极小的情况下，安排四个有相近内容的机构，构成一复合建筑，在设计中解决了各自的特殊要求，如小学校在地下二层设置游泳池、屋顶设运动场，充分利用空间；

2. 四个内容的机构，为保持其各自的独立性，底层设置去各机构的出入口；图书室及幼儿园均安排在底层的独立区；去儿童馆有专用的楼梯及电梯直达五层；小学校主出入口设于二层，可由过街天桥或从底层通过外楼梯到达学校出入口。在设计上解决了合理地组织人流及分散设置出入口，使流线通畅，并有利于人流疏散。

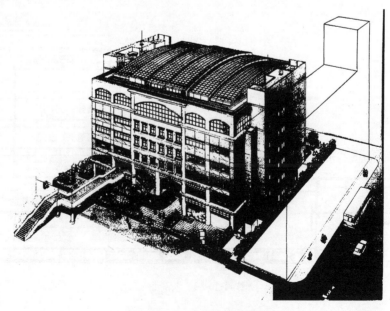

图 11-11-1　临街外观透视图

---

① 本设施由千代田区政府教委提出的待建设计方案。

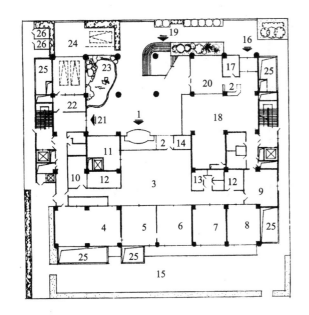

图 11-11-2　底层平面

・幼儿园

1—幼儿园入口；2—接待室；3—大厅；4—游戏室；5—5岁保育室；6—4岁保育室；7—教员室；8—3岁保育室；9—会议室；10—教材室；11—仓库；12—卫生间；13—更衣、卫生间；14—洗涤室；15—庭院

・街角图书馆

16—图书馆入口；17—办公室；18—图书阅览室

・小学校

19—小学校入口；20—学校图书室

・儿童馆

21—儿童馆入口及公用部分；22—候车室；23—水池；24—停车场；25—采光井；26—垃圾存放

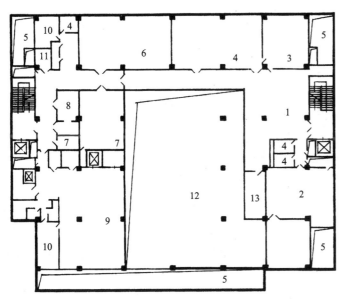

图 11-11-3　地下一层平面

1—大厅；2—配电间；3—纪念室；4—学校仓库；5—采光井；6—防灾仓库；7—机房；8—废弃物仓库；9—学生午餐厨房；10—休息室；11—仓库；12—游泳池上空；13—平台间

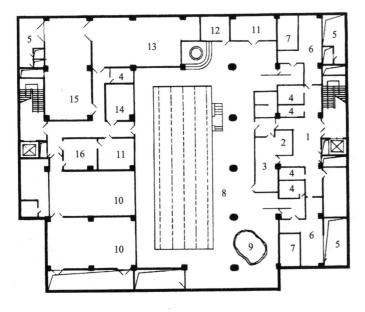

图 11-11-4　地下二层平面

1—大厅；2—医务室；3—监视室；4—卫生间；5—采光井；6—更衣室；7—淋浴室；8—25m游泳池；9—幼儿池；10—机房；11—仓库；12—采暖室；13—游泳池机房；14—监视盘室；15—水槽室；16—水泵房

213

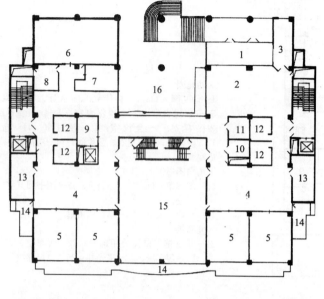

图 11-11-5　二层平面

·小学校

1—小学校入口；2—换鞋门厅；3—主任室；4—学年大厅；5—普通教室；6—家庭科教室；7—多用途室；8—准备室；9—配餐室；10—教材室；11—仓库；12—卫生间；13—机房；14—阳台；15—多功能大厅；16—入口上空

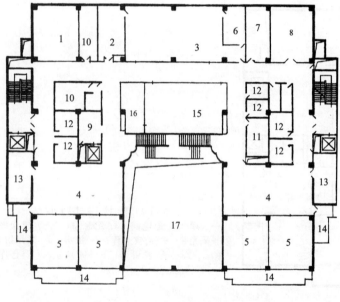

图 11-11-6　三层平面

1—保健室；2—校长室；3—教员室；4—学年大厅；5—普通教室；6—办公室；7—咨询室；8—会议室；9—配餐室；10—广播室；11—用品库；12—卫生间；13—机房；14—阳台；15—计算机室；16—准备室；17—多功能厅上空

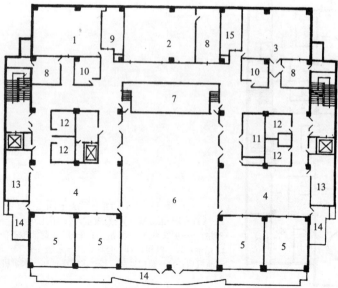

图 11-11-7　四层平面

1—图工教室；2—理科教室；3—音乐教室；4—学年大厅；5—普通教室；6—体育馆；7—舞台；8—准备室；9—儿童会室；10—更衣室；11—仓库；12—卫生间；13—机房；14—阳台；15—国际理解教室

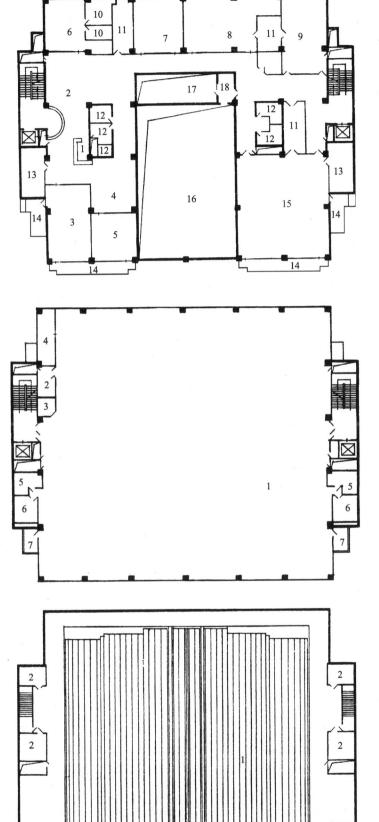

图 11-11-8 五层平面

·儿童馆

1—接待；2—大厅；3—儿童俱乐部；4—图书角；
5—幼儿室；6—办公室；7—图工教室；8—集会
室；9—音乐电视室；10—更衣室；11—仓库；
12—卫生间；13—机房；14—阳台；15—游戏室；
16—体育馆上空；17—舞台上空；18—广播室

图 11-11-9 六层平面

1—学校活动场地；2—休息室；3—广播室；
4—仓库；5—卫生间；6—更衣室；7—阳台

图 11-11-10 屋顶层

1—可开关屋面；2—机房

12. 日本浪合学校的规划设计①

设计　建筑：汤泽建筑设计研究所

　　　规划：长泽悟

　　　结构：藤井建筑构造设计事务所

结构及规模：钢筋混凝土结构

　　　　　　地上三层

面积　占地面积：15754.92m²

　　　建筑面积：3776.09m²

　　　总建筑面积：5121.03m²

规划班级数 9 班（小学 6，初中 3），幼儿园 2 班

造价：1576 万日元（仅小学及初中，包括庭院，游泳池除外）

地址：长野县下伊那郡浪合村

竣工：1988 年　小学及初中

　　　1990 年　幼儿园

　　　简介：这是一个位于人口为 760 人的小山村里的学校，包括幼儿园、小学、初中共用的主楼、体育馆、俱乐部等各种建筑在以山为背景的环境里有秩序的布置，独具特色的外观和绵延的屋顶构成了一幅造型美观的建筑群。

　　　为使学校同时成为广大村民学习、活动和集会的场所，校园规划用一条小道将村公所与学校相连，并从校园内穿过，道路两旁建有对全村开放的各类场馆和教室。沿这条道路还布置了水池、温室、藤架、急流、小桥、圆形剧场，原有的樱花古树散落地镶嵌在校园里，美景如画，散发着青春活力。

　　　在学校的规划设计上，根据学校规模较小、小学与初中合校的特点，将各类教室和空间有机地组合起来，可开展多种教学活动，提高空间利用率。在校园内随处设置生活活动场所，使其网络化，构成了一幅人与人，人与环境紧密联系的局面。

　　　学校建筑是在各种（教育、规划和设计方面的）专家同村民多次反复讨论后完成的。在此基础上，村民们又以同样设计过程进行了本村建筑的规划设计，最终将学校建设与村镇建设真正地结合起来（图 11-12-1～图 11-12-3）。

　　　小学校教学楼的一层为 1～4 年级，而二层则安排的是 5、6 年级。因为一个班的人数不到 10 人，教室的面积为 6.4m×5.2m；教室的顶棚为圆弧形，高度控制在 2.4～2.7m。教室前方，顶棚高出为开放空间；教室对面有作业洗涤池、AV 角、教师休息室等，形成一个综合教室型的学习环境。设有公告用的推拉式布告板。

　　　沿着台阶走上去便是运动、游戏及集会的游戏室，入口换鞋处台阶上边的过道当作舞台使用。在东边有综合特别教室。理科角与绘图角隔着位于中央的公共讲课空间分列南北两侧，为的是既可提高利用频率，又可获得便于活动的宽绰空间（图 11-12-4）。

　　　初级中学校采取的是专科教室型：美术及技术创作设在首层；二层为社会、国语、英语等人文科学；三层安排的是理科及数学等自然科学和小班活动室。各楼层的南侧都是教室，而北侧则是作为各科使用的开放空间，面朝后山，环境幽雅，是自习的好环境（图 11-12-5）。

　　　初级中学校教学楼的南端与校部主楼毗邻，还有透明通道"快行长廊"。在长廊的尽头是设有长椅的休息角。取名为"青云间"的大房间内有供当地居民利用的日式房间（内有 35 张榻榻米）和西式会议室。

　　　校部主楼的首层设有一个可以从楼梯远眺北侧山峰的门厅，还有向当地居民开放的校内食堂、音乐室、烹调室、图书馆、资料室等。二层设有教员室。

　　　在校内食堂里一同进餐的有幼儿园、小学及初中的全部儿童和学生。幼儿园幼儿就餐地点的地面略高一些，为的是能与小学和初中的学生们的视线齐平。在校内食堂的北侧，将地面抬高 40cm 左右，使其与音乐室连成一体，并可作为舞台来用。音乐室的左侧毗连烹调教室，而校内食堂本身便可以作为烹调教室的辅助场所使用。在集会时，将烹调室作为食堂的开水间，从而构成灵活运用的机制（图 11-12-6）。

　　　初级中学校设有学生入口脱鞋处，和对外开放使用的大门及门厅，与体育馆的舞台联通。小体育教室作为体育传媒中心使用，配有音响装置，可供有特殊要求的、人数较少的排练活动使用。体育馆与舞台之间是可移动的隔断，既可作为一

① 摘自长泽悟，中村勉. 国外建筑设计详图图集 10 教育设施. 中国建筑工业出版社，2004，22-29。

个整体使用，也可以分开来使用。舞台旁边的楼梯直接与二层会议室相通。

校舍的运动场地比露天运动场高出约4m。圆形露天剧场就是利用这个高差建造起来的。北侧正面有"快行长廊"穿过，再往后面便是构成背景的3层高的初级中学教学楼。圆形剧场的左侧有一条水渠，流淌着从山上下来的泉水，设计者的目标是想达到声、光、活动等交相辉映的景观。用开挖基础挖出来的岩石堆砌了一个瀑布，并修建了一个水池。并在这附近分布着鸡舍、庭榭、藤架、小桥及通往运动场的大楼梯等多种多样的空间要素，构造出一个适合儿童们休息和大人们交往的理想场所（图11-12-1）。

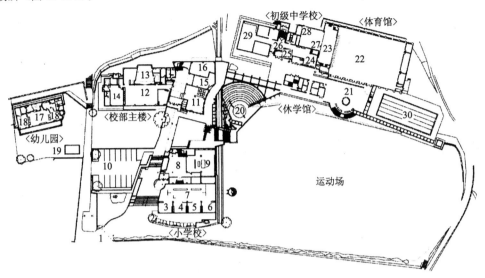

图 11-12-1　一层平面图

1—校门；2—温室；3——年级教室；4—二年级教室；5—三年级教室；6—四年级教室；7—开放空间；
8—小学游戏场；9—综合特别教室；10—集合广场；11—图书室；12—校内食堂；13—音乐厅；
14—烹调室；15—保健室；16—乡土资料室；17—游戏室；18—保育室；19—幼儿园游戏场；20—圆形剧场；
21—林荫广场；22—比赛场；23—舞台；24—门厅；25—学生会室；26—入口换鞋处；
27—体育传媒中心；28—仓库；29—创作中心；30—游泳池

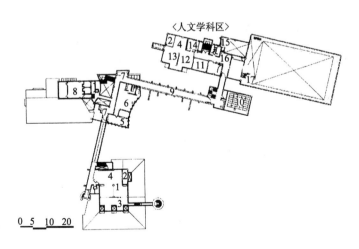

图 11-12-2　二层平面图

1—五年级教室；2—教师室；3—阳台；4—开放空间；5—校长室；6—校务中心；7—教师休息室；8—教材装订室；9—长廊；10—会议室；11—AV室；12—语音室；13—社会室；14—小班活动室；15—会议室；16—休息室；17—广播室

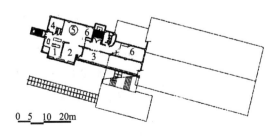

图 11-12-3　三层平面图

1—理科室；2—学习室；3—阳台；4—教师休息室；5—开放空间；6—小班活动室

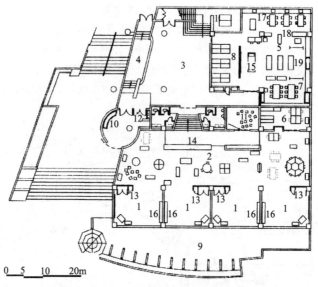

图 11-12-4　小学校教室及开放空间平面图

1—教室；2—开放空间；3—游戏室；4—舞台；5—综合教室；6—教员休息室；7—绘图角；
8—备课角；9—谈心广场；10—洗手池；11—AV 角；12—门廊；13—班级储物柜；14—敞棚架；
15—教师用实验台；16—学生用储物柜；17—洗涤池；18—理科角；19—中央公共讲课空间

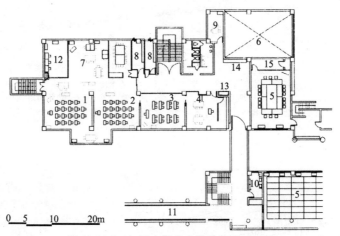

图 11-12-5　初级中学人文科学学区平面图

1—社会室；2—国语室；3—英语兼 AV 教室；4—服装室；5—会议室；
6—体育传媒中心；7—开放空间；8—更衣室；9—生活辅导室；10—开水房；
11—快行走廊；12—教师休息室；13—洗涤池；14—长椅；15—仓库

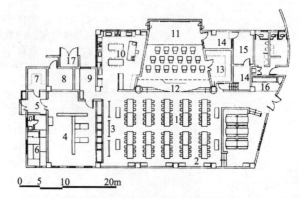

图 11-12-6　校内食堂及音乐室平面图

1—校内食堂；2—采暖设备；3—移动式公告板；4—烹调室；5—前室；6—烹调从业人员室；
7—物品储藏库；8—水箱间；9—配餐间；10—烹调实习室；11—音乐室；12—推拉墙；
13—乐器库；14—控制室；15—演播室；16—洗手间；17—煤气罐存放空间

13. 日本筑波市东立小学校①

建筑名称：筑波市东立小学校

设计　建筑：藤本昌也＋现代规划研究所；规划：长泽悟；结构：山边建筑构造设计事务所

结构及规模　木结构及钢筋混凝土结构，地上二层

面积　占地面积：21979.5m²，建筑面积：5541.76m²，总建筑面积：6450.64m²

规划班级数：18＋2班（扩建后为24个班级）

造价：29万日元/m²　地址：茨城县筑波市　竣工：1995年

简介：建筑用地位于筑波研究学园城南端。筑波市和住宅及都市整备公园团发出了"实现绿树成荫的温馨的学校"和"拥有开放空间的学习环境"（开放空间在筑波市已经长期应用了）的迫切要求。以"与街道形成一体的学校"为目标，将街道引进校园内，以年级划分的学区和分科教室组成的教室群及管理区则沿着这条街道成立体状的布置。校内街道向周边居民开放，作为穿行校园的道路使用。校内街道是沿着建筑用地的周边修建的，专用教室也就设在靠近城市街道的一边，这样便于向社会开放。由簇群教室与相对应的开放空间组成一个教学区，共有2个教学区，沿校内街道布置。教学区的另一侧为运动场。

教学区按一个年级作为一个分区考虑，各分区都有入口换鞋处和厕所，以各馆分立的形式布置成群集型的平面布局。每个教学区设有两个以上的出入口，与室外开放空间和校内回廊保持连续，从而构成一个开敞而又安全的学校建筑。低、中年级学区呈"]"形的平面布置，以两个教室为单元分列两侧，并与开放空间及木制平台连通。开放空间具有四间教室那么大，是与教室存在某些联系的独立空间，供体验性学习及其他创造性活动使用。室外回廊的形式在满足交通需要的同时，使各学区成为安静空间。高年级馆朝南的教室有四间是面对室外走廊一字排开的，北侧为教材角和两个开放空间，教室与开放空间连成一片。在教室的南侧是教师角，呈"凹"状向外突出。

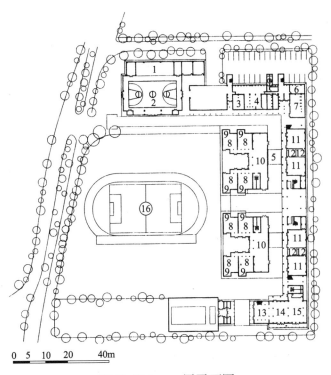

图 11-13-1　一层平面图

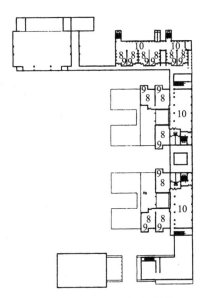

图 11-13-2　二层平面图

1—舞台；2—比赛场；3—保健室；4—职员室；5—校内街道；6—配餐室；7—家务科室；8—教室；9—教师角；10—开放空间；11—实验室；12—教材室；13—视听角；14—图书角；15—电子阅览；16—运动场

---

① 摘自长泽悟，中村勉. 国外建筑设计详图图集10 教育设施. 中国建筑工业出版社，2004，56-63.

14. 日本三隅町立三隅小学校[①]

设计资料：

建筑名称：三隅町立三隅小学校

设计　建筑：高松伸＋高松伸建筑设计事务所

　　　结构：弹结构设计

结构及规模：钢筋混凝土结构

　　　　　　地上二层

面积　占地面积：42592.54m²

　　　建筑面积：5812.94m²

　　　总建筑面积：7837.83m²

地址：鸟取县那贺群三隅町

竣工：1997 年 3 月

简介：三隅町位于鸟取县西部，人口将近 8000 人。三隅小学校是由町内 4 所小学校合并而成的，并按能够承担起町内职业技能教育中心的功能加以规划和设计。建筑用地距町中心区不远，地处三隅中央公园一角。校舍为 2 层楼的圆形建筑，北侧有体育馆和校内食堂，西侧护墙似的管理楼起到阻挡从西边袭来的海风的作用。整个校舍夹在两行木制框架式的长廊之间，将校园突现出来。

一二层为教室，每层 3 个年级，共 6 间教室。在两个圆圈之间的宽度最大部分是教室。教室平面呈"面包片"状。随着教室位置的变化，平面形状也各不相同。教室是毗连着排列的，当撤掉全部移动式隔断时，连同中庭在内，校舍内的全部空间都变成了开放空间。在二层的开放空间里，天窗是不规则配置的，设计意图是要给孩子们以光的认识。

校内食堂与体育馆舞台背面之间可以借助移动式隔墙任意打通或关闭。当举办举行晚会时，则将隔墙挪走，形成一个有舞台的完备的活动空间。

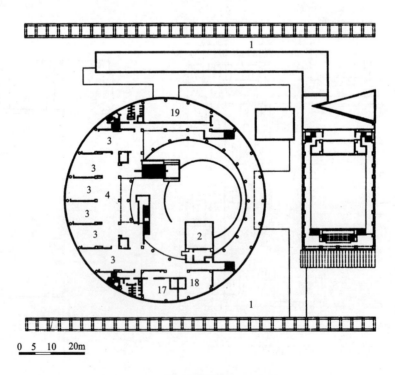

0　5　10　20m

(a) 二层平面图

① 　摘自长泽悟，中村勉. 国外建筑设计详图图集 10 教育设施. 中国建筑工业出版社，2004，100-107。

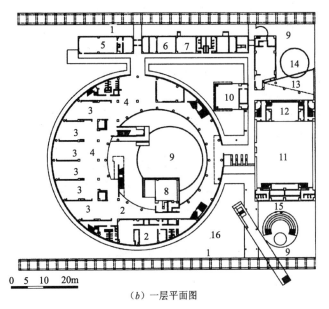

0 5 10 20m

（*b*）一层平面图

图 11-14　学校平面图

1—校园通道；2—音乐室；3—教室；4—开放空间；5—职员室；6—会议室；7—保健室；8—图书室；9—人工水池；10—视听室；
11—体育馆比赛场；12—舞台；13—校内食堂；14—露台；15—露天舞台；16—特殊教室；17—理科室；18—图画、手工间；19—电脑室

15. 天津市第二南开中学

设计：天津市建筑设计院

第二南开中学位于市中心和平区南市地区，建筑面积42000m²。学校建筑群包括行政办公综合楼、二个教学楼、电教信息楼、实验楼，设计风格独特的天文科普馆，集健身、游泳、球类活动于一身的多功能体育馆，学生公寓、师生餐厅、报告厅、大会堂等。整个学校看上去气势雄伟，建筑设计简明、流畅，校园布局紧凑、合理，富丽优雅的学校以其所映射出的时代气息和文化氛围，成为天津市的一个文化景观。

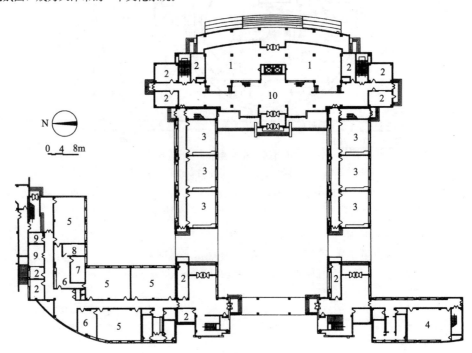

图 11-15-1　教学楼一层平面

1—展厅；2—办公室；3—教室；4—计算机教室；5—化学实验室；6—准备室；7—药品存放室；8—仪器室；9—库房；10—开放空间

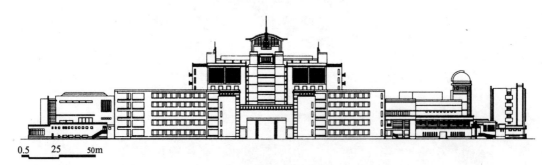

图 11-15-2　教学办公综合楼组合西立面图

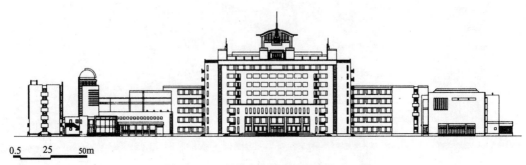

图 11-15-3　教学办公综合楼组合东立面图

16. 陕西西安高新国际学校

设计：中国西北建筑设计研究院

建于2003年9月，占地100亩，总建筑面积5万多平方米。现有57个教学班，学生2700多人。

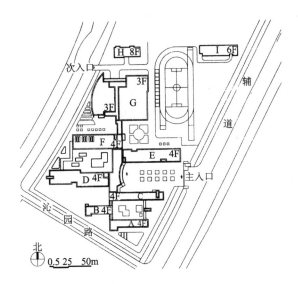

图 11-16-1　总平面图

A—教学楼；B—教学楼；C—教学楼；D—实验楼；E—办公楼；
F—教学楼；G—综合楼；H—国际公寓；I—中国公寓

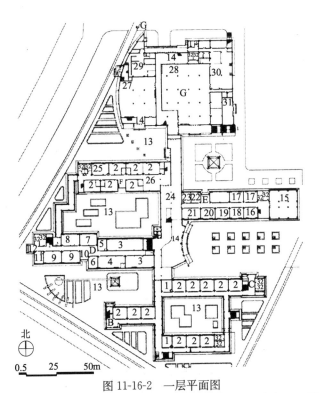

图 11-16-2　一层平面图

1—教师办公；2—教室；3—中国学生阅览室；4—电子阅览室；5—书库；6—卫生保健室；
7—中国教师阅览室；8—语音室；9—微机室；10—休息；11—电教器材室；12—交流角；13—庭院；
14—门厅；15—室外过厅；16—教导处；17—校长办公室；18—总务处；19—财务室；20—档案室；
21—校展室；22—打字复印；23—广播室；24—室内连廊；25—美术教室；26—国旗角；
27—国际部学生餐厅；28—国内学生餐厅；29—西餐厨房；30—中餐厨房；31—变配电；32—厕所

A—教学楼；B—教学楼；C—教学楼；D—实验楼；E—办公楼；F—教学楼；G—综合楼。

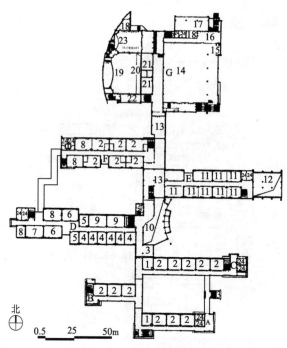

图 11-16-3　二层平面图

1—教师办公；2—教室；3—学生课外作品展览；4—专业课办公室；5—准备室；6—语音室；
7—微机室；8—电教器材室；9—自然常识实验室；10—通高大厅；11—年级组办公室；12—一层上空；
13—室内连廊；14—室内篮球馆；15—控制室；16—篮球馆门厅；17—健身房；18—教师休息室；
19—多功能报告厅；20—餐厅上空；21—音乐教室；22—贵宾室；23—阶梯教室；24—厕所

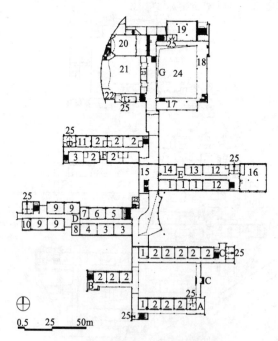

图 11-16-4　三层平面图

1—教师办公；2—教室；3—学生科技教室；4—学生生物实验室；5—学生物理实验室；
6—学生化学实验室；7—化学物理准备室；8—生物实验准备室；9—学生劳动教室；
10—电教器材室；11—美术教室；12—电子阅览室；13—会议室；14—网络机房；
15—室内连廊；16—外籍学生阅览室；17—体操场地；18—乒乓球场地；19—舞蹈教室；
20—阶梯教室；21—多功能报告厅；22—通风机房；23—放映；24—室内篮球馆上空；25—厕所

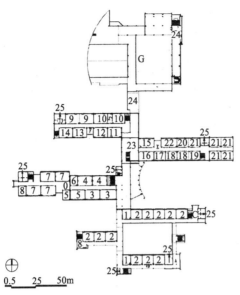

图 11-16-5　四层平面图

1—教师办公；2—教室；3—学生科技教室；4—学生美术教室；5—学生国画书法教室；
6—准备室；7—美术教室；8—电教器材室；9—微机室；10—语音室；11—学生科技教室；
12—学生物理实验室；13—学生生物实验室；14—学生化学实验室；15—档案室；
16—打字复印；17—总务处；18—校长室；19—财务室；20—教导处；21—年级组办公室；
22—会议室；23—室内连廊；24—屋面；25—厕所

图 11-16-6　北立面

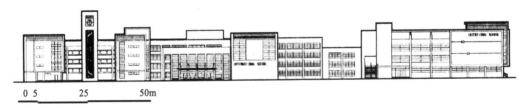

图 11-16-7　东立面

图 11-16-8　南立面

图 11-16-9　西立面

附录一　普通中小学的课程设置

一、调整后的九年义务教育"六、三"学制全日制小学、初级中学课程安排表（附表 1-1）

调整后的九年义务教育"六、三"学制全日制小学、初级中学课程安排表　　附表 1-1

周课时课程＼学段年级		小学						初中			课时合计		
		一	二	三	四	五	六	一	二	三	小学课时合计	初中课时合计	九年课时合计
国家规定课程 · 学科类课程	思想品德	1	1	1	1	1	1				204		404
	思想政治							2	2	2		200	
	语文	9	9	9	8	7	7	6	5	5	1666	534	2200
	数学	4	5	5	5	5	5	5	5	4*	986	468	1454
	外语（Ⅰ）							3	3			204	204
	外语（Ⅱ）							4	4	4		400	400
	社会				2	2	2				204		557
	历史							2	2	2		200	
	地理							3/2	2			153	
	自然	1	1	1	1	2	2				272		685
	物理								2	3		164	
	化学									3		96	
	生物							2/3	2			153	
	体育	2	2	3	3	3	3	2	2	2	544	200	744
	音乐	2	2	2	2	2	2	1	1	1	408	100	508
	美术	2	2	2	2	2	2	1	1	1	408	100	508
	劳动			1	1	1	1				136		336
	劳动技术							2	2	2		200	
	周学科课时	21	22	24	25	25	25	29*	29*	25*	4828	2772*	7600*
活动类课程	晨会（夕会）	每天10分钟											
	班团队活动	1	1	1	1	1	1	1	1	1	204	100	304
	科技文体活动	4	4	3	2	2	2	2	2	2	578	200	778
	周活动课时	5	5	4	3	3	3	3	3	3	782	300	1082
地方安排课程		1	1	2	2	2	2	1	1	5*	340	228*	568*
周课时总计		27	28	30	30	30	30	33*	33*	33*	5950	3300*	9250*

说明："＊"表示外语课按水平Ⅰ开设的课时数。如果外语课按水平Ⅱ开设，则初三数学周课时数为 5；初一至初三周学科课时数都是 30，初三地方安排课程课时数为 1，地方安排课程初中合计为 100 课时，九年合计为 440 课时；初一至初三周课时总计数都为 34 节，初中课时合计为 3400 节，九年课时合计为 9350 节。

二、调整后的九年义务教育"五、四"学制全日制小学、初级中学课程安排表（附表1-2）

调整后的九年义务教育"五、四"学制全日制小学、初级中学课程安排表　　附表1-2

周课时课程 / 学段年级	小学 一	二	三	四	五	初中 一	二	三	四	小学课时合计	初中课时合计	九年课时合计
思想品德	1	1	1	1	1					170		438
思想政治						2	2	2	2		268	
语文	10	10	9	9	9	4	5	5	5	1598	636	2234
数学	5	8	6	5	6	4	4	4	4	952	536	1488
外语（Ⅰ）						4	4				272	272
外语（Ⅱ）						4	4	4	4		536	536
社会			2	2	1					170		578
历史							2	2	2		204	
地理							3	3			204	
自然	1	1	1	2	2					238		738
物理								2	3		164	
化学								2	2		132	
生物						2	2	2			204	
体育	2	2	2	2	2	3	2	2	2	340	302	642
音乐	2	2	2	2	2	1	1	1	1	340	134	474
美术	2	2	2	2	2	1	1	1	1	340	134	474
劳动			1	1	1					102		370
劳动技术						2	2	2	2		268	
周学科课时	23	24	26	26	26	28	28	25*	22*	4250	3458	7708
晨会（夕会）	每天10分钟											
班团队活动	1	1	1	1	1	1	1	1	1	170	134	304
科技文体活动	3	3	2	2	2	3	2	2	2	408	302	710
周活动课时	4	4	3	3	3	4	3	3	3	578	436	1014
地方安排课程	1	1	1	1	1	1	2	5*	8*	170	528	698
周课时总计	28	29	30	30	30	33	33	33	33	4998	4422	9420

（左侧分类：国家规定课程 — 学科类课程、活动类课程）

说明："＊"表示外语课按水平Ⅰ开设的课时数。如果外语课按水平Ⅱ开设，则初三、初四周学科课时数分别为29节和26节，地方安排课程初三、初四分别为1课时和4课时。

三、调整后的普通高级中学教学计划（附表1-3）

调整后的普通高中教学计划　　附表1-3

课程 / 年级课时	高一	高二	高三	授课总时数
政治	2	2	2	184
语文	4	3/4	5	375
数学	4	4	5	392
外语	4/5	4		289
物理	3	3/2		187
化学	3/2	3		187
生物		3		102

课程 \ 年级 课时	高 一	高 二	高 三	授课总时数
历史	2	2		136
地理	3			102
体育	2	2	2	184
艺术（音乐 美术）	1	1		68
劳动技术	每学年4周，共12周			
社会实践活动	每学年安排2周。在劳动技术课、课外活动或学科教学活动的时间内安排			
每周必修课总课时数	28	27	14	2206
选修课	2	2	15	
课外活动	5（体育锻炼3 其他2）	同左	同左	
周活动总量	35	34	34	

附录二 普通中小学各类用房面积总表

根据《农村普通中小学校建设标准》（试行），建标〔1996〕162号及《城市普通中小学校建设标准》（送审稿）对农村及城市各类普通中小学的用房面积的规定：

一、农村普通初级小学校舍面积表（附表2-1）

农村普通初小校舍建筑面积总表 附表2-1

用 房 名 称	4班120人		
	间 数	每间使用面积（m²）	使用面积小计（m²）
一、教学及教学辅助用房			
＊普通教室	4	40	160
多功能教室	1	60	60
电教器材室（兼放映室）	1	18	18
＊图书室	1	15	15
教师阅览室（兼会议室）	1	20	20
体育器材室	1	20	20
小计			293
二、行政教学办公用房			
＊教学办公室（兼行政办公）	1	21	21
＊少先队部室	1	15	15
＊值班室（兼单身教工宿舍）	1	18	18
小计			54
三、生活服务用房			
教工食堂	1	18	18
＊教工厕所	1	4	4
＊学生厕所	1	32	32
小计			54

折 算 建 筑 面 积

校 舍 面 积	使用面积（m²）	K值	建筑面积（m²）
合 计	401	70％	573
生均面积	3.34		4.78

近期应配备用房建筑面积

	使用面积（m²）	K值	建筑面积（m²）
＊合 计	310	70％	443
生均面积	2.56		3.69

注：表中注＊符号者为学校近期应配备的用房。各类用房均为平房。

二、农村普通完全小学校舍面积表（附表 2-2）

用房名称	6 班 270 人			12 班 540 人			18 班 810 人		
	间数	每间使用面积（m²）	使用面积小计（m²）	间数	每间使用面积（m²）	使用面积小计（m²）	间数	每间使用面积（m²）	使用面积小计（m²）
一、教学及教学辅助用房									
*普通教室	6	52	312	12	52	624	18	52	936
*音乐教室	—	—	—	1	52	52	1	52	52
*乐器室	—	—	—	1	18	18	1	18	18
*自然教室	1	71	71	1	71	71	1	71	71
*仪器准备室	1	23	23	1	23	23	1	23	23
多功能教室	1	90	90	1	110	110	1	120	120
电教器材室（兼放映室）	1	18	18	1	22	22	1	26	26
语言教室	1	74	74	1	74	74	1	74	74
语言资料室	1	18	18	1	18	18	1	18	18
*图书室	1	22	22	1	30	30	1	38	38
*教师阅览室（兼会议室）	1	28	28	1	41	41	1	48	48
学生阅览室	—	—	21	—	—	41	—	—	62
科技活动室			15			25			32
*体育器材室	1	30	30	1	34	34	1	36	36
小计			722			1183			1554
二、行政教学办公室									
*党政办公室	—	—	30	—	—	30	—	—	40
*教学办公室	—	—	28	—	—	56	—	—	84
*卫生保健室	—	—	—	1	15	15	1	15	15
*总务仓库	1	15	15	1	22	22	1	25	25
少先队部室	1	15	15	1	15	15	1	20	20
*传达值宿室	1	20	20	1	20	20	1	20	20
小计			108			158			204
三、生活服务用房									
*教工宿舍	—	—	21	—	—	35	—	—	56
学生宿舍	—	—	130	—	—	260	—	—	389
*教工食堂	—	—	27	—	—	34	—	—	45
*学生食堂	—	—	122	—	—	243	—	—	365
*开水房及浴室	—	—	24	—	—	24	—	—	24
*教工厕所	—	—	8	—	—	12	—	—	16
*学生厕所	—	—	51	—	—	102	—	—	153
小计			383			710			1048

折算建筑面积

建筑物名称	6 班 270 人			12 班 540 人			18 班 810 人		
	使用面积（m²）	K 值（%）	建筑面积（m²）	使用面积（m²）	K 值（%）	建筑面积（m²）	使用面积（m²）	K 值（%）	建筑面积（m²）
1. 教学办公等楼房	912	60	1520	1598	60	2663	2206	60	3677
2. 多功能教室等平房	301	80	376	453	80	566	600	80	750
合计	1213		1896	2051		3229	2806		4427
生均面积	4.49		7.02	3.80		5.98	3.46		5.47

建筑物名称	6班 270 人			12班 540 人			18班 810 人		
	使用面积 (m²)	K 值 (%)	建筑面积 (m²)	使用面积 (m²)	K 值 (%)	建筑面积 (m²)	使用面积 (m²)	K 值 (%)	建筑面积 (m²)
近期应配备用房建筑面积									
1. 教学办公等楼房	639	60	1065	1165	60	1942	1611	60	2685
2. 教工食堂等平房	193	80	241	321	80	401	454	80	568
合计	832		1306	1486		2343	2065		3253
生均面积	3.08		4.84	2.76		4.34	2.55		4.02

注：表中注＊号者为学校近期应配备的用房。党政办公室（含校长、党支部、档案、教务及文印、总务及财会等）、多功能教室、电教器材室、教工食堂、学生食堂、开水房及浴室、传达值宿室为平房，其余用房均为楼房。学校规模与表列规模不一致时，可套用表中相近规模的生均建筑面积指标。

三、农村普通初级中学校舍面积表（附表 2-3）

农村普通初中校舍建筑面积总表　　　　　附表 2-3

用 房 名 称	12班 600 人			18班 900 人			24班 1200 人		
	间数	每间使用面积 (m²)	使用面积小计 (m²)	间数	每间使用面积 (m²)	使用面积小计 (m²)	间数	每间使用面积 (m²)	使用面积小计 (m²)
一、教学及教学辅助用房									
＊普通教室	12	56	672	18	56	1008	24	56	1344
＊音乐教室	1	56	56	1	56	56	1	56	56
＊乐器室	1	18	18	1	18	18	1	18	18
＊实验室	2	90	180	3	90	270	4	90	360
＊仪器准备室	2	40	80	3	40	120	4	40	160
化学药品库	1	15	15	1	15	15	1	15	15
＊劳动技术教室	—	90	90	—	120	120	—	120	120
＊图书室	1	36	36	1	54	54	1	72	72
＊教师阅览室	1	35	35	1	53	53	1	70	70
学生阅览室	—	—	60	—	—	90	—	—	120
语言教室	1	90	90	1	90	90	1	90	90
语言资料室	1	18	18	1	18	18	1	18	18
多功能教室	1	100	100	1	100	100	1	100	100
电教器材室（兼放映室）	1	22	22	1	26	26	1	30	30
微型计算机教室	1	90	90	1	90	90	1	90	90
微机辅助室	1	18	18	1	18	18	1	18	18
风雨活动室	1	300	300	1	450	450	1	600	600
科技活动室	—	—	54	—	—	72	—	—	90
＊体育器材室	1	50	50	1	60	60	1	70	70
小计			1984			2728			3441
二、行政教学办公用房									
＊党政办公室	—	—	60	—	—	75	—	—	90
＊教学办公室	—	—	105	—	—	158	—	—	210
会议室	—	—	42	—	—	63	—	—	84
＊文印档案室	—	—	15	—	—	15	—	—	15
＊卫生保健室	1	15	15	1	15	15	1	15	15
＊总务仓库	—	—	20	—	—	25	—	—	30
社团办公室	—	—	20	—	—	25	—	—	30
＊传达值班室	1	20	20	1	20	20	1	20	20
小计			297			396			494

用 房 名 称	12班600人			18班900人			24班1200人		
	间数	每间使用面积（m²）	使用面积小计（m²）	间数	每间使用面积（m²）	使用面积小计（m²）	间数	每间使用面积（m²）	使用面积小计（m²）
三、生活服务用房									
*教工宿舍	—	—	91	—	—	133	—	—	175
学生宿舍	—	—	810	—	—	1215	—	—	1620
*教工食堂	—	—	42	—	—	35	—	—	72
*学生食堂	—	—	630	—	—	945	—	—	1260
*开水房及浴室	—	—	40	—	—	55	—	—	70
*教工厕所	—	—	12	—	—	16	—	—	20
*学生厕所	—	—	90	—	—	135	—	—	180
小　计			1715			2554			3397

折算建筑面积

建筑物名称	12班600人			18班900人			24班1200人		
	使用面积（m²）	K值（%）	建筑面积（m²）	使用面积（m²）	K值（%）	建筑面积（m²）	使用面积（m²）	K值（%）	建筑面积（m²）
1. 教学办公等楼房	2777	60	4628	3952	60	6587	5095	60	8492
2. 多功能教室等平房	1219	80	1524	1726	80	2158	2237	80	2796
合　计	3996		6152	5678		8745	7332		11288
生均面积	6.73		10.25	6.31		9.72	6.11		9.41

近期应配备用房建筑面积

建筑物名称	使用面积（m²）	K值（%）	建筑面积（m²）	使用面积（m²）	K值（%）	建筑面积（m²）	使用面积（m²）	K值（%）	建筑面积（m²）
1. 教学办公等楼房	1575	60	2625	2271	60	3785	2935	60	4892
2. 多功能教室等平房	782	80	978	1135	80	1419	1492	80	1865
合　计	2357		3603	3406		5204	4427		6757
生均面积	3.93		6.01	3.79		5.78	3.69		5.63

注：表中注*符号者为学校近期应配备的用房。党政办公室（含校长、党支部、教务、总务及财会等）、多功能教室、风雨活动室、体育器材室、化学药品库、电教器材室、教工食堂、学生食堂、开水房及浴室、传达值室宿为平房，其余用房均为楼房。学校规模与表列规模不一致时，可套用表中相近规模的生均建筑面积指标。

四、城市普通完全小学校舍面积表（附表2-4）

城市普通完全小学各类用房面积明细表（m²）　　　　　　　附表2-4

用 房 名 称	每间使用面积	规 划 指 标								基 本 指 标								备注
		12班540人		18班810人		24班1080人		30班1350人		12班540人		18班810人		24班1080人		30班1350人		
		间数	使用面积小计	间数	使用面积小计	间数	使用面积小计	间数	使用面积小计	间数	使用面积小计	间数	使用面积小计	间数	使用面积小计	间数	使用面积小计	
一、教学及教学辅助用房			2421		2932		3694		4151		1506		1994		2453		2892	
1. 普通教室	61	12	732	18	1098	24	1464	30	1830	12	732	18	1098	24	1464	30	1830	
2. 专用教室			765		838		1144		1144		516		516		666		666	
自然教室	86	1	86	1	86	2	172	2	172	1	86	1	86	1	86	1	86	
仪器标本准备室			61		61		82		82		61		61		61		61	
音乐教室	73	1	73	2	146	2	146	2	146	1	73	1	73	1	73	1	73	
乐器室	23	1	23	1	23	1	23	1	23	1	23	1	23	1	23	1	23	
美术教室	86	1	86	1	86	1	86	1	86	—		—		—		—		
美术教具室	23	1	23	1	23	1	23	1	23	—		—		—		—		
书法教室	86	1	86	1	86	1	86	1	86	—		—		—		—		

用房名称	每间使用面积	规划指标								基本指标								备注
		12班540人		18班810人		24班1080人		30班1350人		12班540人		18班810人		24班1080人		30班1350人		
		间数	使用面积小计	间数	使用面积小计	间数	使用面积小计	间数	使用面积小计	间数	使用面积小计	间数	使用面积小计	间数	使用面积小计	间数	使用面积小计	
语言教室	86	1	86	1	86	1	86	1	86	1	86	1	86	1	86	1	86	
语言资料室	23	1	23	1	23	1	23	1	23	1	23	1	23	1	23	1	23	
计算机教室	86	1	86	1	86	2	172	2	172	1	86	1	86	1	86	1	86	
计算机辅房	23	1	23	1	23	1	23	1	23	1	23	1	23	1	23	1	23	
劳动教室	86	1	86	1	86	2	172	2	172	1	86	1	86	1	86	1	86	
劳动教具室	23	1	23	1	23	2	46	2	46	1	23	1	23	1	23	1	23	
3. 公共教学用房			924		996		1086		1177		258		330		423		496	
多功能教室			100		130		160		190		100		130		160		190	
电教器材室	23	1	23	1	23	1	23	1	23	1	23	1	23	1	23	1	23	
图书阅览室			95		137		179		222		95		137		179		222	
科技活动室	18	2	36	2	36	3	54	4	72	—	—	—	—	—	—	—	—	
体育活动室			670		670		670		670		—		—		—		—	
体育器材室			—		—		—		—		40		40		61		61	
二、办公用房			306		386		476		552		244		314		380		446	
教学办公室			80		124		164		204		80		124		164		204	
行政办公室	14	5	70	6	84	7	98	8	112	4	56	5	70	6	84	7	98	
广播社团办公室			14		20		26		32		14		20		26		32	
会议接待室			30		40		50		60		—		—		—		—	
德育展览室			30		30		30		30		30		30		30		30	
卫生保健室	14	1	14	1	14	2	28	2	28	1	14	1	14	1	14	1	14	
总务仓库			28		34		40		46		28		34		40		46	
维修管理室			18		18		18		18									
传达值宿室	22	1	22	1	22	1	22	1	22	1	22	1	22	1	22	1	22	
三、生活服务用房			236		327		420		512		236		327		420		512	
教工单身宿舍			58		87		115		144		58		87		115		144	
教工食堂			58		54		74		90		38		54		74		90	
开水房			24		24		24		24		24		24		24		24	
汽车库			—		—		—		—									
配电室	24	1	24	1	24	1	24	1	24	1	24	1	24	1	24	1	24	
厕所			92		138		183		230		92		138		183		230	

用房名称	平面利用系数	规划指标								基本指标								备注
		12班540人		18班810人		24班1080人		30班1350人		12班540人		18班810人		24班1080人		30班1350人		
		使用面积	建筑面积	使用面积	建筑面积	使用面积	建筑面积	使用面积	建筑面积	使用面积	建筑面积	使用面积	建筑面积	使用面积	建筑面积	使用面积	建筑面积	
使用、建筑面积合计	0.6	2965	4942	3645	6075	4590	7650	5215	8692	2036	3393	2635	4392	3253	5422	3852	6420	
生均指标		9.2		7.5		7.1		6.4		6.3		5.4		5.0		4.8		

注：本表及附表2-5～附表2-8均引自《城市普通中小学校建设标准》(送审稿)。

五、城市普通九年制学校校舍面积表（附表2-5）

城市普通九年制学校各类用房使用面积明细表（m²）　　　　　　　　附表2-5

| 用房名称 | 每间使用面积 | 规划指标 | | | | | | | | 基本指标 | | | | | | | | 备注 |
| | | 18班 840人 | | 27班 1260人 | | 36班 1680人 | | 45班 2100人 | | 18班 840人 | | 27班 1260人 | | 36班 1680人 | | 45班 2100人 | | |
		间数	面积小计	间数	面积小计	间数	面积小计	间数	面积小计	间数	面积小计	间数	面积小计	间数	面积小计	间数	面积小计	
一、教学及教学辅助用房			3341		4495		5895		6671		2259		3065		3866		4624	
1. 普通教室	61～67	18	1134	27	1701	36	2268	45	2835	18	1134	27	1701	36	2268	45	2835	
2. 专用教室			1121		1240		1640		1713		737		856		975		1048	
实验室（理、化、生）	96	2	192	3	288	4	384	4	384	2	192	3	288	4	384	4	384	
仪器标本准备室	23	4	92	5	115	6	138	6	138	4	92	5	115	6	138	6	138	
音乐教室	73	2	146	2	146	2	146	3	219	1	73	1	73	1	73	1	73	
乐器室	23	1	23	1	23	1	23	1	23	1	23	1	23	1	23	1	23	
美术教室	96	1	96	1	96	1	96	1	96	—		—		—		—		
美术教具室		1		1		1		1		—		—		—		—		
书法教室	96	1	96	1	96	1	96	1	96	—		—		—		—		
地理教室	96	1	96	1	96	1	96	1	96	—		—		—		—		
语言教室	86～96	1	96	1	96	2	182	2	182	1	96	1	96	1	96	1	96	
语言资料室	23	1	23	1	23	1	23	1	23	1	23	1	23	1	23	1	23	
计算机教室	86～96	1	96	1	96	2	182	2	182	1	96	1	96	1	96	1	96	
计算机辅房	23	1	23	1	23	1	23	1	23	1	23	1	23	1	23	1	23	
劳动技术教室	86～96	1	96	1	96	2	182	2	182	1	96	1	96	1	96	1	96	
劳动教具室	23	1	23	1	23	2	46	2	46	1	23	1	23	1	23	1	23	
3. 公共教学用房			1086		1554		1987		2123		388		508		623		741	
多功能教室			150		190		230		270		150		190		230		270	
电教器材室	23	1	23	1	23	1	23	1	23	1	23	1	23	1	23	1	23	
图书阅览室			167		247		322		400		167		247		322		400	
科技活动室	18	2	36	3	54	4	72	5	90	—		—		—		—		
体育活动室			670		1000		1300		1300		—		—		—		—		
体育器材室			40		40		40		40		48		48		48		48	
二、办公用房			459		599		741		881		382		498		610		726	
教学办公室			150		220		290		360		150		220		290		360	
行政办公室	14	8	112	10	140	12	168	14	196	7	98	9	126	10	140	11	154	
广播社团办公室			22		31		40		49		22		31		40		49	
会议接待室			45		55		65		75		—		—		—		—		
德育展览室			40		40		50		50		40		40		40		40	
卫生保健室	14	1	14	2	28	2	28	3	42	1	14	1	14	1	14	2	28	
总务仓库			36		45		54		63		36		45		54		63	
维修管理室			18		18		24		24		—		—		—		—		
传达值宿室	22	1	22	1	22	1	22	1	22	1	22	1	22	1	22	1	22	
三、生活服务用房			398		529		667		806		358		489		627		766	

用房名称	每间使用面积	规划指标								基本指标								备注
		18班 840人		27班 1260人		36班 1680人		45班 2100人		18班 840人		27班 1260人		36班 1680人		45班 2100人		
		间数	面积小计	间数	面积小计	间数	面积小计	间数	面积小计	间数	面积小计	间数	面积小计	间数	面积小计	间数	面积小计	
教工单身宿舍			94		144		188		231		94		144		188		231	
教职工食堂			70		104		138		172		70		104		138		172	
开水房			24		24		24		24		24		24		24		24	
汽车库			40		40		40		40		—		—		—		—	
配电室	24	1	24	1	24	1	24	1	24	1	24	1	24	1	24	1	24	
厕所			146		193		253		315		146		193		253		315	

用房名称	平面利用系数	规划指标								基本指标								备注
		18班 840人		27班 1260人		36班 1680人		45班 2100人		18班 840人		27班 1260人		36班 1680人		45班 2100人		
		使用面积	建筑面积	使用面积	建筑面积	使用面积	建筑面积	使用面积	建筑面积	使用面积	建筑面积	使用面积	建筑面积	使用面积	建筑面积	使用面积	建筑面积	
面积合计	0.6	4198	6997	5623	9372	7303	12172	8285	13808	2999	4998	4052	6753	5103	8505	6116	10193	
生均指标		8.3		7.4		7.2		6.6		6.0		5.4		5.1		4.9		

六、城市普通初级中学校舍面积表（附表 2-6）

城市普通初级中学各类用房面积明细表（m²）　　　　附表 2-6

用房名称	每间使用面积	规划指标								基本指标								备注
		12班 600人		18班 900人		24班 1200人		30班 1500人		12班 600人		18班 900人		24班 1200人		30班 1500人		
		间数	使用面积小计	间数	使用面积小计	间数	使用面积小计	间数	使用面积小计	间数	使用面积小计	间数	使用面积小计	间数	使用面积小计	间数	使用面积小计	
一、教学及教学辅助用房			2921		3872		5038		5689		1897		2530		3163		3796	
1. 普通教室	63	12	804	16	1260	24	1808	30	2010	12	804	18	1206	24	1808	30	2010	
2. 专用教室			1048		1167		1501		1620		737		856		975		1094	
实验室（理化生）	96	2	192	3	288	4	384	5	480	2	192	3	288	4	384	5	480	
仪器标本准备室	23	4	92	5	115	6	138	7	161	4	92	5	115	6	138	7	161	
音乐教室	73	1	73	1	73	1	73	1	73	1	73	1	73	1	73	1	73	
乐器室	23	1	23	1	23	1	23	1	23	1	23	1	23	1	23	1	23	
美术教室	96	1	96	1	96	1	96	1	96		—		—		—		—	
美术教具室	23	1	23	1	23	1	23	1	23		—		—		—		—	
书法教室	96	1	96	1	96	1	96	1	96		—		—		—		—	
地理教室	96	1	96	1	96	1	96	1	96		—		—		—		—	
语言教室	96	1	96	1	96	2	192	2	192	1	96	1	96	1	96	1	96	
语言资料室	23	1	23	1	23	1	23	1	23	1	23	1	23	1	23	1	23	

用房名称	每间使用面积	规划指标								基本指标								备注
		12班600人		18班900人		24班1200人		30班1500人		12班600人		18班900人		24班1200人		30班1500人		
		间数	使用面积小计	间数	使用面积小计	间数	使用面积小计	间数	使用面积小计	间数	使用面积小计	间数	使用面积小计	间数	使用面积小计	间数	使用面积小计	
计算机教室	96	1	96	1	96	1	96	1	96	1	96	1	96	1	96	1	96	
计算机辅房	23	1	23	1	23	1	23	1	23	1	23	1	23	1	23	1	23	
劳动技术教室	96	1	96	1	96	2	192	2	192	1	96	1	96	1	96	1	96	
劳动教具室	23	1	23	1	23	2	46	2	46	1	23	1	23	1	23	1	23	
3. 公共教学用房			1069		1499		1929		2059		356		468		580		692	
合班兼视听教室			110		150		190		230		110		150		190		230	
电教器材室	23	1	23	1	23	1	23	1	23	1	23	1	23	1	23	1	23	
图书阅览室			160		232		304		376		160		232		304		376	
科技活动室	18	2	36	3	54	4	72	5	90	—		—		—		—		
体育活动室			700		1000		1300		1300		—		—		—		—	
体育器材室			40		40		40		40		63		63		63		63	
二、办公用房			424		548		658		788		414		500		586		692	
教学办公室			120		180		240		320		120		180		240		320	
行政办公室	14	7	98	9	126	11	154	13	182	7	98	8	112	9	126	10	140	
广播社团办公室			22		28		34		40		22		28		34		40	
会议接待室			40		50		60		70		30		30		30		30	
德育展览室			50		50		50		50		50		50		50		50	
卫生保健室	14	1	14	1	14	2	28	2	28	1	14	1	14	1	14	1	14	
总务仓库			34		40		46		52		34		40		46		52	
维修管理室			24		24		24		24		24		24		24		24	
传达值宿室	22	1	22	1	22	1	22	1	22	1	22	1	22	1	22	1	22	
三、生活服务用房			317		431		524		636		277		391		454		596	
教工单身宿舍			65		101		130		166		65		101		130		166	
教工食堂			52		90		120		152		62		92		120		152	
开水房			24		24		24		24		24		24		24		24	
汽车库			40		40		40		40		0		0		0		0	
配电室	24	1	24	1	24	1	24	1	24	1	24	1	24	1	24	1	24	
厕所			102		150		186		230		102		150		186		230	

用房名称	平面利用系数	规划指标								基本指标								备注
		12班600人		18班900人		24班1200人		30班1500人		12班600人		18班900人		24班1200人		30班1500人		
		使用面积	建筑面积	使用面积	建筑面积	使用面积	建筑面积	使用面积	建筑面积	使用面积	建筑面积	使用面积	建筑面积	使用面积	建筑面积	使用面积	建筑面积	
使用、建筑面积合计	0.6	3662	6103	4851	8085	6220	10367	7113	11855	2588	4313	3421	5701	4233	7055	5084	8473	
生均指标		10.2		9.0		8.6		7.9		7.2		6.3		5.9		5.61		

城市普通完全中学各类用房面积明细表（m²） 附表2-7

用房名称	每间使用面积	规划指标 18班900人 间数	使用面积小计	24班1200人 间数	使用面积小计	30班1500人 间数	使用面积小计	36班1800人 间数	使用面积小计	基本指标 18班900人 间数	使用面积小计	24班1200人 间数	使用面积小计	30班1500人 间数	使用面积小计	36班1800人 间数	使用面积小计	备注
一、教学及教学辅助用房			3893		5063		5718		6543		2551		3188		3825		4463	
1. 普通教室	67	18	1206	24	1607	30	2010	36	2412	18	1206	24	1807	30	2010	36	2412	
2. 专用教室			1167		1501		1620		1835		856		975		1094		1213	
实验室（理化生）	96	3	288	4	384	5	480	6	576	3	288	4	384	5	480	6	576	
仪器，标本准备室	23	5	115	6	138	7	161	8	184	5	115	6	138	7	161	8	184	
音乐教室	73	1	73	1	73	1	73	1	73	1	73	1	73	1	73	1	73	
乐器室	23	1	23	1	23	1	23	1	23	1	23	1	23	1	23	1	23	
美术教室	96	1	96	1	96	1	96	1	96	—	—	—	—	—	—	—	—	
美术教具室	23	1	23	1	23	1	23	1	23	—	—	—	—	—	—	—	—	
书法教室	96	1	96	1	96	1	96	1	96	—	—	—	—	—	—	—	—	
地理教室	96	1	96	1	96	1	96	1	96	—	—	—	—	—	—	—	—	
语言教室	96	1	96	2	192	2	192	2	192	1	96	1	96	1	96	1	96	
语言资料室	23	1	23	1	23	1	23	1	23	1	23	1	23	1	23	1	23	
计算机教室	96	1	96	1	96	2	96	2	192	1	96	1	96	1	96	1	96	
计算机辅房	23	1	23	1	23	1	23	1	23	1	23	1	23	1	23	1	23	
劳动技术教室	96	1	96	2	196	2	192	2	192	1	96	1	96	1	96	1	96	
劳动教具室	23	1	23	2	46	2	46	2	46	1	23	1	23	1	23	1	23	
3. 公共教学用房			1520		1954		2088		2223		489		605		721		838	
合班兼视听教室			150		190		230		270		150		190		230		270	
电教器材室	23	1	23	1	23	1	23	1	23	1	23	1	23	1	23	1	23	
图书阅览室			253		329		405		482		253		329		405		482	
科技活动室	18	3	54	4	72	5	90	6	108	—	—	—	—	—	—	—	—	
体育活动室			1000		1300		1300		1300		—		—		—		—	
体育器材室			40		40		40		40		63		63		63		63	
二、办公用房			568		686		804		922		530		624		718		812	
教学办公室			200		268		336		404		200		268		336		404	
行政办公室	14	9	126	11	154	13	182	15	210	8	112	9	126	10	140	11	154	
广播社团办公室			28		34		40		46		28		34		40		46	
会议接待室			50		60		70		80		40		40		40		40	
德育展览室			50		50		50		50		50		50		50		50	
卫生保健室	14	2	28	2	28	2	28	2	28	1	14	1	14	1	14	1	14	
总务仓库			40		46		52		58		40		46		52		58	
维修管理室			24		24		24		24		24		24		24		24	
传达值宿室	22	1	22	1	22	1	22	1	22	1	22	1	22	1	22	1	22	
三、生活服务用房			449		553		660		770		409		513		620		730	
教工单身宿舍			108		144		173		209		108		144		173		209	

用房名称	每间使用面积	规划指标								基本指标								备注
		18班900人		24班1200人		30班1500人		36班1800人		18班900人		24班1200人		30班1500人		36班1800人		
		间数	使用面积小计	间数	使用面积小计	间数	使用面积小计	间数	使用面积小计	间数	使用面积小计	间数	使用面积小计	间数	使用面积小计	间数	使用面积小计	
职工食堂			98		130		164		196		98		130		164		196	
开水房			24		24		24		24		24		24		24		24	
汽车库			40		40		40		40		—		—		—		—	
配电室	24	1	24	1	24	1	24	1	24	1	24	1	24	1	24	1	24	
厕所			155		191		235		277		155		191		235		277	

用房名称	平面利用系数	规划指标								基本指标								备注
		18班900人		24班1200人		30班1500人		36班1800人		18班900人		24班1200人		30班1500人		36班1800人		
		使用面积	建筑面积	使用面积	建筑面积	使用面积	建筑面积	使用面积	建筑面积	使用面积	建筑面积	使用面积	建筑面积	使用面积	建筑面积	使用面积	建筑面积	
使用、建筑面积合计	0.6	4910	8183	6302	10503	7182	11970	8235	13725	3490	5816	4325	7208	5163	8605	6006	10008	
生均指标		9.0		8.8		8.0		7.6		6.5		6.0		5.7		5.6		

八、城市普通高级中学校舍面积表（附表2-8）

城市普通高级中学各类用房面积明细表（m²） 附表2-8

用房名称	每间使用面积	规划指标								基本指标								备注
		18班900人		24班1200人		30班1500人		36班1800人		18班900人		24班1200人		30班1500人		36班1800人		
		间数	使用面积小计	间数	使用面积小计	间数	使用面积小计	间数	使用面积小计	间数	使用面积小计	间数	使用面积小计	间数	使用面积小计	间数	使用面积小计	
一、教学及教学辅助用房			3904		5078		5738		6566		2571		3403		3845		4486	
1. 普通教室		18	1206	24	1608	30	2010	36	2412	18	1206	24	1608	30	2010	36	2412	
2. 专用教室			1167		1501		1620		1908		856		975		1094		1213	
实验室（理化生）	96	3	288	4	384	5	480	6	576	3	288	4	384	5	480	6	576	
仪器、标本准备室	23	5	115	6	138	7	161	8	184	5	115	6	138	7	161	8	184	
音乐教室	73	1	73	1	73	1	73	1	73	1	73	1	73	1	73	1	73	
乐器室	23	1	23	1	23	1	23	1	23	1	23	1	23	1	23	1	23	
美术教室	96	1	96	1	96	1	96	1	96		—		—		—		—	
美术教具室	23	1	23	1	23	1	23	1	23		—		—		—		—	
书法教室	96	1	96	1	96	1	96	1	96		—		—		—		—	
地理教室	96	1	96	1	96	1	96	1	96		—		—		—		—	
语言教室	96	1	96	2	192	2	192	2	192	1	96	1	96	1	96	1	96	
语言资料室	23	1	23	1	23	1	23	1	23	1	23	1	23	1	23	1	23	
计算机教室	96	1	96	1	96	1	96	2	192	1	96	1	96	1	96	1	96	
计算机辅房	23	1	23	1	23	1	23	1	23	1	23	1	23	1	23	1	23	
劳动技术教室	96	1	96	2	196	2	192	2	192	1	96	1	96	1	96	1	96	

用 房 名 称	每间使用面积	规 划 指 标								基 本 指 标								备注
		18班900人		24班1200人		30班1500人		36班1800人		18班900人		24班1200人		30班1500人		36班1800人		
		间数	使用面积小计	间数	使用面积小计	间数	使用面积小计	间数	使用面积小计	间数	使用面积小计	间数	使用面积小计	间数	使用面积小计	间数	使用面积小计	
劳动教具室	23	1	23	2	46	2	46	2	46	1	23	1	23	1	23	1	23	
3. 公共教学用房			1531		1969		2108		2246		500		620		741		861	
合班兼视听教室			150		190		230		270		150		190		230		270	
电教器材室	23	1	23	1	23	1	23	1	23	1	23	1	23	1	23	1	23	
图书阅览室			264		344		425		505		264		344		425		505	
科技活动室	18	3	54	4	72	5	90	6	108	—	—	—	—	—	—	—	—	
体育活动室			1000		1300		1300		1300		—		—		—		—	
体育器材室			40		40		40		40		63		63		63		63	
二、办公用房			598		720		842		964		574		672		770		868	
教学办公室			216		288		360		432		216		288		360		432	
行政办公室	14	10	140	12	168	14	196	16	224	9	126	10	140	11	154	12	168	
广播社团办公室			28		34		40		46		28		34		40		46	
会议接待室			50		60		70		80		40		40		40		40	
德育展览室			50		50		50		50		50		50		50		50	
卫生保健室	14	2	28	2	28	2	28	2	28	2	28	2	28	2	28	2	28	
总务仓库			40		46		52		58		40		46		52		58	
维修管理室			24		24		24		24		24		24		24		24	
传达值宿室	22	1	22	1	22	1	22	1	22	1	22	1	22	1	22	1	22	
三、生活服务用房			464		570		685		797		424		530		645		757	
教工单身宿舍			115		151		188		223		115		151		188		223	
教工食堂			104		138		172		206		104		138		172		206	
开水房			24		24		24		24		24		24		24		24	
汽车库			40		40		40		40		0		0		0		0	
配电室	24	1	24	1	24	1	24	1	24	1	24	1	24	1	24	1	24	
厕所			157		193		237		280		157		193		237		280	

用 房 名 称	平面利用系数	规 划 指 标								基 本 指 标								备注
		18班900人		24班1200人		30班1500人		36班1800人		18班900人		24班1200人		30班1500人		36班1800人		
		使用面积	建筑面积	使用面积	建筑面积	使用面积	建筑面积	使用面积	建筑面积	使用面积	建筑面积	使用面积	建筑面积	使用面积	建筑面积	使用面积	建筑面积	
使用、建筑面积合计	0.6	4966	8277	6368	10613	7265	12108	8327	13878	3560	5933	4405	7342	5260	8767	5967	9945	
生均指标		9.2		8.8		8.1		7.7		6.6		6.1		5.8		5.5		

主 要 参 考 文 献

[1] 本社编. 民用建筑设计规范. 中小学校建筑设计规范. 北京：中国建筑工业出版社，1997.

[2] 教育部. 中等师范学校及城市一般中小学校舍规划面积定额. 北京：教育部，1982.

[3] 国家教委. 农村普通中小学校建设标准. 北京：国家教委，1996.

[4] 国家教委. 城市普通中小学校建设标准. 北京：国家教委，1997.

[5] 本社编. 民用建筑设计规范. 民用建筑设计通则. 北京：中国建筑工业出版社，1997.

[6] 本社编. 一级注册建筑师必备规范规程汇编. 建筑设计防火规范. 北京：中国建筑工业出版社，1998.

[7] 本社编. 一级注册建筑师必备规范规程汇编. 高层民用建筑设计防火规范. 北京：中国建筑工业出版社，1998.

[8] 本社编. 民用建筑设计规范. 图书馆建筑设计规范. 北京：中国建筑工业出版社，1997.

[9] 卫生部. 学校卫生标准. 学校课桌椅卫生标准. 北京：北京医科大学儿少所，1987.

[10] 卫生部. 学校卫生标准. 中小学校教室换气卫生标准. 北京：北京医科大学儿少所，1998.

[11] 卫生部. 学校卫生标准. 中小学校教室采暖卫生标准. 北京：北京医科大学儿少所，1998.

[12] 卫生部. 学校卫生标准. 电视教室座位布置范围和照度卫生标准. 北京：北京医科大学儿少所，1988.

[13] 卫生部. 学校卫生标准. 中小学校教室采光和照明卫生标准. 北京：北京医科大学儿少所，1987.

[14] 建筑设计资料集编委会. 建筑设计资料集. 第二版 1、3、7 集. 北京：中国建筑工业出版社，1994、1995.

[15] 张宗尧、闵玉林主编. 中小学校建筑设计. 北京：中国建筑工业出版社，1987.

[16] 张宗尧主编. 学校电教用房的设计. 北京：高等教育出版社，1988.

[17] 中国建筑科学研究院物理所主编. 建筑声学设计手册. 北京：中国建筑工业出版社，1987.

[18] 唐山市建委. 唐山市居住小区规划图集. 唐山：唐山市建委，1981.

[19] 国家教委基建局. 中小学建筑设计图集. 武汉：华中工学院出版社，1986.

[20] 张宗尧、赵秀兰主编. 托幼、中小学校建筑设计手册. 北京：中国建筑工业出版社，1999.

[21] 日本文部省大臣官房文教施设部编. 小学校施设整备指针. 东京：文部省文教施设部，1992.

[22] 日本文部省大臣官房文教施设部编. 中学校施设整备指针. 东京：文部省文教施设部，1992.

[23] 日本文部省大臣官房文教施设部编. 高等学校施设整备指针. 东京：文部省文教施设部，1994.

[24] 日本建筑学会编. 学校建筑. 计画と设计. 东京：丸善株式会社，1979.

[25] 日本建筑学会编. 建筑设计资料集成. 1、4、6集. 东京：丸善株式会社，1979.

[26] 青木正夫. 建筑计划学学校I. 日本东京：丸善株式会社，1976.

[27] 李志民. 小学校にわける余裕教室の活用に关する建筑计画研究. 日本九洲大学博士论文，1996.

[28] Kim SHanbon & Li ZHimin. Desingn of Amenity Kyushu Instiute of Design approach to mow style's block plan of High School. Kyushu：1993.

[29] 城西小学. 学校概要. 日本冲绳：冲绳县那霸市立城西小学，1995.

[30] 伊奈学园. 学校要览. 日本埼玉：埼玉县立伊奈学园，1995.

[31] 关泽腾一. 障害児教育かぅけた小学校建筑の建筑计画に关する研究. 东京. 1995.

[32] 田慧生. 教学环境论. 江西：江西教育出版社，1996.

[33] （日）长泽悟、中村勉著. 滕征本等译. 国外建筑设计详图图集10——教育设施. 北京：中国建筑工业出版社，2004.

[34] （美）C. William Brubaker 著. 邢雪莹译. 学校规划设计. 北京：中国电力出版社，2006. P153.

[35] （美）布拉福德·柏金斯著. 舒平、许良、汪丽君译. 中小学建筑. 北京：中国建筑工业出版社，2005.

[36] 邱茂林、黄建兴. 小学、设计、教育. 台湾：田园城市文化事业有限公司，2004.

[37] （日）建筑思潮研究社编著. 建筑设计资料67/学校-小学校·中学校·高等学校. 1999.

[38] 美国建筑师学会. 学校建筑设计指南. 北京：中国建筑工业出版社，2004.

尊敬的读者：

感谢您选购我社图书！建工版图书按图书销售分类在卖场上架，共设22个一级分类及43个二级分类，根据图书销售分类选购建筑类图书会节省您的大量时间。现将建工版图书销售分类及与我社联系方式介绍给您，欢迎随时与我们联系。

★建工版图书销售分类表（详见下表）。

★欢迎登陆中国建筑工业出版社网站www.cabp.com.cn，本网站为您提供建工版图书信息查询，网上留言、购书服务，并邀请您加入网上读者俱乐部。

★中国建筑工业出版社总编室　电　话：010—58934845

　　　　　　　　　　　　　　　传　真：010—68321361

★中国建筑工业出版社发行部　电　话：010—58933865

　　　　　　　　　　　　　　　传　真：010—68325420

　　　　　　　　　　　　　　　E-mail：hbw@cabp.com.cn

建工版图书销售分类表

一级分类名称（代码）	二级分类名称（代码）	一级分类名称（代码）	二级分类名称（代码）
建筑学（A）	建筑历史与理论（A10）	园林景观（G）	园林史与园林景观理论（G10）
	建筑设计（A20）		园林景观规划与设计（G20）
	建筑技术（A30）		环境艺术设计（G30）
	建筑表现·建筑制图（A40）		园林景观施工（G40）
	建筑艺术（A50）		园林植物与应用（G50）
建筑设备·建筑材料（F）	暖通空调（F10）	城乡建设·市政工程·环境工程（B）	城镇与乡（村）建设（B10）
	建筑给水排水（F20）		道路桥梁工程（B20）
	建筑电气与建筑智能化技术（F30）		市政给水排水工程（B30）
	建筑节能·建筑防火（F40）		市政供热、供燃气工程（B40）
	建筑材料（F50）		环境工程（B50）
城市规划·城市设计（P）	城市史与城市规划理论（P10）	建筑结构与岩土工程（S）	建筑结构（S10）
	城市规划与城市设计（P20）		岩土工程（S20）
室内设计·装饰装修（D）	室内设计与表现（D10）	建筑施工·设备安装技术（C）	施工技术（C10）
	家具与装饰（D20）		设备安装技术（C20）
	装修材料与施工（D30）		工程质量与安全（C30）
建筑工程经济与管理（M）	施工管理（M10）	房地产开发管理（E）	房地产开发与经营（E10）
	工程管理（M20）		物业管理（E20）
	工程监理（M30）	辞典·连续出版物（Z）	辞典（Z10）
	工程经济与造价（M40）		连续出版物（Z20）
艺术·设计（K）	艺术（K10）	旅游·其他（Q）	旅游（Q10）
	工业设计（K20）		其他（Q20）
	平面设计（K30）	土木建筑计算机应用系列（J）	
执业资格考试用书（R）		法律法规与标准规范单行本（T）	
高校教材（V）		法律法规与标准规范汇编/大全（U）	
高职高专教材（X）		培训教材（Y）	
中职中专教材（W）		电子出版物（H）	

注：建工版图书销售分类已标注于图书封底。